Tiffany Dufu

Den Ball weiterspielen

Warum Frauen weniger von sich und mehr von anderen erwarten sollten

Aus dem Amerikanischen
von Stefanie Retterbush

btb

Die Originalausgabe erschien 2017 unter dem Titel
»Drop the Ball« bei Flatiron Books, New York.

Sollte diese Publikation Links auf Webseiten Dritter enthalten,
so übernehmen wir für deren Inhalte keine Haftung,
da wir uns diese nicht zu eigen machen, sondern lediglich auf
deren Stand zum Zeitpunkt der Erstveröffentlichung verweisen.

Verlagsgruppe Random House FSC® N001967

1. Auflage
Deutsche Erstveröffentlichung Dezember 2017
btb Verlag in der Verlagsgruppe Random House GmbH,
Neumarkter Str. 28, 81673 München
Copyright © der Originalausgabe 2017 by Tiffany Dufu
Copyright © des Vorworts 2017 by Gloria Steinem
Copyright © der deutschsprachigen Ausgabe 2017 by btb Verlag
in der Verlagsgruppe Random House GmbH, München
Covergestaltung und Covermotiv: semper smile, München
Redaktion: Lisa Wolf
Satz: Uhl + Massopust, Aalen
Druck und Einband: GGP Media GmbH, Pößneck
Klü · Herstellung: sc
Printed in Germany
ISBN 978-3-442-71632-6

www.btb-verlag.de
www.facebook.com/btbverlag

Für Kojo natürlich

INHALT

III. Den Ball weiterspielen

IV. Gleichberechtigte Partnerschaft

V. Ausblick

VORWORT

Die wahre Revolution findet Zuhause statt.
Gloria Steinem

Für ein herrschendes System gibt es zwei Möglichkeiten, um an der Macht zu bleiben. Erstens die naheliegende – ungleiche Gesetze, ungleiche Behandlung, sehr ungleiche Geldverteilung sowie Gewalt oder die Androhung von Gewalt –, zweitens eine eher verinnerlichte, der viel schwerer beizukommen ist: Die allgemeine Vorstellung dessen, was als normal gilt; wie wir uns verhalten müssen, um Gleichberechtigung und Macht zu erlangen, und wie früh in unserem Leben uns diese Normen vermittelt werden. Da Frauen die Hälfte der Bevölkerung ausmachen und anders als andere Sekundärgruppen nicht nur mit Männern zusammenleben und -arbeiten, sondern als Mütter Jungen wie Mädchen gebären, besteht konstant die Gefahr, dass wir erkennen, dass wir alle menschliche Wesen sind – und gegen das System aufbegehren. Darum müssen Geschlechterrollen schon so früh in der Kindheit ansetzen und so tief verankert sein. Mit diesen Ungleichheiten wachsen wir auf, angefangen bei rosa oder hellblauen Babydecken bis hin zur Erfindung von Begrifflichkeiten wie »männlich« und »weiblich«. Um uns herum sehen wir überall diese Geschlechterrollen, wir halten sie für naturgegeben und erwarten bald auch von uns selbst, uns entsprechend zu verhalten und anzupassen.

Wenn ein Glaube seine Gläubigen bestraft – wenn man Frauen beispielsweise glauben macht, wenn sie »alles wollen«, müssten sie auch »alles schaffen« –, dann wird daraus das, was Psychologen *internalisierte Unterdrückung* nennen.

Tiffany Dufus Buch *Den Ball weiterspielen* ist auch deshalb so wichtig, weil sie sich darin nicht nur mit den Symptomen auseinandersetzt, sondern mit der eigentlichen Ursache: dem zugrunde liegenden System. Seit fünfzig Jahren versuchen wir nun schon, das äußere Machtsystem aufzuzeigen – und sind dabei so weit gekommen, dass wir uns eingestehen müssen, dass wir noch viel weitergehen können und müssen –, und doch haben wir die Ungleichheit, die zuhause in der eigenen Familie beginnt, noch lange nicht ausgemerzt. Der alten Logik zufolge ist es so: Da die Mutter das Kind mindestens ein Jahr lang austrägt und stillt, sollte sie, bis das Kind erwachsen ist, auch den größeren Teil der Erziehungsverantwortung übernehmen. Tatsächlich aber haben doch alle Kinder zwei Elternteile. Wenn die Mutter also schon mindestens ein Jahr lang das Kind austrägt und stillt, wäre es dann nicht die Pflicht des Vaters, *mehr als die Hälfte der späteren Kinderbetreuung zu übernehmen?* Logik liegt eben im Auge des Logikers.

Die gute Nachricht ist, wenn wir die Tür zu der Erkenntnis, dass wir alle Menschen sind, erst einmal aufgestoßen haben, tun sich neue, ungeahnte Möglichkeiten auf; nicht nur für Frauen, auch für Männer und Kinder.

Bis zu meinem zehnten Lebensjahr hat mein Vater bei meiner Erziehung eine wesentlich größere Rolle gespielt als meine Mutter. Was daran lag, dass sie manchmal krank und außer Stande war, sich um mich zu kümmern. Und auch, weil er als fahrender Antiquitätenhändler sein eigener Boss sein und mich mitnehmen konnte, wenn er seine Einkaufstouren zu den kleinen Trödelläden am Straßenrand machte. Er war alles andere als ein konventioneller Vater. Eiscreme durfte ich essen, so viel ich wollte – mein Dad selbst wog über hundertdreißig Kilo –, und er nahm mich immer mit in die neuesten Hollywoodfilme, die gerade ins Kino kamen. Kein einziges Mal schickte er mich ins Bett, stattdessen ließ er mich vor dem Kamin oder neben unserer Hündin schlafen, wenn sie gerade einen Wurf Welpen säugte. Er selbst schlief oft auf dem Sofa ein, während er mir die Witze aus der Zeitung vorlas. Ich wusste nur, dass er mich gerne um sich hatte, mich genauso gut behandelte wie sich selbst, wenn nicht sogar besser, mich nach meiner Meinung fragte und mir immer aufmerksam zuhörte. Was konnte man als Kind mehr verlangen?

Indem ich so viel Zeit mit diesem sanften, liebevollen Mann verbrachte, lernte ich, dass es auf der Welt sanfte, liebevolle Männer gibt. Wohl auch deshalb fühlte ich mich als Erwachsene nie zu emotional unerreichbaren, distanzierten oder dominanten Typen hingezogen – ganz im Gegensatz zu vielen meiner Freundinnen, bei denen ich hilflos mit ansehen musste, wie sie die Traumata ihrer Kindheit ein ums andere Mal wiederholten und zu verändern versuchten, weil sie einen distanzierten, kühlen, emotional oder tatsächlich abwesenden oder gar grausamen Vater hatten. Schon als kleines Kind wusste ich, dass Männer genauso gut Kinder großziehen können wie Frauen, und dass sie genauso fürsorglich sein können. Mein Vater hat mir ein großes Geschenk gemacht. Und ich bin ihm dafür bis heute sehr dankbar.

Das Besondere an diesem Buch ist, dass Tiffany sich auf

den inneren Pfad zu echter Gleichberechtigung konzentriert. Sie stellt in Frage, warum Frauen – als Ehefrauen, Töchter oder einfach Menschen – mehr oder sogar allein für sämtliche Aufgabenbereiche innerhalb der Familie zuständig sein sollen: Essen, Kindererziehung, Kranken- oder Altenpflege, Aufbau und Erhalt des sozialen, schulischen, gesundheitlichen und familiären Netzwerks und so ziemlich alle anderen unbezahlten Arbeiten. Obwohl es heutzutage mehr fürsorgliche Väter und gleichberechtigte Partnerschaften gibt als noch zu Zeiten meines Vaters, hinkt unsere Nation bezüglich familienfreundlicher Gesetzgebungen und Regelungen den meisten modernen Demokratien noch immer hinterher. Wir tun, was man uns vorlebt, nicht, was man uns sagt. Taten, nicht Worte, sind entscheidend. Wir haben noch nicht genügend Veränderungen eingefordert, weshalb Männer mit Kindern immer noch als zuverlässiger und »beschäftigbarer« gelten, Frauen mit Kindern dagegen als weniger zuverlässig und »beschäftigbar«. Jetzt, wo Frauen 50 Prozent der berufstätigen Bevölkerung ausmachen und zu 40 Prozent die Hauptverdiener sind – und Männer nicht einmal annähernd 40 bis 50 Prozent der häuslichen Pflichten übernehmen –, hat sich vielleicht genug Frust angestaut und der Leidensdruck ist hoch genug, um die Revolution endlich nach Hause zu tragen.

Aus unserer Zeit als Aktivistinnen, als wir gemeinsam für die Ermächtigung von Frauen und Mädchen gearbeitet haben, weiß ich, dass Tiffany die richtige Autorin und Agitatorin ist für diesen wichtigen Moment. Sie hat Spenden für eine bessere Bildung von Mädchen gesammelt, eine landesweite Organisation für Frauen in Führungspositionen geleitet, Fortune-500-Unternehmen bei ihren Programmen zur Förderung der Diversität beraten und sich für familienfreundliche Regelungen am Arbeitsplatz starkgemacht. Aber viel wichtiger ist vielleicht, dass sie, als Mutter und Ehepartnerin, ihre ganz eigene, mutige Reise unternommen hat, von einer ungleichen Familiendynamik hin zu einer wahrhaft demokratischen. Auf dem Weg dorthin hat sie wertvolle Lektionen gelernt, die sie mit uns teilt – Lehrstunden am Schreibtisch und am Küchentisch. Sie hat handfeste, brauchbare Weisheiten an uns alle weiterzugeben, von ihrer eigenen Familie an die ihrer Leserinnen.

Ich habe gesehen, wie sie arbeitet, und habe mit ihr zusammengearbeitet, und ich weiß, das Geheimnis ihres Erfolgs ist, dass sie, wie Eleanor Roosevelt, immer »einen größeren Kreis zieht«. Sie zeigt uns nicht nur, was wir alle zu gewinnen haben, wenn Frauen an der Welt *außerhalb* der eigenen vier Wände teilhaben, ihren Beitrag dazu leisten, sie verändern und selbst von ihr verändert werden; sondern auch, was wir alle nur gewinnen können, wenn Männer an der Welt *innerhalb* der eigenen vier Wände teilhaben, ihren Beitrag leisten, sie verändern und selbst von ihr verändert werden.

Um Barrieren im Innen wie im Außen einzureißen, braucht es Vorbilder, die mit gutem Beispiel vorangehen. Ganz gleich, wie lange jede Einzelne von uns schon für Chancengleichheit kämpft – und wie gut wir wissen, dass Geschlecht, ethnische Zugehörigkeit, Kaste und Klasse allesamt erfundene Kategorisierungen sind, die es aufzulösen gilt –, brauchen wir Menschen, die schon jetzt in dieser neuen, gleichberechtigten Welt leben. Tiffany selbst ist ein gutes Beispiel, und sie zeigt uns viele weitere auf. Weil das Geschlecht üblicherweise die erste Schublade ist, die wir sehen – und die alle anderen von Geburt an bestehenden Ungleichheiten normalisiert –, ist das ein radikaler Ansatz. Aber würden wir mehr über die 90 Prozent der menschlichen Geschichte erfahren, die wir normalerweise als dunkle »Vorgeschichte« abtun, wüssten wir, dass er nicht zu radikal ist, um wahr zu sein. Wie Dorothy Dinnerstein und viele andere Wissenschaftler bereits belegt haben, entwickelten die Männer damals den ganzen Kreis menschlicher Fähigkeiten, ohne ihre »Männlichkeit« irgendwie unter Beweis stellen zu müssen, genauso wie Frauen sich voll entfalten konnten und auch außerhalb der Familie gleichberechtigt waren, ohne ein festgelegtes Konzept von »Weiblichkeit« verkörpern zu müssen.

Inspiriert von Tiffanys leuchtendem Beispiel, hier eine Geschichte aus meinem eigenen Leben, die Ihnen vielleicht einen kleinen Einblick erlaubt, welche Möglichkeiten das für Ihr eigenes Leben eröffnen kann.

Als junge Frau retteten mich die Werke von Schriftstellerinnen wie Simone de Beauvoir, Andrea Dworkin und Florynce Kennedy. Sie schenkten mir das Wissen, weder verrückt noch allein zu sein mit meiner Hoffnung, Frauen könnten sicherer leben, ihre Talente entfalten und wie vollwertige menschliche Wesen behandelt werden. Das war etwas Großes. Und doch gingen alle drei davon aus, dass es nie eine Gesellschaftsform gegeben hatte, in der Frauen wirklich gleichberechtigt waren. Weshalb es mir auch nicht ganz die Angst nahm, womöglich auf ein unerreichbares Ziel hinzuarbeiten.

1977 nahm ich dann an der National Women's Conference in Houston teil. Die Medien berichteten zwar kaum darüber, obwohl sich dort zweitausend gewählte Delegierte aus allen Staaten und Territorien versammelt hatten, um über demokratisch ausgewählte Themen zu sprechen. Weil dort diverse nationale Bewegungen zusammenkamen und sich über eine gemeinsame Agenda abstimmten, ist es bis heute vermutlich eine der wichtigsten feministischen Veranstaltungen überhaupt geblieben. Während ich also den vielen Abgesandten der Ureinwohner aus Nordamerika und Alaska zuhörte, ging mir langsam auf, dass ich überhaupt nichts über die Geschichte des Landes wusste, in dem ich lebte. Während wir anderen auf eine unbekannte, gleichberechtigte Zukunft hofften, erzählten diese Aktivistinnen von einer bekannten, gleichberechtigten Vergangenheit. Bei den amerikanischen Indianern bestimmten die Frauen, ob und wann sie ein Kind gebären wollten, und nutzten dazu ihr Wissen über Kräuter, Abtreibungsmittel und Zeitberechnung. Die Väter waren bei der Geburt dabei und bei der Erziehung der Kinder ebenso eingebunden wie die Mütter. Die Frauen waren für den Ackerbau zuständig, die Männer für die Jagd, und beide waren gleich wichtig und gleichwertig. Weibliche wie männliche Stammesälteste trafen alle wichtigen Entscheidungen. Spirituelle Figuren konnten ebenso weiblich wie männlich sein. Bis heute kennen viele Sprachen der amerikanischen Ureinwohner kein geschlechtsspezifisches Pronomen, kein »er« oder »sie«. Menschen sind Menschen. Was für eine Vorstellung!

Vielleicht besinnen wir uns heute auf die Vergangenheit, wenn wir das Recht für uns beanspruchen, frei über unseren Körper und unser Leben zu entscheiden – innerhalb *und* außerhalb der Familie. Wir brauchen Frauen und Männer, die mit gutem Vorbild vorangehen, wie diese Frauen aus dem Indianerterritorium es damals vor beinahe vierzig Jahren für mich getan haben, und wie Tiffany es für die Leserinnen und Leser dieses Buchs tut.

Weil ihr nichts anderes übrigblieb, hat meine Mutter damals, als ich noch klein war, den Ball weitergespielt, und mein Vater hat ihn angenommen, aus Liebe und Pflicht. Heute können wir als Frauen und Männer frei entscheiden, wieder alle Aspekte des Lebens miteinander zu teilen und uns als ganzheitliche menschliche Wesen zu begreifen.

EINFÜHRUNG

Ich war einmal eine Vorzeigehausfrau, die perfekt auf das Cover von *Good Housekeeping* gepasst hätte. Und ich war eine ehrgeizige berufstätige Frau. Diese beiden Persönlichkeiten waren wohl schon immer auf Kollisionskurs miteinander. Aber davon ahnte ich nichts, bis es schließlich knallte.

Acht Jahre nach meiner Hochzeit und sechs Monate nach der Geburt meines ersten Kindes sollte ich eine neue Arbeitsstelle antreten. Eigentlich ging ich davon aus, als perfekte Karrierefrau und Mutter alles spielend zu meistern. Ich war glücklich verheiratet mit meiner Jugendliebe vom College, wir hatten ein bildhübsches Baby, und wir waren wild entschlossen, gemeinsam die Welt zu verändern. Mir war zwar klar, dass es nicht immer einfach werden würde, sämtliche Anforderungen einer jungen Familie zu jonglieren, dabei die höchsten Stufen der Karriereleiter zu erklimmen und ganz nebenbei auch noch meinen Mann in seiner beruflichen Laufbahn zu unterstützen – aber wir glaubten, auf Höhen wie Tiefen bestens vorbereitet zu sein.

Vielen Frauen fällt es nach der Elternzeit bei der Rückkehr

in den Beruf schwer, das Kind zum ersten Mal allein in der Obhut von jemand anderem zurückzulassen. Mir nicht. Ich liebe meine Arbeit. Ich hatte mich schon immer leidenschaftlich für die Ermächtigung und Förderung von Frauen und Mädchen eingesetzt, und die Leitung der Spendenabteilung einer landesweit tätigen Organisation für Frauen in Führungspositionen zu übernehmen, war mein absoluter Traumjob. Ich würde also in einem Bereich arbeiten, der mir wirklich am Herzen lag, und dabei von einer Pionierin der Frauenbewegung lernen können, Marie Wilson, Mitbegründerin des Take Our Daughters to Work Day (einer Initiative, bei der Eltern für einen Tag ihre Töchter mit zur Arbeit nehmen) und ehemaligen Präsidentin der Ms. Foundation for Women. Als krönendes Sahnehäubchen war die Bezahlung auch noch so gut, dass ich mein Kind ruhigen Gewissens in die Hände einer erfahrenen und liebevollen Tagesmutter geben konnte – ein Privileg, das viele arbeitende Mütter sich nicht leisten können –, und darüber hinaus hatte ich das Recht auf einen privaten Rückzugsraum ausgehandelt, wo ich meine Milch abpumpen konnte. Meine Elternzeit neigte sich langsam dem Ende zu, und ich freute mich schon auf die Arbeit.

Als Kind hatte ich immer zu hören bekommen, ich könne alles schaffen, ich müsse es nur wollen. Und als ich mich an diesem ersten Morgen fürs Büro zurechtmachte, konnte ich mir beim besten Willen nicht vorstellen, irgendwelche Kompromisse eingehen zu müssen: sei es bezüglich Karriere, Ehe, Kindererziehung, Haushaltsführung oder der Förderung von Frauen und Mädchen. Ich verließ die Wohnung in der felsenfesten Überzeugung, das alles schon irgendwie zu wuppen.

Es dauerte keine sechs Stunden, bis meine schillernde Seifenblase platzte.

Mein erster Arbeitstag war unglaublich anstrengend und aufregend, alles ging drunter und drüber, und ich wollte mich unbedingt möglichst schnell überall hineinarbeiten und mitmischen, deshalb flitzte ich von einem Meeting zum nächsten. Als mir schließlich siedend heiß einfiel, dass ich vergessen hatte, Milch abzupumpen, waren meine Brüste schon merklich geschwollen. Und es wurde minütlich schlimmer. Sie wurden praller und immer praller und taten höllisch weh. Außerdem trieften sie vor Milch, die durch meine Bluse auf die Kostümjacke suppte.

Und als sei das alles noch nicht schlimm genug, entpuppte sich der mühsam ausgehandelte »Rückzugsraum« als Toilettenabteil. Ich hatte keine Ahnung, dass es so etwas wie einen Milchstau überhaupt gab, und versuchte verzweifelt, Milch abzupumpen. Aber die Maschine schaffte es einfach nicht, sich an diesen beiden pochenden Bowlingkugeln, die ich inzwischen vor mir hertrug, festzusaugen. Um den Schmerz etwas zu lindern, legte ich feuchtwarme Papiertücher auf und versuchte, die Milch per Hand herauszudrücken. Das funktionierte zwar, aber ich konnte nicht die Milch ausstreichen und gleichzeitig die leere Flasche halten. Der liebe Gott hat Frauenbrüste leider nicht mit einer besonders guten Zielvorrichtung versehen.

Da kniete ich nun also mit milchdurchweichter Bluse und Designerkostüm auf dem Boden eines Toilettenabteils und goss heulend meine Muttermilch ins Klo. Die Tränen liefen mir in Strömen über das Gesicht, während die Milch den Abfluss hinuntergluckerte. Meine Brüste standen kurz vor der Explosion, und meine rosarote Zukunftsvision, in der ich mit spielerisch leichter Anmut Karriere und Haushalt managte, hatte sich mir nichts, dir nichts in Luft aufgelöst.

Auf der stickigen Zugfahrt von der Wall Street nach Hause in die 125th Street in Harlem wurde mir langsam bewusst, was diese neue Wirklichkeit wirklich für mich bedeutete. Wenn ich im Büro so viel um die Ohren hatte, dass ich nicht mal an etwas so Lebenswichtiges dachte, wie Milch für mein Baby abzupumpen, was würde sonst noch alles unter den Tisch fallen? Wann sollte ich den Poststapel durchsehen oder die Rechnungen bezahlen? Wie sollte ich mit Wäsche und Kochen hinterherkommen? Wann sollte ich die Einkäufe erledigen? Die Fußböden in unserem Haus würden für meinen Sohn zum Gesundheitsrisiko werden, sobald er anfing zu krabbeln, denn wie sollte ich dafür sorgen, dass sie immer keimfrei sauber blieben? Während ich in einem Meeting saß, hatte ich zwei E-Mails von der Tagesmutter verpasst. Wie sollte ich es schaffen, all ihre Fragen prompt zu beantworten? Wann sollte ich das Auto zur Inspektion bringen? Würde mein Buchclub mich je wiedersehen? Würde ich überhaupt je wieder ein Buch lesen? Wie wollte ich mir Zeit nehmen für Freunde und Familie? Und für *mich*? Auf einmal erschien mir die Idee, stark und dynamisch die Karriereleiter zu erklimmen und die Welt dabei zum Guten zu verändern – und ganz nebenbei auch noch eine vorbildliche Ehe zu führen und ein gesundes, glückliches Kind großzuziehen – plötzlich nicht mehr als Selbstverständlichkeit, sondern als Unmöglichkeit.

Im College nannten die anderen Mädels in unserer Studentinnenverbindung mich, weil ich so gut organisiert war, immer Trapper Keeper – so was wie Ms. Aktenordner. Aber wenn ich mir die Lage jetzt so ansah, fühlte ich mich vom Leben abgeheftet und von widersprüchlichen Anforderungen geschreddert wie von einem Reißwolf. Ich wollte die perfekte berufstätige Mami sein – kein milchdurchweichtes, gestresstes heulendes Etwas. Aber hier konnte auch die beste Organisation nicht mehr helfen. Irgendetwas würde wohl zwangsläufig auf der Strecke bleiben.

Mir war klar, dass viele Frauen dieses Dilemma lösten, indem sie einen Großteil der häuslichen Pflichten delegierten. Wer es sich leisten kann, dem steht eine große Auswahl professioneller Helferlein (ebenfalls meist Frauen) zur Verfügung, die einem vom Kochen über Putzen bis hin zum Kinderherumfahren alles abnehmen. Aber diese Lösung ist etwas für Frauen, die nicht aufs Geld schauen und sich Personal leisten können – Frauen in den oberen Chefetagen, die selbst viel verdienen, oder solche, die mit gutbetuchten Männern verheiratet sind. Mein Mann und ich waren weder das eine noch das andere. Wir verdienten gerade genug, um unsere Kosten für Lebenshaltung, Kinderbetreuung, Rücklagen und Studentenkredite zu decken und hin und wieder jemanden aus unserer weitläufigen Verwandtschaft zu unterstützen. Wie um alles auf der Welt sollte ich das alles schaffen? Das unüberschaubare Ausmaß dieser Herkulesaufgabe ließ mich unvermittelt wieder in Tränen ausbrechen.

Als mein Mann um zehn Uhr abends von der Arbeit nach Hause kam, lag ich noch immer schniefend im Bett. Für seine Verhältnisse war er recht früh zurück; oft ackerte er die ganze Nacht durch. Nichts Ungewöhnliches bei der Bank, für die er arbeitete. Ich hörte, wie er die Schuhe abstreifte und sie einfach im Flur liegen ließ, statt sie in den Schuhschrank zu stellen. Ich wusste haargenau, wann er seine Jacke aufhängte, weil ich die Plastiktüte mit den Sachen von der Reinigung rascheln hörte, die ich auf dem Nachhauseweg für ihn abgeholt hatte. Dann marschierte er schnurstracks zum Kühlschrank, wohl wissend, dass dort das Abendessen auf ihn wartete. Nach dem

Essen hörte ich das altbekannte Klappern, und ich wusste, er stellt Teller und Besteck wieder einmal in die Spüle, statt sie gleich in den Geschirrspüler zu räumen. Dann ein Plumpsen – er, wie er sich auf die blaue Couch fallen ließ. Wie oft hatte ich ihn dort so sitzen sehen. Die rechte Hand ruhte träge auf dem Oberschenkel, während er mit dem Daumen auf die Fernbedienung drückte. Ich hörte den Fernseher angehen, den altbekannten Jingle des ESPN Sportkanals, und fühlte eine kleine Spur Unmut in den Zehen kribbeln. In den Knien angekommen, hatte sich das Gefühl in blanken Neid verwandelt, der sich in meinem Bauch zu Ärger auswuchs und mir dann als brodelnde Wut in die Brust stieg. Er und ich waren eindeutig auf derselben Schnellstraße unterwegs, aber irgendwie hatte er es geschafft, den Unfallort weiträumig zu umfahren, während ich mit Volldampf gegen die Wand geknallt war.

Für ihn war *ich* die Antwort auf die Frage, ob man wirklich alles haben konnte, und wenn ja, wie.

Aber was war meine?

Ich wünschte nur, ich hätte damals schon gewusst, dass ich bei weitem nicht die einzige Frau war, die mit so wahnwitzig vielen widerstrebenden Anforderungen zu kämpfen hat, um irgendwie Arbeit und Familienleben unter einen Hut zu bringen. In einer kürzlich veröffentlichten Pew-Studie unter berufstätigen Millennial-Müttern gaben 58 Prozent der Befragten an, Kinder zu bekommen habe ihnen das berufliche Fortkommen erschwert. Nur 19 Prozent der Väter waren dieser Meinung.[1] Der Grund für diesen gravierenden Unterschied liegt auf der Hand. Just zu dem Zeitpunkt, wenn Frauen die mittlere Managementebene erreichen und ihre beruflichen Verpflichtungen exponentiell zunehmen, gründen sie oft zeitgleich auch eine Familie und übernehmen ganz selbstverständlich zuhause einen Großteil der anfallenden Aufgaben. Grausam, wie bei Akademikerinnen Karrierehoch und biologische Uhr aufs Ungünstigste zusammenfallen. Im durchschnittlichen Alter von dreißig Jahren[2] tragen Frauen mehr Verantwortung denn je zuvor in ihrem Leben, sei es nun bei der Arbeit im Büro oder zuhause bei der Kinderbetreuung. Dieses katastrophale Timing kulminiert dann mit zwei weiteren externen Faktoren. Erstens sind die meisten Stellen auch heute noch auf Angestellte ausgerichtet, die in allen anderen Bereichen auf optimale Unterstützung zählen können. In der Berufswelt scheint man einfach davon auszugehen, dass jeder Vollzeitbeschäftigte zuhause jemanden hat, der ihm den Rücken freihält und den gesamten Haushalt schmeißt. Zweitens machen die gewachsenen Ansprüche moderner Kindererziehung, Elternschaft und Haushaltsführung heutzutage diese zu einer größeren Belastung denn je zuvor. Zusammengenommen vermitteln der Mythos des optimal unterstützten Angestellten und die gesellschaftliche Erwartungshaltung bezüglich der bestmöglichen Kindererziehung einer neuen Generation von Frauen eine klare Botschaft: Ihr könnt alles haben, wenn ihr alles schafft. Und früher oder später müssen wir zerknirscht einsehen, dass es schlichtweg unmöglich ist, alles zu schaffen.

Die vernünftigste Lösung für dieses Problem wäre eine einheitliche, erschwingliche Kinderbetreuung, bezahlte Auszeiten für frischgebackene Eltern, fortschrittliche, flexible Arbeitsplatzregelungen und eine Gesellschaft, in der Fürsorge wertgeschätzt wird. Anne-Marie Slaughter hat in ihrem Buch *Was noch zu tun ist: Damit Frauen und Männer gleichberechtigt leben, arbeiten und Kinder erziehen können*[3] nachdrücklich und überzeugend für diese grundlegenden Voraussetzungen argumentiert. In Island beispielsweise gibt es, wie in vielen anderen europäischen Ländern, staatlich subventionierte Kindertagesstätten und den längsten Erziehungsurlaub weltweit. Das Land gilt für Frauen als eins der lebenswertesten überhaupt.[4] Im krassen Gegensatz dazu haben amerikanische Frauen oft nicht mal mehr Zeit, ins Fitnessstudio zu gehen, geschweige denn, darauf zu warten, dass Washingtoner Bürokraten eine fortschrittlichere Gesetzgebung in Gang bringen, um Familien mit zwei arbeitenden Elternteilen besser zu unterstützen.

Abgesehen von der Möglichkeit, bei den zuständigen Senatoren gezielte Lobbyarbeit zu betreiben, und dem Traum vom hauseigenen Personal, bleibt Frauen (und den Männern, die sie lieben) also nichts weiter übrig, als das Problem selbst in die Hand zu nehmen. Die traditionellste Lösung ist noch immer die, den Beruf vollständig aufzugeben. Frauen, die sich für diesen Weg entscheiden, sind inzwischen eine verschwindend geringe Minderheit; nur fünf Prozent aller verheirateten Mütter entscheiden sich dafür.[5] Für die überwältigende Mehrheit der Frauen kommt diese Lösung nicht in Frage, da die Familie auf zwei Gehälter angewiesen ist. Tatsächlich sind in 40 Prozent aller US-amerikanischen Haushalte mit Kindern unter achtzehn Jahren Frauen die alleinigen oder Haupteinkommenserzieler.[6]

Die zweite Lösung ist, die eigene Karriere hintanzustellen. 17 Prozent der Frauen reduzieren oder verlegen ihre Arbeitszeiten, um sich um Haushalt und Kinder kümmern zu können.[7] Dieser Weg wird häufig auch »mommy track«, der Mamiweg, genannt. Diese Frauen arbeiten in Teilzeit oder Gleitzeit – wobei dieser Lösung in den allermeisten Unternehmen auch heute noch das Stigma fehlenden beruflichen

Engagements anhaftet.[8] In den letzten Jahren wurde das Kürzertreten im Beruf häufig als »nicht-linearer Weg« bezeichnet.[9] In einer Studie unter Alumni der Harvard Business School gaben 37 Prozent der Millennial-Frauen, und unter diesen 42 Prozent, die bereits verheiratet waren, an, ihre Karriere zugunsten der Familie zurückstellen zu wollen. Mit dreißig hatte sich beinahe die Hälfte von ihnen bereits für einen flexibleren Karriereweg entschieden oder die berufliche Überholspur verlassen. 9 Prozent hatten aufgrund familiärer Verpflichtungen auf eine Beförderung verzichtet.[10]

Die dritte Möglichkeit ist es, sich grundsätzlich gegen Kinder zu entscheiden. 1992 gaben noch beinahe 80 Prozent aller weiblichen Studienabgänger der Wharton Business School an, eine Familie gründen zu wollen. 2012 war diese Zahl bereits auf 42 Prozent gesunken.[11] Millennial-Frauen, die sich zugunsten der Karriere gegen Kinder entscheiden oder keine Kinder bekommen können, sind nicht allein: Gegenwärtig haben 49 Prozent aller Frauen in den höchsten Führungsetagen keine Kinder. Demgegenüber stehen nur 19 Prozent bei den männlichen Führungskräften.[12]

Für mich taugte keiner dieser drei Lösungsansätze. Ich hatte keinen reichen Mann geheiratet, aber selbst wenn, würde ich das Risiko scheuen, meine finanzielle Eigenständigkeit (und die meines Sohnes) zu gefährden, indem ich aufhörte zu arbeiten. Meine Mutter hatte ihre Karriere auf Eis gelegt, um sich um uns Kinder zu kümmern, und die grausamen Konsequenzen hatte ich mit eigenen Augen gesehen: Nach der Scheidung von meinem Dad war sie unaufhaltsam in die Armut abgerutscht. Als Jugendliche hatte ich nach Kräften versucht, sie zu unterstützen, und ich schwor mir, mich finanziell nie von irgendwem abhängig zu machen. Auszusteigen – also meine bezahlte Arbeit aufzugeben – kam für mich einfach nicht in Frage. Ganz besonders nicht mit einem Kind. Weniger als Vollzeit zu arbeiten ging auch nicht, weil wir uns dann die Kinderbetreuung nicht mehr hätten leisten können. Und als Frischling im Unternehmen wagte ich es nicht, gleich mit der Tür ins Haus zu fallen und nach flexiblen Arbeitszeiten zu verlangen. Außerdem liebte ich meine Arbeit. Ich wollte nicht aufhören oder kürzertreten. Ich wollte meine beruflichen Ambitionen nicht zurückschrauben.

Und was die Frage nach Kinderhaben oder nicht anging: Der Zug war längst abgefahren.

Blieb also nur eine Möglichkeit, und zwar die, für die sich die meisten Frauen notgedrungen entscheiden: Ich musste irgendwie alles schaffen, zuhause und im Büro. Leider hat diese Lösung einen hohen Preis, den wir vor allem mit unserer Gesundheit und unserem seelisch-geistigen Wohlbefinden bezahlen. Wer sich als Frau mit Leib und Seele sowohl dem Beruf als auch der Familie verschreibt, wer keine Pause einlegen oder ein bisschen kürzertreten kann oder will, ist am Ende erschöpfter, gestresster, ausgelaugter und kränker, als die Frauen irgendeiner vorherigen Generation es je waren.[13]

Als ich also am Abend meines ersten Arbeitstags nach der Elternzeit schluchzend im Bett lag, traf mich dieses Dilemma mit ganzer Wucht, und mir wurde klar, eine bessere Lösung musste her. Es sollte Jahre dauern, bis ich sie gefunden hatte. Und der Weg dorthin war steinig und schwer und nicht immer konfliktfrei. Aber letztendlich konnte ich doch die richtige Lösung für mich finden.

Heute kann ich mit Stolz behaupten, beruflich erfolgreich zu sein. Meine Arbeit ist meine Herzensangelegenheit. Meine Gesundheit hat nicht gelitten. Und als Mutter konzentriere ich mich auf die Dinge, die mir am wichtigsten sind und mir am meisten am Herzen liegen. Es war kein leichter, vorhergezeichneter Weg, der mich hierhergeführt hat, aber er sollte mein ganzes Leben verändern. Im Gegensatz zu vielen anderen berufstätigen Müttern leide ich nicht unter Angstzuständen und chronischer Nervosität – was früher bei mir ganz anders war. Im Durchschnitt schlafe ich sieben Stunden die Nacht und gehe vier Mal die Woche zum Sport. Ich breche nicht unter der Last von Kindererziehung und -betreuung zusammen. Ich kann guten Gewissens berufliche Abendtermine annehmen, weil ich weiß, dass mein Mann für mich einspringt oder für den Notfall einen Babysitter organisiert. Und das Allerwichtigste: Ich werde nicht von Schuldgefühlen zerfressen. Mein Leben ist zwar alles andere als perfekt – man muss sich nur das Gerümpel ansehen, das aus sämtlichen Schränken unserer Wohnung quillt –, aber meistens habe ich das beruhigende Gefühl zu wissen, dass das, was ich tue, reicht. Es ist genug.

Beruflich konzentriere ich mich darauf, die besten Ansätze zu verfolgen, um den eklatanten Frauenmangel in den Führungsetagen US-amerikanischer Unternehmen anzugehen – als Leiterin des White House Project, einer nationalen Organisation für Frauen in Führungspositionen, und derzeit auch als Vorstandsvorsitzende bei Levo, einer Technologieplattform, gegründet zur Karriereförderung speziell für weibliche Millennials. Ich habe mit eigenen Augen gesehen, dass Frauen, selbst wenn es ihnen gelingt, die Karriereleiter hochzuklettern, selten bis ganz nach oben kommen. Wir machen 51 Prozent der Bevölkerung aus[14], und bis 2020 werden wir voraussichtlich 47 Prozent der Arbeitskräfte stellen[15], und doch liegt der Frauenanteil in den höchsten Führungsetagen bei gerade einmal 18 Prozent.[16] Kluge Unternehmensführer sind bemüht, an diesem unhaltbaren Zustand etwas zu verändern. Ich wurde bereits von vielen Fortune-500-Unternehmen und großen gemeinnützigen Organisationen engagiert, um sie bezüglich der Bildung und Förderung von Frauen zu beraten, und ich spreche häufig öffentlich über die Vorteile von Diversität in der Unternehmensführung.

Es hat mir Mut gemacht zu sehen, dass im Laufe meiner Karriere Frauen so viel Unterstützung erfahren haben und dadurch in der Lage waren, ihre berufliche Position zu stärken. Aber mir ist sehr wohl bewusst, dass die allermeisten dieser Bemühungen darauf abzielen, es Frauen zu ermöglichen, den Fuß beruflich nicht vom Gaspedal nehmen zu müssen: Arbeitgeber sollen dafür sensibilisiert werden, weibliche Angestellte offensiver zu unterstützen, oder es sollen die politischen Voraussetzungen geschaffen werden, um Unternehmen mehr Anreize dafür zu bieten. Verstehen Sie mich nicht falsch, ich bin eine entschiedene Befürworterin all dieser lobenswerten Ansätze (wie wir alle das eigentlich sein sollten), aber ich habe einsehen müssen, dass all das jenen Frauen, die von Schuldgefühlen zerfressen, von Ängsten geplagt und schlichtweg zu Tode erschöpft sind, keine gangbare, praktikable Lösung an die Hand gibt, um die konkurrierenden Anforderungen von Beruf und Familie irgendwie unter einen Hut zu bringen.

Diese Einsicht – und die Inspiration für dieses Buch – kam mir gegen Ende 2013. In diesem Jahr hatte ich auf sechzig verschiedenen Podien vor annähernd zwanzigtausend Frauen gesprochen; hauptsächlich zu dem Thema, was jeder Einzelne von uns ebenso wie Organisationen und Unternehmen für mehr Diversität auf der Führungsebene tun können.

Ungeachtet des Themas meiner Reden oder der Zusammensetzung des Publikums war die meistgestellte Frage am Ende meines Vortrags immer eine sehr persönliche: »Wie schaffen Sie das bloß alles?«

Worauf ich stets antwortete: »Ich erwarte wesentlich weniger von mir und *viel* mehr von meinem Mann als die meisten anderen Frauen!« Was mir immer reichlich Lacher einbringt. Wobei ich allerdings dann immer bemüht bin, die meines Erachtens viel dringenderen Fragen zu beantworten, nämlich Möglichkeiten des Umgangs mit betriebsinternen Regelungen oder der Einflussnahme auf Unternehmen und Politik. Doch all meinen guten Absichten zum Trotz insistierten meine Zuhörerinnen, mehr über mich zu erfahren und wie ich mein Familienleben organisiere. Kleinkram, der mir selbst vollkommen unwichtig erscheint – beispielsweise, wie mein Mann und ich es geregelt haben, wer die Kinder zur Schule bringt oder die Einkaufsliste fürs Sommercamp abarbeitet oder wie wir die Betreuung bei beruflichen Abendterminen aufteilen – schien sie brennend zu interessieren. Irgendwann, nachdem ich mal wieder mit solchen Fragen bestürmt worden war, machte es bei mir Klick. Endlich verstand ich, dass diese Frauen, wenn sie mich fragten: »Wie schafft ihr das nur alles?«, eigentlich meinten: »Wie schaffe *ich* das nur alles?«

Loslassen ist meine einfache Antwort auf diese Frage. Das ist die Geschichte einer dreijährigen Reise, bei der ich herausfand, was mir am wichtigsten ist, wie ich es erreichen kann und welches Netzwerk ich mir aufbauen muss, um die Unterstützung zu bekommen, die das alles überhaupt erst möglich macht. Die Situation, in der ich mich an diesem ersten Abend nach meiner Elternzeit wiederfand – rat-, hilf- und schlaflos, wütend und voller Groll auf den einen Menschen, der eigentlich in der besten Ausgangsposition gewesen wäre, mir helfend unter die Arme zu greifen –, ist alles andere als ungewöhnlich. Die meisten Frauen kennen dieses Gefühl, wenn die Verpflichtungen zuhause immer drängender und zeitaufwendiger werden und gleichzeitig die berufliche Karriere alles an Aufmerksamkeit, Kraft und Kreativität erfordert. Dies ist die Geschichte, wie ich lernte, beruflich alles zu geben, eine glückliche Ehe zu führen, fröhliche Kinder großzuziehen, mich auch außerhalb der Familie sozial zu engagieren, tiefe Freundschaften zu pflegen und dabei gesund und fit zu bleiben – alles gleichzeitig.

Aber dieses Buch ist mehr als nur mein persönliches Resümee; es ist ein Manifest. Frauen sollen wissen, dass ihre ganz persönlichen, privaten Probleme auch kollektive, gesellschaftliche und politische Probleme sind. Studien sind sich in diesem einen Punkt einig: Die komplexesten Probleme lassen sich am besten lösen, wenn die damit befasste Gruppe möglichst divers ist. Und doch sitzt in den obersten Führungsetagen immer noch eine Einheitstruppe aus weißen, heterosexuellen, nicht-behinderten, wohlhabenden Männern. Woran sich seit der Frühzeit unseres Staates vor zweieinhalb Jahrhunderten nicht viel getan hat. Und daran könnte selbst eine weibliche Präsidentin nicht über Nacht etwas ändern. Verstehen Sie mich nicht falsch. Wie viele unserer Gründerväter sind die Entscheider in den Chefetagen heute meist gebildet, klug und wohlmeinend. Aber für das einundzwanzigste Jahrhundert, das uns vor komplexe Probleme stellt, ist ihr Horizont einfach zu beschränkt, um die gigantischen Aufgaben wie die sich immer weiter öffnende Schere zwischen Arm und Reich, Klimawandel, Terrorismus oder den Niedergang des amerikanischen Bildungssystems effektiv anzugehen.

Wenn uns diese Fragestellungen wichtig sind, dann müssen uns auch die Frauen wichtig sein, die bei der Lösung all dieser drängenden Probleme helfen könnten.

Heutzutage stellen Frauen die Hälfte der Arbeitskräfte, aber wenn es so weitergeht, wird es noch einmal hundert Jahre dauern, bis sie auch die Hälfte aller Führungskräfte stellen.[17] Die Zukunft unserer Gesellschaft steht und fällt mit der Frage, ob es Frauen endlich gelingt, über das mittlere Management hinauszukommen und ihr volles Potential zu entfalten. Wir brauchen eine neue Bewegung – ein kollektives *Loslassen* – nicht nur, um zu verhindern, dass berufstätige Mütter vor die Hunde gehen, sondern auch, um dem trägen Lauf der Geschichte auf die Sprünge zu helfen.

I.

Alles haben, alles schaffen

1. KAPITEL

Der Platz der Frau

Ich wollte alles. Und ich war überzeugt, auch alles haben zu können. Ich wollte Karriere machen, und mein Mann genauso. Ich wollte eine vorbildliche Ehe führen, mehr Partnerschaft als Romanze, aber trotzdem eine Beziehung wie aus dem Bilderbuch. Gemeinsam würden wir die Welt verändern und ganz nebenbei auch noch wunderbare Kinder großziehen. Ach ja, und glücklich würden wir sein. Sehr, sehr glücklich. Sicher, gelegentlich würden wir auch das eine oder andere Problemchen bekommen, aber das würde nie lange anhalten und nur einen Zweck haben: uns noch stärker zu machen und noch näher zusammenzubringen. Ach, ich hatte ja wirklich keine Ahnung von Märchen. Darin schert sich nämlich nie irgendwer um den lästigen Kleinkram.

Von klein auf hatte man mir alles beigebracht, was es braucht, um einen Haushalt zu führen. Zum dreizehnten Geburtstag bekam ich eine Karte, darauf ein Comic mit einem Mädchen, das mit einer Einkaufstüte im Arm geschäftig in die Küche stürmt. Drinnen dann ein handschriftliches Dankeschön meiner Eltern und ein Lob, weil ich einen unschätz-

35

baren Beitrag zum reibungslosen Ablauf unseres Familienlebens leistete. Ich war sechzehn, als meine Eltern sich scheiden ließen und meine damals vierzehn Jahre alte Schwester Trinity und ich zu unserem Dad zogen. Als Älteste war ich automatisch die Frau im Haus. Die Hausfrau. Meine Freundinnen trafen sich zum Shoppen, ich plante das Abendessen und ging einkaufen. Einmal, als ich die Nase gestrichen voll hatte von der ganzen Arbeit, setzte ich durch, dass wir uns ab sofort mit dem Kochen abwechseln sollten. An den Wochenenden würde mein Vater übernehmen, meine Schwester immer dienstags und donnerstags. Wobei ich zumindest auf die Einhaltung der heiligen Dreifaltigkeit hoffte: Proteine, Kohlehydrate, Gemüse. Vorzugsweise frisch und selbstgemacht. Als mein Dad das erste Mal mit Kochen dran war, gab es Ramennudeln aus der Tüte, Toastbrot und Birnen aus der Dose. Und das Netteste, was ich über das Essen meiner Schwester – Makkaroni und Hackfleisch mit Hamburger Helper-Fertiggewürz – sagen kann, ist, dass es wirklich gut durch war. Offensichtlich teilten meine beiden Mitbewohner meine standhafte Überzeugung nicht, wie wichtig eine ausgewogene, nahrhafte Mahlzeit ist. Nachdem ich das einsehen musste, strich ich jegliche Kochexperimente ersatzlos und machte lieber alles wieder selbst.

Selbermachen wurde für mich so etwas wie ein Mantra – und es musste nicht nur selbstgemacht, sondern perfekt sein. Jeden Tag lackierte ich mir die Fingernägel, damit sie zu meinem jeweiligen Outfit passten. Den Essay für meine College-Bewerbung schrieb ich ganze acht Mal neu. Am Tag meines Abschlussballs nähte ich mir mit glühender Nadel ein neues Kleid, weil mir, als ich mein eigentliches Kleid morgens bei der Schneiderin abholte, die Änderungen nicht gefielen. Ich war ein starrsinniges, stures, ehrgeiziges Mädchen, das in der Schule wie in der Kirchengemeinde nur zu gerne sagte, wo's langging. Meine Eltern bestärkten mich immer, offen meine Meinung zu sagen und für das einzustehen, was ich für gut und richtig hielt. Gleichzeitig war mir immer schon glasklar, wie meine zukünftigen Verpflichtungen zuhause aussehen würden. Später würde ich den Haushalt führen (einschließlich Einkaufen, Kochen, Waschen, Putzen und Dekorieren), gesellschaftliche Verpflichtungen organisieren (Geburtstage und andere Jubiläen auf dem Schirm haben, Geschenke besorgen, gemeinschaftliche Kochabende vorbereiten und Hausgäste bewirten) und Kindererziehung (den diesbezüglichen Druck spürte ich lange, bevor ich selbst Kinder bekam). Wobei mir nie explizit *gesagt* wurde, dass das alles zu meinen Pflichten gehören sollte. Meine Zukunft betreffend hieß es fast immer, ich solle aufs College gehen, meinem Herzen folgen und tun, was immer ich wollte. Mit keinem Wort wurde erwähnt, was mich schließlich mit voller Wucht treffen sollte – der Konflikt zwischen der Erfüllung meiner hausfraulichen Pflichten und der Erfüllung meiner Träume.

Viele Frauen spüren, ganz im Gegensatz zu den meisten Männern, diesen immensen Druck – den Druck, beruflich erfolgreich sein zu wollen und nebenbei mit links den Haushalt zu schmeißen; ganz besonders dann, wenn auch noch Kinder dazukommen. Womit ich nicht behaupten will, Männer stünden nicht auch unter Stress, ihre Pflichten im Haushalt zu erfüllen. Ganz im Gegenteil, die Männer stecken heutzutage oft bis zum Hals in Dreckwäsche. Aber nachdem ich tausende Frauen beraten und gecoacht, mit ihnen gesprochen und ihnen zugehört habe, bin ich zu dem Schluss gekommen, dass Frauen häufig eine lähmende Angst im Nacken sitzt. Nicht nur im Beruf sollen wir unseren Mann stehen, wir müssen auch zuhause die Zügel straff in der Hand halten – wir sind die Hauptverantwortlichen für Kinderbetreuung, Haushaltsführung und den reibungslosen Ablauf des Familienlebens. Dem American Time Use Survey zufolge erledigen die Hälfte aller US-amerikanischen Frauen jeden Tag irgendeine Form von Hausarbeit, sei es nun Putzen oder Wäschewaschen. Bei den Männern sind es dagegen nur 20 Prozent.[1] Und selbst in den Haushalten, in denen wir nicht die ganze Arbeit machen, sind wir es doch, die an alles denken, wie Judith Shulevitz 2015 in ihrem Artikel für die *New York Times*: »Mom: The Designated Worrior« feststellte. »Ich will damit nicht sagen, dass sie am Ende alles selbst macht«, erklärt Shulevitz darin, »aber sie sorgt dafür, dass alles gemacht wird.«[2]

Auch wenn sich an der Tatsache, dass Frauen im Haushalt mehr Aufgaben übernehmen als Männer, seit den 1950er Jahren nicht viel geändert hat, schätzen Frauen sich heutzutage oft glücklich, weil ihre Männer ihnen, im Gegensatz zu den Generationen davor, überhaupt ein wenig unter die Arme greifen. Weshalb wir Frauen oft das Gefühl haben, wir sollten froh und dankbar sein, wenn die Männer uns so entgegenkommen. Und tatsächlich engagieren sich Männer heutzutage mehr im Haushalt und bei der Kinderbetreuung denn je. Doch dessen ungeachtet bleibt die schlichte Wahrheit, dass Männer sich noch immer nicht gleichberechtigt um die anfallenden Arbeiten im Haushalt und deren Organisation kümmern. Arlie Hochschild erklärt in ihrem wegweisenden Buch *Der 48-Stunden-Tag. Wege aus dem Dilemma berufstätiger Eltern*, warum Frauen dennoch so dankbar sind, auch wenn ihre Männer bei Weitem nicht die Hälfte der anfallenden Arbeiten übernehmen. Sie schob das auf die Vergleichbarkeit.[3]

Solange unsere Ehemänner sich mehr Mühe geben als der Durchschnitt oder was die Gesellschaft insgesamt von ihnen erwartet, sind wir glücklich und zufrieden in dem Glauben, sie hätten ihren Teil getan. Diese ungerechte Arbeitsteilung hat psychologische Auswirkungen: Wenn Männer Windeln wechseln, haben sie das Gefühl, uns zu helfen; wenn wir Windeln wechseln, haben wir das Gefühl, bloß unsere Pflicht zu tun.

Und das ist nicht bloß irgendeine Pflicht. Es ist eine emotional schrecklich überfrachtete Geschichte. Ganz gleich, was wir in unserer Karriere auch erreichen, wenn zuhause nicht alles wie am Schnürchen läuft, fühlen wir uns als moralische Totalversager. Wie oft hören wir Kolleginnen jammern, weil sie eine Schulveranstaltung verpasst oder ihren Kindern kein Abendessen gekocht haben, um dann zu seufzen: »Ich bin eine Rabenmutter.« Selbst wenn die Kinder anderweitig bestens versorgt sind, fühlen Mütter sich, ganz anders als Väter, häufig persönlich in der Verantwortung.

Ein Artikel des *Harvard Business Review* aus dem Jahr 2014, für den mehr als viertausend Führungskräfte aus Vorstandsetagen interviewt wurden, 44 Prozent davon weiblich, zeigt deutlich den Unterschied zwischen Männern und Frauen und ihren Ansichten bezüglich der Vereinbarkeit von Familie und Beruf. »Mit einer guten Bezahlung kann man sich alle Unterstützung von außen holen, die man braucht«, erklärte eine der weiblichen Befragten. »Viel schwieriger – und der Hauptgrund, weshalb viele meiner Freundinnen aus dem Beruf ausgestiegen sind – ist der Umgang mit den Schuldgefühlen, wenn man glaubt, nicht genug Zeit für die Kinder zu haben. Das schlechte Gewissen, weil man das Gefühl hat, ›etwas zu verpassen‹.« Die überwältigende Mehrheit der weiblichen Befragten berichtete, »hin- und hergerissen zu sein« zwischen Familie und Beruf. Ihre berufliche Karriere wurde unvermeidlich von Selbstzweifeln und Versagensängsten begleitet. Wohingegen die männlichen Befragten sich als Ernährer und Geldverdiener sahen und auf Fragen nach Schuldgefühlen und schlechtem Gewissen, weil sie nicht genug Zeit für die Familie haben, viel weniger emotional reagierten.[4] Sie fühlten sich offensichtlich wohl in ihrer Rolle als Versorger. Viele der männlichen Führungskräfte waren der Meinung, nicht genügend Zeit mit ihren Kindern zu verbringen sei ein »akzeptabler Preis«, um ihnen bessere Möglichkeiten bieten zu können, als sie selbst als Kinder hatten. Die weiblichen Führungskräfte dagegen waren zwar stolz darauf, ihren Kindern ein gutes Vorbild zu sein, ihr beruflicher Erfolg war aber fast unweigerlich mit negativen Gefühlen verknüpft, was ihre Aufgaben als Hausfrau und Mutter anging. Frauen legen die Messlatte für den persönlichen Erfolg sehr viel höher, und der Grund dafür liegt in der gesellschaftlichen Erwartungshaltung, sowohl im Beruf als auch in der Familie stets perfekt zu funktionieren.

Woher kommt eigentlich dieser Anspruch an uns selbst, immer »alles schaffen« zu müssen?

Die Antwort darauf ist ganz einfach. Schon als Kind wird uns mehr oder minder explizit vermittelt, wie die Rollenverteilung später einmal aussehen wird. Vorbild sind unsere Eltern und andere Mitglieder unserer erweiterten Familie, die uns vorleben, wie wir uns später als Erwachsene verhalten sollen. Eine Studie der University of British Columbia aus dem Jahr 2014 zeigt, dass das Verhalten und die Überzeugungen der Mutter bezüglich Genderrollen eine recht präzise Vorhersage über die zukünftigen Glaubenssätze ihrer Kinder zulässt.[5] Je mehr die Mütter sich mit traditionellen Geschlechterrollen identifizierten und diese zu erfüllen versuchten, desto eher übernahmen ihre Kinder, und ganz besonders die Töchter, diese gender-stereotypischen Rollen für sich selbst und sahen es als selbstverständlich an, diese zukünftig zu übernehmen. Bei Jugendlichen hatte sich diese Indoktrination dann zunehmend gefestigt.[6] Selbst wenn die Mütter ihren Kindern ein gutes Vorbild dafür waren, was Frauen auch außerhalb des häuslichen Familienlebens erreichen können, erwies es sich doch als einflussreicher, welches Verhalten die Kinder zuhause selbst miterlebten. Auch Töchter von Müttern, die jeden Tag zur Arbeit gehen, sind der Überzeugung, für den Großteil jener Hausarbeiten zuständig zu sein, die ihre Mütter erledigten – unsere Kinder sehen uns ja nicht in Meetings, wie wir Präsentationen halten oder junge Kollegen anleiten –, sie sehen, wie wir uns abhetzen, um das Abendessen pünktlich auf den Tisch zu bringen, die Wäsche zu waschen und den Geschirrspüler einzuräumen, während ihre Väter Arbeitsmails beantworten oder nach dem Punktestand beim Baseball schauen.

Für mich steht außer Frage, dass meine Überzeugung, zuhause die Zügel straff in der Hand halten zu müssen, ihren Ursprung in der Art und Weise hat, wie meine Mutter damals, als ich noch ein kleines Mädchen war, den Haushalt führte. Meine Mutter ist im Watts-Viertel von Los Angeles aufgewachsen, Mitte der Siebziger ein ziemlich heißes Pflaster, und sie war wild entschlossen, irgendwie da rauszukommen. Obwohl sie nicht die besten Voraussetzungen hatte, war sie in der Schule ein Ass und verfügte über eine große künstlerische Begabung. Sie liebte Mode und entwarf und nähte ihre Kleider selbst. Sie war schon fast auf dem Weg zur UCLA, als sie mit neunzehn schwanger wurde. Was ihre Pläne total auf den

Kopf stellte. Aber sie war noch immer fest entschlossen, ihren eigenen Weg zu gehen.

Mein Vater war eins von elf Kindern und wuchs nicht weit von meiner Mutter entfernt in einer Sozialbausiedlung auf. Er nahm Drogen, hielt sich aber ansonsten von jeglichem Ärger fern und war immer bemüht, anderen Menschen zu helfen. Auf Drängen meiner Mutter verpflichtete er sich bei der Army, um von seiner Sucht loszukommen und eine Perspektive außerhalb des Sozialghettos zu haben. Im Sommer 1973 heirateten die beiden, und neun Monate später wurde ich in Fort Lewis in Tacoma, Washington, geboren. Meine Eltern haben es in nur einer Generation geschafft, aus dem Teufelskreis von Armut, Sucht und Gewalt auszubrechen, und mir dabei eine wichtige Wahrheit vermittelt: Wenn man etwas nie Dagewesenes erreichen will, muss man etwas nie Dagewesenes tun, um es zu erreichen.

Wenn ich heute so zurückblicke, waren die ersten sechzehn Jahre meines Lebens nahezu perfekt – obwohl ich natürlich wie die meisten Teenager der Überzeugung war, mein Leben sei die Hölle. Ich durfte nicht zu Partys gehen, nach der Schule hatte ich bestimmte Aufgaben im Haushalt zu erledigen, wie beispielsweise das Abendessen vorzubereiten, und dauernd erzählte meine Mutter mir, wie klug und hübsch ich sei und wie sehr sie mich liebte – was mir tierisch auf die Nerven ging, ich wollte bloß große Brüste. Mein Vater, der Mann, der seine Heroinsucht besiegt und die harte Aufnahmeprüfung bei der Army bestanden hatte, schaffte es im Rahmen seines Militärdienstes aufs College, machte seinen Doktor in Theologie, arbeitete als Vertrauenslehrer an einer Grundschule und wurde schließlich Pfarrer. Als ich in der Mittelstufe war, begann meine Mutter als Sozialarbeiterin zu arbeiten, aber ihre

Hauptaufgabe war die als Mutter und Pfarrersfrau, und beide Rollen erfüllte sie mit Anmut und Elan.

Eine meiner ältesten Kindheitserinnerungen ist die an den Geruch von gebratenem Hühnchen oder Kohlgemüse mit Eisbein, der am Sonntagmorgen unter meiner Schlafzimmertür hereinzog. Meine Mom stand sonntags immer besonders früh auf und bereitete alles für das Mittagessen vor, damit es dann zwischen Morgen- und Abendgottesdienst pünktlich auf den Tisch kam. Wenn wir später nach Hause kamen, brauchte sie bloß noch rasch ein Maisbrot in den Ofen zu schieben. Im Sommer machte sie oft Vanilleeis auf der Veranda. Ich kann mich nicht daran erinnern, dass sich bei uns zuhause je das schmutzige Geschirr in der Spüle gestapelt hat oder es zum Geburtstag mal eine gekaufte Torte gab. Und ich hatte immer eine sehr akkurate Flechtfrisur. Meine jüngere Schwester Trinity und ich saßen oft stundenlang auf dem Boden zwischen den Knien unserer Mutter. Bis sie die Cornrows gelöst, die Haare gewaschen und geföhnt und dann wieder eingeflochten und mit Perlen verziert waren, vergingen oft sechs Stunden oder mehr (was vielleicht teilweise erklärt, warum wir schwarzen Frauen so zäh und leidensfähig sind – schon als Fünfjährige lernten wir, so lange stillzusitzen, um uns die Haare machen zu lassen!).

Mein Vater arbeitete ebenfalls hart, allerdings meist außer Haus. Er begann jeden Tag mit einer Joggingrunde durch die Nachbarschaft. Unser Auto war immer auf Hochglanz poliert. Unser Garten wie aus dem Ei gepellt. Präzise wie bei einem Uhrwerk wurden die Mülleimer an den Straßenrand gestellt und die Regenrinnen gereinigt. Hin und wieder machte mein Vater auch mal den Abwasch oder kümmerte sich um die Wäsche. Aber uns allen war klar, dass das eigentlich nicht zu seinen Aufgaben gehörte. Meine Mom hatte bloß Glück, einen Mann geheiratet zu haben, der ihr das gelegentlich abnahm. War mein Dad zuhause, las er meistens, um seine Predigten vorzubereiten, schaute *Star Trek* oder *Twilight Zone* oder tanzte zu Lou Rawls oder Earth, Wind & Fire. War er nicht zuhause, kümmerte er sich in der Schule oder in der Kirche um seine Schäfchen. Meine Mutter und mein Vater erfüllten beide ihre gottgewollten familiären Pflichten – sie als Hausfrau, er als Ernährer – und kletterten beharrlich in der gesellschaftlichen Hierarchie weiter nach oben, von einer kleinen bescheidenen Wohnung in der Innenstadt zu einem eigenen Häuschen mit weißem Lattenzaun in einem ruhigen Vorort.

Als Kind und Jugendliche war die Kirche mein Zuhause. Meine Eltern hatten einen großen Schritt gewagt, weit weg von Kalifornien, wo sie aufgewachsen waren, und die Kirchengemeinde wurde zu einer Art Ersatzfamilie. Wir lebten zwar im pazifischen Nordwesten der USA, aber viele der Afroamerikaner, die wir kannten, kamen ursprünglich aus den Südstaaten. Was hieß, dass das Essen immer im Mittelpunkt der Zusammenkünfte stand. Wie gerne erinnere ich mich an die ausgedehnten Festessen meiner Kindheit, aber ich weiß auch noch ganz genau, dass Männlein und Weiblein dabei streng getrennte Aufgaben hatten: In unserer Kirche waren die Frauen die »Kümmererinnen«, die kochten, den Tisch deckten und die Männer bedienten. Schon als kleines Mädchen wusste ich, dass den Frauen in der Kirchengemeinde zwar eine wichtige Aufgabe zukam, diese aber hauptsächlich darin bestand, es den anderen so angenehm wie möglich zu machen.

Manchmal störte mich diese strikte Aufgabenteilung. Dauernd bekam ich gesagt, ich sei so klug und würde später mal aufs College gehen, und die ganze Welt läge mir zu

Füßen. Aber ich werde nie vergessen, wie ich einmal in der Sonntagsschule von meiner Lehrerin dafür gerügt wurde, dass ich am Ende des Unterrichts laut und stolz vorgebetet hatte. Als sie die Klasse fragte, wer von uns das Gebet anleiten wollte, meinte sie offensichtlich nur die Jungs. Vollkommen verdattert hatte ich sie angestarrt, als sie mich empört ausschimpfte. An diesem Tag lernte ich, dass es unsere Kirchendoktrin Frauen nicht gestattete, Männer im Gebet anzuleiten. Ich war elf Jahre alt, und nichts, was meine Lehrerin da über »Jungs sind nun mal von Natur aus Anführer« sagte, schien mir richtig oder nachvollziehbar. Ich bin mir ziemlich sicher, dass meine Leidenschaft zur Förderung von Frauen und Mädchen ihren Ursprung in diesem prägenden Schlüsselerlebnis hatte.

Ich kann von Glück sagen, dass mein Vater diese »Jungs sind geborene Anführer«-Doktrin für seine eigene Tochter nicht gelten ließ, obwohl er sie anderen predigte. Bei unseren Familienzusammenkünften drehte er für uns die Sitzerhöhung auf dem Stuhl um und brachte meiner Schwester und mir bei, wie man eine ordentliche Predigt hielt. Aber wir hielten unsere flammenden Reden nur in unseren eigenen vier Wänden, was die viel stärkere Botschaft unserer Gemeinde umso mehr untermauerte: Frauen sollten sich still und leise um das Wohlergehen anderer kümmern. Man sollte sie sehen, aber nicht hören.

* * *

Genderrollen-Indoktrination setzt sehr früh an, und sie wird weitergegeben durch bewusste und unbewusste Einstellungen und Taten selbst der fortschrittlichsten und wohlmeinendsten Eltern. So erging es auch Jun, einer Verkaufsleiterin, die ich kennenlernte, als ich ein Fortune-500-Unternehmen beriet, das eine Initiative zur Frauenförderung ins Leben rufen wollte. Jun sollte das neue Programm leiten – der Unternehmensvorstand sah in ihr ein vielversprechendes Talent. Sie hatte immer fest daran geglaubt, alles erreichen zu können, was sie wollte, wenn sie nur hart genug dafür arbeitete. Vom Pokal des Buchstabierwettbewerbs in der Grundschule bis hin zum Aufnahmebrief aus Yale hatte Jun unzählige Beweise dafür gesammelt, dass kompromissloser Fleiß und eine untadelige Arbeitsmoral der Schlüssel zum Erfolg waren. Und doch hatte sie jetzt, mit neununddreißig, da sie härter arbeitete denn je zuvor, das unterschwellige Gefühl, jämmerlich zu versagen – und genauso jämmerlich war ihr zumute.

Drei Quartale hintereinander hatte sie die firmeninternen Verkaufsziele übertroffen, und unter ihren Kollegen wurde sie hoch angesehen und geschätzt. Aber bei unserem Gespräch wurde schnell klar, dass sie an einem seidenen Faden baumelte. Zwar glaubte sie nach wie vor unerschütterlich daran, dass harte Arbeit sich früher oder später bezahlt machte, aber irgendwie hatte der Tag nie genug Stunden, um all die anstehenden Aufgaben in Haushalt und Job zu erledigen.

»Unser Haus sieht aus wie ein Saustall«, gestand sie zerknirscht. »Ich habe seit Wochen nicht mehr geputzt und aufgeräumt. In meinem Kühlschrank entstehen schon neue Lebensformen.« Sie lächelte kleinlaut. »Ich habe Angst, wenn ich das Zeug nicht bald entsorge, macht es irgendwann die Tür auf und spaziert aus dem Haus.«

Aber das war erst der Anfang. Als Jun und ich dann darüber sprachen, ob sie irgendwelche Bedenken hatte bezüglich der Leitung des neuen Programms, schienen berufliche

Aspekte überhaupt keine Rolle zu spielen. Vielmehr hatte man den Eindruck, ihre einzige Sorge seien die zahlreichen familiären Verpflichtungen – und die damit verbundenen Schuldgefühle. So wie meine Mutter mir vorgelebt hatte, wer für die Haushaltsführung zuständig war, hatte auch Juns Erziehung ihre Ansichten bezüglich ihrer Rolle innerhalb der Familie geprägt.

Juns Eltern, beide Japaner, waren beruflich sehr ehrgeizig und erfolgreich und was ihre Arbeitszeiten anging relativ flexibel. Ihr Vater war Professor für Geschichte an der Universität, ihre Mutter Anästhesistin. Juns Vater hatte den ganzen Sommer über keine Vorlesungen, und auch abends und an den Wochenenden wurde seine Anwesenheit auf dem Campus nicht erwartet. Und doch erinnerte Jun sich, dass die haushaltlichen Pflichten ganz klar verteilt waren. »Mein Vater hat nie gekocht, geputzt oder mich zu irgendwelchen außerschulischen Aktivitäten begleitet«, sagte sie. »Das klingt jetzt vielleicht komisch, aber ich kann mich nicht daran erinnern, dass er zuhause jemals ans Telefon gegangen ist. Rückblickend glaube ich fast, meine Mutter muss Teilzeit gearbeitet haben. Denn wenn ich so darüber nachdenke, was sie gemacht hat, kann ich mir kaum vorstellen, wie man das alles sonst schaffen soll.«

Juns Bemerkung, ihre Mutter hätte nur Teilzeit gearbeitet, war natürlich bloß ein Scherz; tatsächlich hatte ihre Mutter zwei Vollzeitjobs – ihren eigentlichen Beruf und den Haushalt. Zum Teil führt Jun ihre eigenen Ansprüche an sich darauf zurück, dass sie dem unerreichbaren Vorbild ihrer Mutter nacheifert. »Ich habe wohl nie so richtig zu schätzen gewusst, was meine Mom alles für uns getan hat«, überlegte sie. »Bei ihr wirkte das alles immer kinderleicht.«

Als Jun und ich uns kennenlernten, ratterte sie eine scheinbar endlose Liste ihres »Versagens« herunter. Der (ihrer eigenen Aussage zufolge) schlimmste Punkt dabei war, dass sie ständig die Baseballspiele ihres ältesten Sohns versäumte. »Ich möchte so gerne dabei sein, wenn er spielt, aber bei meinen Arbeitszeiten ist das einfach unmöglich.« Ganz gleich, wie sehr sie sich auch bemühte, Jun hatte stets das Gefühl, dass es nicht reichte.

Auch für Susan, eine andere Bekannte, waren Zeitmangel und Terminprobleme ein ständiger Stressfaktor. Susan lernte ich bei einem Gemeindefest in Harlem kennen. Unsere Söhne schlossen beim Kicken in einem »Weltmeisterschaftsturnier« Freundschaft, und wir beide freundeten uns an, weil wir eben nicht die typischen »Fußballmamis« waren. Susan war frisch geschieden und hatte zwei Kinder, neun und fünf Jahre alt, und rieb sich zwischen Brötchenverdienen und Haushaltsführung auf. Sie arbeitete als Busfahrerin bei der Stadt, und sie und die Kinder mussten jeden Morgen um vier Uhr dreißig aufstehen, damit Susan im Busdepot pünktlich an der Stechuhr stand. Bisher lag die Schule ihrer Kinder auf ihrer morgendlichen Tour, sodass sie die beiden auf dem Weg absetzen konnte. Aber just an dem Tag, als wir uns kennenlernten, hatte sie eine neue Route zugewiesen bekommen und wusste nicht, wie sie das nun alles schaffen sollte. »Die neue Route ist wieder ein weiterer Stolperstein. Es ist manchmal wirklich nicht einfach, Familie und Beruf unter einen Hut zu bringen. Jeden Tag was Neues«, seufzte sie. »Nächste Woche ist es dann wieder was anderes.«

Als ich sie fragte, warum sie glaubte, die Kinder unbedingt selbst zur Schule bringen zu müssen, schaute Susan mich nur fassungslos an. »Ich kann mir gar nicht vorstellen, eine Freundin oder Nachbarin zu bitten, mir das abzunehmen«, sagte sie. »Die müssen mich doch für eine schreckliche Rabenmutter halten.« Als ich ein bisschen nachhakte, erfuhr ich schließlich, dass Susan, wie so viele andere Frauen, der Überzeugung war, sich als gute Mutter selbst um alles kümmern zu müssen. »Meine Mom war immer da für uns«, erklärte sie mir.

Wie Susan weiter erzählte, war ihr Vater Polizist und hatte früher immer draußen herumgewerkelt. Autowaschen und Rasenmähen, alles rund um das Haus fiel in seinen Zuständigkeitsbereich. Aber Susan konnte sich beim besten Willen nicht daran erinnern, dass er im Haushalt jemals einen Finger gerührt hatte. »Meistens saß er in seinem Relax-Sessel vor dem Fernseher«, erinnerte sie sich. »Und meine Mom hat ihm auf so einem altmodischen Metallklapptischchen das Abendessen serviert.«

Juns, Susans und meine eigenen Erfahrungen in der Kindheit hatten uns entscheidend geprägt und bestimmten unser Bild von der Rolle als Frau. Wenn Frauen doppelt so viel Hausarbeit übernehmen wie Männer, dann heißt das, die Kinder in diesem Haushalt lernen, dass Hausarbeit hauptsächlich Frauensache ist, selbst wenn das nie so klar benannt wird.[7]

Aber Rollenbilder erlernen wir nicht nur zuhause. Unsere Gesellschaft vermittelt auch ganz allgemein eine bestimmte Erwartungshaltung bezüglich der Geschlechterrollen. Von Fernsehserien wie *Modern Family* über Frauenzeitschriften bis hin zu Pinterest werden wir mit unterschwelligen Botschaften überschüttet, wie wir als Frauen unsere Zeit und Energie verwenden sollen.

Als Kind war die *Familie Feuerstein* meine Lieblingszeichentrickserie. 2013 wurde die Serie zur zweitbesten Zeichentrickserie aller Zeiten gekürt, gleich nach den *Simpsons*. In beiden Cartoons spielen typische Totalversager aus der Arbeiterklasse die Hauptrolle, deren kluge, kompetente und umsichtige Frauen den Haushalt schmeißen. Klassische Kinderbuchreihen wie *Geschichten aus dem Bärenland* stellen die Mutterfiguren ebenfalls als reine Hausfrauen dar. Disneyfilme von *Cinderella* über *Schneewittchen* bis hin zu *Küss den Frosch* zeigen junge Mädchen, die im Haushalt schuften müssen, bis sie von einem wunderschönen Prinzen erlöst werden. Da ist es nicht weiter verwunderlich, dass die Jungen und Mädchen, die an einer Studie des National Institute of Media and the Family teilnahmen, der Ansicht waren, weibliche Figuren seien »häuslich, interessierten sich für Jungs, und gutes Aussehen sei ihnen wichtig«.[8]

Die Botschaften, die wir tagtäglich hören und sehen, wie eine »normale« Familie auszusehen hat, werden schon in jungen Jahren internalisiert. Und diese Botschaften sind so eindringlich, dass unsere Entscheidungen oft davon beeinflusst werden, ehe wir uns dessen bewusst werden können. Ich berate beispielsweise eine junge Frau namens Maria, die sich schon jetzt Gedanken über die zukünftige Vereinbarkeit von Familie und Beruf macht. Maria hat zwar erst vor zwei Jahren ihren College-Abschluss gemacht und nicht vor, in absehbarer Zeit eine Familie zu gründen; aktuell hat sie nicht mal einen Freund. Aber schon jetzt macht sie sich große Sorgen, wie sie das alles einmal schaffen soll. »Es beschäftigt mich jeden Tag, eines Tages womöglich meinen Beruf aufgeben zu müssen, um mich um die Kinder zu kümmern«, gestand sie mir bei einem unserer Beratungsgespräche. »Es kommt mir vor, als hätte man mir mein ganzes Leben lang versprochen, ich könne alles haben, was ich will. Aber jetzt arbeite ich siebzig Stunden in der Woche und kann mir beim besten Willen nicht vorstellen, wie das gehen soll. Erfolgreiche Frauen bekommen einfach keine Kinder.«

Als ich Maria dann fragte, ob sie vorauseilend berufliche Entscheidungen treffe, um irgendwann Kinder und Karriere unter einen Hut bringen zu können, entgegnete sie: »Eigentlich nicht, aber hauptsächlich deshalb, weil ich gar nicht weiß, wie die entsprechenden Entscheidungen aussehen sollten. Ich weiß bloß, dass ich nicht gleichzeitig diesen Job machen und eine gute Mutter sein kann.«

Ich hakte nach und bat Maria, mir zu erklären, was sie unter einer »guten Mutter« verstand. Worauf sie mir erzählte, dass ihre Mutter immer für sie und ihre Geschwister da gewesen war. Sie hatte die Kinder zu Sportveranstaltungen gefahren, das Mittagessen gekocht und Pfadfinderinnenabzeichen von Hand an die Uniform genäht. Genau wie Jun, Susan und ich hatte auch sie die Vorstellung verinnerlicht, dass die Haushaltsführung in ihren Zuständigkeitsbereich fiel, weil unsere Mütter uns das so vorgelebt hatten. Maria schien sich beim besten Willen nicht vorstellen zu können, anders als ihre eigene Mutter damals und trotzdem eine gute Mutter zu sein.

Sie setzte sich damit erheblich unter Druck, was noch verstärkt wurde durch die überzogene Erwartungshaltung ihrer Umgebung. Trotz College-Abschluss und beruflichem Erfolg als Marketingmanagerin wurde sie, wenn sie zuhause in ihrem dominikanischen Stadtviertel war, ständig gefragt, wann sie denn nun endlich eine Familie gründen wolle. »Jetzt, wo ich das College abgeschlossen habe, scheinen alle schlagartig das Interesse an meiner Karriere verloren zu haben und sich nur noch dafür zu interessieren, wann ich mir endlich einen Mann suche und Kinder in die Welt setze«, erklärte Maria mir.

Womit sie etwas aussprach, das unzählige Frauen so oder ähnlich erleben, aber selten so deutlich formulieren: Wir glauben nicht nur, dass die Haushaltsführung vorrangig *unsere* Aufgabe ist, sondern sind darüber hinaus – häufig unterbewusst – der Auffassung, dass die Haushaltsführung unsere *vorrangige Aufgabe* sein sollte. Zwar ist sich eine überwältigende Mehrheit junger Menschen (82 Prozent) darin einig, dass Mädchen und Jungen als Führungspersönlichkeiten gleich gut geeignet sind[9], und junge Frauen wie Maria wachsen mit der Überzeugung auf, sowohl beruflich als auch privat alles erreichen zu können, was sie wollen, und doch müssen Frauen, wenn sie älter werden, oft genug einsehen, dass das »Alles haben können«-Ideal einen Haken hat: Haushalt und Familie müssen dabei stets an erster Stelle kommen. Frauen haben die Botschaft verinnerlicht, im Beruf nicht erfolgreich sein zu können, ohne auch als Hausfrauen, Ehefrauen und Mütter perfekt zu sein. Weshalb wir alle wie Claire Huxtable sein wollten, eine der beliebtesten und bekanntesten TV-Mütter aller Zeiten – eine knallharte Anwältin mit eigener Kanzlei, die nebenbei auch noch fünf gut geratene Kinder großgezogen hat.

Und so wie Maria von dominikanischen Freunden und Bekannten vermittelt wurde, beruflicher Erfolg sei nicht annähernd so wichtig wie Haushalt und Familiengründung, schlagen auch viele religiöse Traditionen in dieselbe Kerbe. In christlichen Messen und Hochzeitsfeiern wird Frauen auch heute häufig noch gesagt, Gott habe sie dem Manne zur Seite gestellt. Vor dem Passahfest sind jüdische Frauen, nicht Männer, dazu angehalten, das Haus sauberzumachen und Chametz, also Gesäuertes zu entfernen. Und obwohl der Koran die spirituelle Gleichwertigkeit von Männern und Frauen betont, werden Frauen in der praktischen Religionsausübung häufig dazu angehalten, als treusorgende Ehefrauen und Mütter dem Manne den Haushalt zu führen.

Aber noch viel hinterhältiger warnt uns die Popkultur vor dem grauenhaft hohen Preis, den Frauen zu zahlen haben, wenn sie traditionelle hausfrauliche Pflichten vernachlässigen. Frauen in Machtpositionen wie Sandra Bullock in *Selbst ist die Braut* oder Demi Moore in *Enthüllung* werden allzu oft als hartherzige, eiskalte Karrierefrauen mit soziopathischen Zügen dargestellt. »Die Hexe sitzt auf dem Besen« schreiben sich die Büroangestellten, wenn Bullocks Figur in *Selbst ist die Braut* das Gebäude betritt. Ihre Macht bezahlen diese Frauen häufig mit dem Verlust von Familien- und Privatleben. In *How to Get Away With Murder* spielt Viola Davis, die erste schwarze Frau, die je einen Emmy als beste Hauptdarstellerin in einer Serie gewonnen hat, Annalise Keating, eine brillante Strafverteidigerin und hoch angesehene Professorin für Strafrecht, die in einer lieblosen Ehe gefangen ist. Ganz ähnlich auch Miranda Priestly, verkörpert von Meryl Streep in der Verfilmung von *Der Teufel trägt Prada*, bei der Arbeit eine Überfliegerin, aber privat ein völliges Desaster. Als ihre junge Assistentin sie überrascht, wie sie heimlich weint, erklärt Miranda ihr, dass sie gerade von ihrem Mann verlassen wurde: »Ein weiteres Mal enttäuscht, ein weiterer Verlust«, jammert sie. All diese Beispiele vermitteln die Botschaft, um ganz nach oben zu kommen, müssen mächtige Frauen gesunde zwischenmenschliche Beziehungen, Familienleben und womöglich sogar den gesunden Menschenverstand opfern. Klatschblättchen wie *Us Weekly* und *People* bilden prominente Frauen viel häufiger in der Mutterrolle ab, wie beispielsweise, wenn sie ihre Kinder zur Schule bringen oder abholen, als in ihrem beruflichen Umfeld. Frauen landen häufiger auf dem Titel solcher Zeitschriften, wenn sie heiraten oder Kinder bekommen, als wenn sie die Hauptrolle in einem Film spielen oder ein eigenes Unternehmen gründen.[10] Als Marissa Mayer Vorstandsvorsitzende von Yahoo wurde, erregte die Tatsache, dass sie in ihrem Büro eine Kinderecke einrichten ließ, und die Frage, wie sie ihre häuslichen Pflichten mit ihren beruflichen Aufgaben unter einen Hut bringen wolle, wesentlich mehr Aufmerksamkeit als ihre Zukunftsvision für das Unternehmen. Zu dem Zeitpunkt, an dem ich das hier schreibe, gibt es einhunderttausend mehr Google-Treffer zur Suchanfrage »Marissa Mayer Baby« als für »Marissa Mayer CEO«.

Die Vorbilder innerhalb unserer Familie, kulturellen und religiösen Gemeinschaften und in der Popkultur vermitteln Frauen die immergleiche Botschaft: dass wir hauptsächlich für andere da sein sollen – in der Familie und zuhause – und dass, wenn wir unseren Verpflichtungen nicht nachkommen, alle Beteiligten bitterlich darunter leiden.

* * *

Genau wie Jun, Susan und Maria – ja, wie die allermeisten Frauen überhaupt – hatte ich als Jugendliche eine sehr genaue Vorstellung davon, was von mir als Mädchen zuhause erwartet wurde (und später als Frau einmal erwartet werden würde). Erst auf der Highschool dämmerte mir langsam, dass es mindestens genauso wichtig war, auch berufliche Erfolge verbuchen zu können.

In dem Jahr, als ich sechzehn wurde, war ich entschlossen und ehrgeizig wie nie meine berufliche Zukunft betreffend, auch weil der sprichwörtliche weiße Lattenzaun unserer kleinen Vorstadtidylle krachend in sich zusammenbrach. Meine Eltern brachten mich gemeinsam ins Sommercamp, und am Ende des Sommers holte meine Mutter mich alleine wieder ab. Auf der langen Heimfahrt erklärte sie mir, sie und Dad ließen sich scheiden. Wobei sie das Wort *Scheidung* überhaupt nicht in den Mund nahm. Aber ich wusste ganz genau, was sie mir sagen wollte. Zuhause angekommen verschwand ich sofort in Trinitys Zimmer, wo meine schlimmsten Befürchtungen sich bestätigen sollten. Meine kleine Schwester erzählte mir brühwarm sämtliche Einzelheiten, einschließlich der Tatsache, dass mein Vater bereits zuhause ausgezogen war.

Trinity und ich wohnten die ersten Monate bei unserer Mutter, aber die ganze Situation verschlechterte sich innerhalb kürzester Zeit rapide. Schon wenige Wochen nach der Scheidung zog Moms neuer Freund bei uns ein. Von seinem ersten zahnreichen Lächeln an hatte ich ein mulmiges Gefühl, und er tat alles, damit sich sämtliche Vorurteile bewahrheiteten. Er rauchte und trank und fluchte und, was das Allerschlimmste war, er schlug meine Mom. Ich konnte kaum mit ansehen, was er mit ihr machte, aber ich wusste auch nicht, wie ich ihr helfen sollte. Endlich, eines Tages, hatte ich die Nase gestrichen voll. Ich packte meine Sachen und rief Dad an, er solle mich sofort abholen kommen. Drei Wochen später zog auch Trinity zu uns.

Und so kam es, dass Trinity und ich als Teenager bei unserem alleinerziehenden Vater lebten.

Und so kam es auch, dass ich mich wie eine Besessene krumm und bucklig arbeitete. Denn ich war felsenfest entschlossen, den steinigen Weg nach oben zu nehmen, auch weil ich hilflos mit ansehen musste, wie meine Mom immer tiefer abstürzte. Ihre gesicherte Existenz als Vorstadthausfrau war in einem Wimpernschlag zerplatzt wie eine Seifenblase, und plötzlich war sie zu einem prekären Opfer häuslicher Gewalt geworden. Ich hatte miterleben müssen, wie sie durch ihre Abhängigkeit von Männern sämtliche finanziellen Sicherheiten verlor. Das lehrte mich vor allem eins: Als Frau sollte man immer ein eigenes Einkommen haben, mit dem man für sich selbst und seine Kinder sorgen kann. Mir war klar, dass ich höchstwahrscheinlich nie so enden würde wie meine Mutter. Und doch spornte ihr sozialer Abstieg nach der Scheidung mich nur noch mehr an. Ich schwor mir, Karriere zu machen, um finanziell unabhängig zu sein. Wie das genau aussehen sollte, wusste ich zwar noch nicht, aber ich wollte außerdem Frauen und Mädchen unterstützen, ein eigenständiges, selbstbestimmtes Leben zu führen.

Während der letzten beiden Highschool-Jahre setzte ich alles daran, die bestmöglichen Noten zu bekommen und mich darüber hinaus auch außerschulisch zu engagieren, um beim College-Auswahlverfahren mehrere Asse im Ärmel zu haben. Im Junior-Jahr auf der Highschool wurde ich zur Klassensprecherin gewählt. Und als solche kannten mich auch die meisten Lehrer und Offiziellen. Eines Tages ging ich während einer Schulstunde den Gang entlang, als der stellvertretende Schulleiter plötzlich hinter mir losdonnerte: »Solltest du nicht im Unterricht sein?« Vollkommen unbeeindruckt ging ich einfach weiter, während ich hörte, wie ein Mitschüler hinter mir erklärte, er wolle nur eben zur Toilette. Es dauerte einen Moment, bis mir aufging, dass ich mich auf die Frage des stellvertretenden Schulleiters nicht einmal umgedreht hatte, weil kein Erwachsener an dieser Schule mich je fragen würde, warum ich nicht im Unterricht war. Durch meine Funktion als Schülervertreterin hatte ich sozusagen einen Freifahrtschein. In anderen Bereichen des Lebens musste ich mich als Mädchen allerdings strikt an die Regeln halten. *Nicht beim Gebet mit Jungs vorbeten. Nicht angeben. Nicht so neugierig sein. Nicht am Klettergerüst hangeln. Nicht die Zöpfe nass machen. Nicht mit Jungs schlafen. Nicht so laut reden.* Die Arbeit in der Schülervertretung war der einzige Bereich meines Lebens, in dem ich mich nicht an die Regeln halten musste; ich konnte sie sogar selbst schreiben.

Doch genau wie in der Kirchengemeinde musste ich als Mädchen auch als Klassensprecherin eine fleißige Arbeitsbiene sein. Beim Brainstorming für die Schulfeste brachten die Jungs ganz tolle Ideen ein, aber letztendlich waren wir Mädchen es, die alles organisierten und sich um den lästigen Kleinkram kümmerten. Irgendwann verboten wir den Jungs, Spruchbänder zu malen, weil uns ihre dicken krakeligen Blockbuchstaben nicht ordentlich genug waren. Schon damals hatten wir Mädchen ganz genaue Vorstellungen davon, wie wir es gerne hätten. Und erst jetzt geht mir die Ironie der ganzen Geschichte auf, dass ich, aller Leidenschaft für die Schülervertretungsarbeit zum Trotz, nie für die Wahl zur Jahrgangssprecherin angetreten bin. Diese Aufgabe übernahm üblicherweise ein Junge, und es kam mir nie in den Sinn, das in Frage zu stellen.

Für ein ehrgeiziges schwarzes Mädchen mit Bestnoten, das in den späten Achtzigerjahren im pazifischen Nordwesten aufgewachsen ist, kommt eigentlich nur ein einziges College in Frage: Spelman. Ein historisches College für schwarze Frauen im Herzen von Atlanta, gleich neben seinem ebenso geschichtsträchtigen Gegenstück für männliche Studenten, Morehouse. Historische schwarze Colleges sind in den USA vor allem durch beliebte Fernsehserien wie *College Fieber* und

Spike Lees Film *School Daze* bekannt geworden. Für mich bedeutete die Zulassung zum Spelman die Krönung all meiner schulischen Bemühungen. Ich war eine eifrige Leserin, und neben der Jugendbuchreihe *Sweet Valley High* hatte ich alles von Alice Walker, Pearl Cleage und Tina McElroy Ansa verschlungen – allesamt Spelman-Absolventinnen. Es war der seligste Moment meines Lebens, als ich den Zulassungsbrief fürs Spelman in den Händen hielt. Wochenlang schlief ich mit dem Umschlag unter meinem Kopfkissen.

Mein erstes Jahr am Spelman war ein wahr gewordenes Märchen. Jedes Studentenwohnheim hatte eine eigene Studentenvertretung, ich wurde zur stellvertretenden Sprecherin von Abby Hall gewählt und war als Studentenvertreterin wieder ganz in meinem Element. Damit kannte ich mich aus, aber in jeder anderen Hinsicht zwang Spelman mich, weiter zu wachsen und zu lernen. Auf der Highschool hatte ich meine Hausaufgaben beispielsweise immer allein zuhause am Küchentisch gemacht. Weshalb ich die Lorbeeren für meine Erfolge auch allein einheimsen konnte. Aber wenn ich mal nicht weiterkam, war das ungeheuer frustrierend. Am Spelman lernte und arbeitete ich immer mit anderen Kommilitoninnen zusammen. Schnell merkte ich, dass wir alle sehr viel weiterkamen, wenn ich ihnen bei den Aufsätzen half und sie mir dafür bei Chemie. Zum ersten Mal im Leben erlebte ich, wie es war, mit anderen Frauen zusammenzuarbeiten. Das sollte mich für mein gesamtes späteres Leben entscheidend prägen. Die größte Veränderung für mich war allerdings, zum ersten Mal nur von schwarzen Menschen umgeben zu sein. Und die schnuckeligen Jungs vom Morehouse nebenan waren das Sahnehäubchen obendrauf.

Von der Grundschule bis zur Highschool war ich immer

eins von zwei schwarzen Mädels in unserer Klasse gewesen. Es gab zwar noch andere schwarze Schüler an meiner Schule, aber ich war in einem Förderprogramm für Begabte, in dem sonst fast ausschließlich Weiße waren, weshalb ich mit den anderen schwarzen Kindern nicht viel zu tun hatte. Und weil ich an der Highschool überdurchschnittlich gute Noten hatte, auch beim Reden sämtliche Verben konjugierte, statt Sport zu machen in der Schülervertretung war und einen sehr gemischten Freundeskreis hatte, beschuldigten die anderen Schwarzen mich, ich benähme mich »weiß«. Mir taten diese Sticheleien weh, weshalb ich nur mit schwarzen Jungs ausging, um zu demonstrieren, dass ich mir meiner Identität durchaus bewusst war. Dass mein Schwarzsein in Frage gestellt wurde, war so ein wunder Punkt, dass ich in der Junior High zwar den gesamten Abschlussball für meinen Jahrgang plante, selbst aber nicht hinging, weil mich kein schwarzer Junge gefragt hatte, ob ich ihn begleiten wolle. Am Abend des Balls dekorierte ich also alles und trottete dann wieder nach Hause, schaute mir zwei Filme an und lief anschließend wieder zurück, um beim Aufräumen zu helfen und den DJ zu bezahlen. Bis heute bereue ich es, dass ich den netten jüdischen Jungen abblitzen ließ, der mich gefragt hatte, ob ich mit ihm zum Ball gehen wolle.

Da waren die Morehouse-Männer Manna vom Himmel für mich. Und da mein Frausein, im Gegensatz zu meinem Schwarzsein, nie in Frage gestellt worden war, wusste ich, was ich zu tun hatte: Mir einen dieser Prachtburschen als Ehemann angeln. Wobei mein Studium und meine gemeinnützige Arbeit natürlich nach wie vor an erster Stelle standen. Aber mein Unterbewusstsein war schon auf die Jagd nach einem Junggesellen programmiert. Er sollte spirituell geerdet sein, starke Frauen zu schätzen wissen, gut aussehen und nach dem College blendende Berufsaussichten haben.

Leider war ich nicht lange genug am Spelman, um einen geeigneten Kandidaten zu finden.

Hatte ich nach der Scheidung meiner Eltern gedacht, meine Welt stünde Kopf, so sollte der Anruf, den ich gegen Ende meines ersten Jahrs am Spelman bekam, sie endgültig in Schutt und Asche legen. Kurz gesagt, Dad hatte alles durchgerechnet und war zu dem traurigen Schluss gekommen, dass er es sich nicht leisten konnte, dass ich weiter am Spelman blieb und Trinity ebenfalls auf ihr Wunsch-College ging. Also fragte er mich, ob ich mir vorstellen könne, wieder nach Hause zurückzukommen und dort das staatliche College zu besuchen. Scharfe Glasscherben bohrten sich mir unerbittlich ins Herz, als ich leise flüsterte: »Natürlich, Daddy. Ich komme nach Hause. Kein Problem.«

Die jahrelange soziale Konditionierung hatte funktioniert. Als zielstrebiges Mädchen hatte ich mir immer ganz genau überlegt, was ich wollte, und dann alles darangesetzt, es zu bekommen. Aber ich war auch so brav, um zu verstehen, dass ich manchmal einfach nicht danach gefragt wurde, was ich wollte. Mittlerweile war ich außerdem kein Mädchen mehr, sondern eine junge Frau, und Frauen brachten Opfer für die Familie. Keine Zeit zu heulen. Am nächsten Tag standen die Abschlussklausuren an, und ich musste noch packen.

2. KAPITEL

Der Märchenprinz

Das erste Mal begegnete ich Kojo im Eingangsbereich meines neuen Wohnheims an der University of Washington. Er stand da, zusammen mit ein paar Freunden, und lachte. Aus den Augenwinkeln sah ich sein blitzendes Lächeln, elfenbeinweiß gegen die kakaobraune Haut. Und dann beobachtete ich, wie er ging. Er war die personifizierte Selbstsicherheit. Sein Gang war Schwarzer-Hahn-im-Korb-Gehabe pur. Ich weiß noch, dass ich dachte, *so, wie der Typ geht, muss er irgendwoher kommen, wo Schwarze mächtig viel Kohle und großen Einfluss haben.* Weshalb ich mich auch nicht wunderte, als ich kurz darauf erfuhr, dass ich mit dieser Vermutung goldrichtig gelegen hatte. Damals war ich die Neue auf dem Campus, also musste ich meine Mitbewohnerin anzapfen, um an Infos über Kojo zu kommen. Sie erklärte mir, er sei Austauschstudent aus Ghana und studiere Elektrotechnik. Außerdem sei er Läufer. Sie meinte, er sei ein bisschen komisch, aber eigentlich ganz nett – »Alle mögen Kojo«.

Mehr Informationen brauchte ich nicht, um mir einen ersten Eindruck zu verschaffen. Durch seine afrikanische Mutter war er starke Frauen gewohnt, also sollte er mit mir und meiner Art keine Probleme haben. Ich war strebsam, stur und traf meine eigenen Entscheidungen. Insgesamt eine tödliche Mischung, und mir gefiel die Vorstellung, dass er es besser wissen und nicht versuchen würde, einen Adler in einen Kanarienvogelkäfig zu stecken. Elekrotechnikstudent plus Läufer hieß, er war klug, arbeitete hart und hatte gute Aussichten auf einen ganz ordentlich bezahlten Job. Und wenn die anderen ihn ein bisschen komisch fanden (er trug einen Bürstenhaarschnitt, obwohl der längst aus der Mode war), musste ich nicht mit den beliebtesten Mädchen der Uni um seine Aufmerksamkeit konkurrieren.

Schnell hatte ich einen Plan ausgetüftelt, um Kojo auf mich aufmerksam zu machen. Ich war zwar ziemlich stolz auf meinen Intellekt, meine Beharrlichkeit und meine Selbstlosigkeit, aber ich machte mir nichts vor: Das waren nicht unbedingt die Eigenschaften, die Männer wie Fliegen anzogen. Und da ich nicht vorhatte, mich selbst zum Sexobjekt zu degradieren – sonst die einfachste Methode, einen Kerl auf sich aufmerksam zu machen –, überlegte ich mir, ihn durch wiederholte Konfrontation für mich zu gewinnen; wie bei einer Fernsehwerbung, die man so oft sieht, bis man eines Tages ohne nachzudenken das beworbene Produkt kauft.

Rasch hatte ich in Erfahrung gebracht, dass Kojo Studentenberater in meinem Wohnheim war. Die Berater machten abwechselnd Dienst am Schalter vorne im Gebäude, also schaute ich heimlich im Dienstplan nach, wann er wieder an der Reihe war. Dank meiner Spionagetätigkeit dauerte es nicht lange, bis ich auch wusste, wann er in der Wohnheim-Cafeteria frühstückte und zu Abend aß. Ganz beiläufig schlenderte ich am Schalter vorbei, wenn er gerade Dienst hatte, oder holte mir in der Cafeteria ein paar Fritten, wenn ich wusste, dass er da war. Manchmal lächelte ich ihn an und sagte hallo, aber meistens tat ich ganz unbeteiligt, als würde ich mich nur um meinen eigenen Kram kümmern. Ein ganzes Semester ging das so, aber was ich auch tat, Kojo sprach mich kein einziges Mal an. Und da ich als Mädchen einen Jungen nicht zuerst ansprechen konnte, war ich irgendwann schrecklich frustriert. Ich musste mir etwas Neues einfallen lassen.

Nach den Winterferien hatte ich allerdings erst mal anderes im Kopf – ich war frischgebackenes Mitglied der Studentinnenverbindung Delta Sigma Theta. Als Englischstudentin hatte ich mich angeboten, das Skript für das Programm zur Feier des Black History Month zu schreiben, die unsere Verbindung jedes Jahr auf die Beine stellte. Die perfekte Gelegenheit, Operation Kojo wieder ins Rollen zu bringen. Ich hatte mir überlegt, mit Songs und kurzen Sketchen jeweils ein Jahrzehnt des vergangenen Jahrhunderts szenisch darzustellen, und meine Achtzigerjahre waren eigens so angelegt, dass Kojo darin eine tragende Rolle spielte. In dieser Szene sollten zwei junge schwarze Männer an einem Schreibtisch auf der Bühne sitzen und Briefe schreiben, in denen sie aus ihrem Leben berichteten. Abwechselnd sollten sie von einem Scheinwerfer angestrahlt werden, während das Publikum eine Stimme aus dem Off hörte, die vorlas, was sie gerade zu Papier brachten. Einer der beiden war ein junger Mann aus Detroit, der andere lebte in einem Dorf in Ghana.

Und wie es der Zufall so wollte, war eine meiner Verbindungsschwestern ebenfalls Studentenberaterin in meinem Wohnheim und hatte Kojos Telefonnummer. Ich erklärte ihr, ich wolle ihn für mein Theaterstück interviewen, weil ich Informationen aus erster Hand brauchte, wie es für ihn war, in den Achtzigerjahren in Ghana aufzuwachsen. Endlich ein richtiges Gespräch mit Kojo! Aber als ich nach meinem Interview auflegte, musste ich mir eingestehen, dass mir das rein gar nichts gebracht hatte. Ich würde mir etwas Neues einfallen lassen müssen, damit wir im Gespräch blieben. Also rief ich ihn gleich noch mal an und fragte ihn ganz forsch, ob er vielleicht den jungen Mann in meiner Szene spielen wolle. »Und meinst du, du könntest gleich nächste Woche zu den Proben kommen?« Er sagte Ja!

Endlich hatte er angebissen, jetzt brauchte ich den Fisch nur noch vorsichtig einzuholen. Ich bot ihm an, ihn mit meinem Auto, einem weißen 1988er Ford Escort, am Wohnheim abzuholen und mit zur Probe zu nehmen. Da unser Wohnheim nur einen Katzensprung vom Theater entfernt lag, nahm ich an, mein Angebot sei recht eindeutig. Am Probenabend trug ich wie immer eine Jeans und mein Spelman-Sweatshirt, kombinierte dazu allerdings ein Collier aus Kaurischnecken, das laut und deutlich schreien sollte: »Ich bin deine African Queen!« Und als wir nach der Probe zusammen im Foyer des Theaters standen, ging Kojos Blick tatsächlich zu meinem Hals. Man sah ihm an, dass er mich gerade zum ersten Mal richtig wahrnahm. »Hübsche Kette«, brummte er. »Hast du heute Abend schon was vor? Hast du Lust, mit mir zu Red Robin zu gehen?« Ich lächelte und atmete erleichtert aus.

Wobei ich vielleicht dazusagen sollte, dass Kojo, wenn man ihn fragt, eine ganz andere Geschichte erzählt, wie wir uns kennengelernt haben. Er behauptet steif und fest, wir hätten uns das erste Mal an Halloween bei einer Siebzigerjahre-Party getroffen.

Ein paar Monate vor den Proben für das kleine Theaterstück meiner Studentinnenverbindung waren meine neue

Freundin Toyia und ich zu einer Halloweenparty eingeladen. Laut Toyia war es eine Siebzigerjahre-Motto-Party, und ich hatte nichts Passendes anzuziehen. Also kaufte ich mir in einem Secondhandladen ein geblümtes Funkadelic-Kleidchen und fragte eine alte Freundin meiner Mom, sehr modebewusst und für mich fast so etwas wie eine Tante, ob ich damit zu der Party gehen könne. Sie meinte, das Kleid sei ja ganz nett, aber es fehle ihm am gewissen Etwas. Woraufhin sie kurzerhand zur Schere griff und einfach das halbe Kleid abschnitt! Um dann zu behaupten, in den Siebzigern habe man nun mal viel Bein gezeigt. Zu guter Letzt staffierte sie mich dann noch mit Plateauschuhen, neonpinker Strumpfhose, riesigen Kreolen-Ohrringen und einer Afro-Perücke aus.

Abgesehen davon, dass Toyia – meine Verbindungsschwester und einer der großherzigsten Menschen, die ich kenne – und ich an diesem Abend Freundschaft schlossen, war die Party eigentlich nicht weiter erwähnenswert. Die meiste Zeit drückte ich mich verlegen in einer Ecke herum und zupfte an dem viel zu kurzen Kleid, während die anderen sich zum pumpenden Bass von Heavy Ds »Got Me Waiting« auf der Tanzfläche drängten. Für Kojo war diese Party allerdings ein Aha-Erlebnis. Und als sein Blick im Theaterfoyer auf die Kaurimuschel-Kette fiel, ging ihm schlagartig auf, dass ich dieses heiße Siebzigerjahrehäschen von der Halloweenparty war. Woraufhin er mich dann fragte, ob ich mit ihm ausgehen wolle.

Rückblickend muss ich sagen, mein ausgeklügelter Plan, Kojo für unser kleines Theaterstück zu gewinnen, war nicht das erste und auch nicht das letzte Mal, dass ich Unmengen von Zeit und Energie vergeudete, weil ich irgendwas von ihm wollte, nur um dann später einzusehen, dass ich das viel leichter und schneller hätte haben können, wäre ich nicht so ein Sturkopf.

Unsere erste Verabredung im Red-Robin-Burgergrill sollte wegweisend sein für unsere zukünftige Beziehung. Stundenlang redeten wir bei Banzai-Burgern und Bergen von Fritten. Wir sprachen über Politik und tagesaktuelle Ereignisse, unsere Familien, den neuesten Campus-Tratsch und welcher Film besser war – *Boyz n the Hood* oder *Menace II Society*. Ich war schwer beeindruckt von seinem umfassenden Verständnis weltpolitischer Zusammenhänge. Ich, als Englischstudentin, hatte fälschlicherweise angenommen, ein Ingenieursstudent würde sich nicht für Geisteswissenschaften interessieren. Aber da lag ich bei Kojo vollkommen falsch. Wir engagierten uns beide in Studentengremien und hatten mittels Protestveranstaltungen und Lobbyarbeit versucht, Missstände auf dem Campus zu beseitigen. Einmal blockierten wir eine wichtige Durchgangsstraße, um auf die mangelnde Diversität des Lehrkörpers aufmerksam zu machen. Es dauerte nicht lange, da sahen wir uns beinahe jeden Tag. Unsere Beziehung war die Summe langer, spätabendlicher Gespräche plus leidenschaftlichem Campus-Aktivismus. Wir träumten die Visionen des anderen. Er wollte irgendwann nach Ghana zurückkehren und beim Aufbau des Telekommunikationsnetzes helfen. Ich wollte mich für mehr soziale Gerechtigkeit einsetzen und in Forschung und Lehre oder bei einer Wohltätigkeitsorganisation arbeiten.

Kojo bezeichnete mich als eine Freundin, aber was mich anging, war er *mein Freund*. Was er in unserem ersten Sommer quasi offiziell machte. Er hatte einen Praktikumsplatz in Dallas ergattert, und wenn ich nicht gerade in meinem Ferienjob als Kassiererin bei Nordstrom arbeitete, verbrachte ich meine gesamte Freizeit damit, in liebevoller und mühevoller Kleinarbeit eine Decke in den Farben seiner Heimatflagge zu häkeln. Jede Masche war ein Liebesbeweis; meine Art, Kojo zu zeigen, wie viel er mir bedeutete. Er freute sich sehr, als ich ihn bei seiner Rückkehr damit überraschte. Ein paar Wochen später sah ich dann, wie er die Decke in den Koffer packte, bevor er zu einem Besuch bei seinen Eltern aufbrach. Und da wusste ich, er würde ihnen die Decke zeigen und von mir erzählen. Bei dem Gedanken wurde mir ganz warm ums Herz.

Als Kojo mir im Frühjahr 1997, nur ein paar Wochen vor unserem Abschluss, einen Heiratsantrag machte, schlich sich ein kleines Lächeln auf mein Gesicht. »Ich dachte, wir sind bloß Freunde«, zog ich ihn auf. »Ich finde, eine Freundschaft ist der beste Weg, den Rest unseres gemeinsamen Lebens zu beginnen«, erwiderte er ganz ernst. Sosehr ich Kojo auch anhimmelte und so gerne ich mein Leben mit ihm teilen wollte, wir waren beide noch so jung, und darum antwortete ich nicht gleich. Stattdessen beriet ich mich mit meinen *weisen Ratgeberinnen,* wie ich sie später nennen sollte – Verwandte und andere ältere, lebenskluge Frauen, deren Meinung und Ratschläge ich außerordentlich schätzte. Sie alle gaben mir mehr oder minder denselben Rat mit auf den Weg: Heirate ihn, aber warte mit dem Kinderkriegen. Mit diesem Rat im Gepäck ging ich also wieder zurück zu Kojo und sagte Ja, allerdings unter der Bedingung, dass wir erst dann eine Familie gründen würden, wenn *ich* so weit war. Er war sofort einverstanden. Wir liebten einander. Und wichtiger noch, wir waren uns ganz sicher, gemeinsam die Welt verändern zu können. Sofort machte ich mich an die Arbeit, um die Hochzeitseinladungen zu entwerfen und sämtliche hundertfünfzig Stück davon eigenhändig zu prägen.

Nach unserer Hochzeit kauften Kojo und ich ein kleines Häuschen in Seattle und stürzten uns mit Elan darauf, unser eigenes kleines Reich gemütlich einzurichten. Die zähesten Verhandlungen gab es wegen unserer ersten großen Möbelanschaffung, einer achthundert Dollar teuren Eckcouch von IKEA. Von unseren Futons mal abgesehen passte unsere gesamte Habe in ein paar Koffer und große Matchsäcke. Eine Eckcouch war für uns eine Rieseninvestition. Kojo, der immer schon sehr sparsam gewesen war, beharrte darauf, wir hätten eigentlich gar kein Geld dafür, und es brauchte wirklich einiges an Überredungskunst, um ihn überhaupt zu IKEA zu locken. Ich hatte mir in den Kopf gesetzt, eine graue Couch zu kaufen, und keinen einzigen Gedanken darauf verschwendet, Kojo könnte bei der Farbauswahl vielleicht ein Wörtchen mitreden wollen. Eine grobe Fehleinschätzung meinerseits, mit der ich in den kommenden zwanzig Jahren würde leben müssen. »Wir interessieren uns für diese Couch in Dunkelblau«, hörte ich meinen Ehemann sehr entschieden sagen, als ein Verkäufer uns ansprach. *Nein, tun wir nicht!*, dachte ich entsetzt und überlegte fieberhaft, wie ich dieses drohende Debakel noch abwenden könnte. Meinen Frischverheiratetenbonus hatte ich schon aufgebraucht, um Kojo überhaupt von der Notwendigkeit einer neuen Couch zu überzeugen, aber ich hatte es im Vorfeld versäumt, ihn auf die Farbauswahl anzusprechen. *Mist! Jetzt denkt er, ich hätte schon alles bekommen, was ich will.* Die Farbe auszusuchen musste ich wohl oder übel ihm überlassen, überlegte ich. Denn würde ich jetzt auf Hellgrau bestehen, könnte ich damit das gesamte Vorhaben gefährden. Also blieb ich stumm, und zwei Wochen später wurde die blaue Couch zu uns nach Hause geliefert.

Auch nach unserer Hochzeit führten Kojo und ich stundenlange Gespräche über Gott und die Welt, meist zusammengekuschelt auf unserer blauen Couch. Wir redeten über unsere Werte und was wir global und lokal verändern wollten. Wir sprachen auch über das Finanzielle – und die Unterhaltung wurde etwas angespannt, als ich darauf bestand, mein eigenes Konto zu haben. Als kleines Mädchen hatte ich gehört, wie meine Mom und ihre Freundinnen eine Frau aus der Kirchengemeinde bedauerten, die sich nicht aus ihrer schrecklichen Ehe befreien konnte, weil sie kein eigenes Bankkonto hatte. So habe ich das zumindest damals verstanden. Ich wollte kein Mitleid, und ich wollte frei über das Geld verfügen, das ich verdiente. Zähneknirschend gab Kojo schließlich nach. Wir redeten über Beruf und Karriere und einigten uns schließlich darauf, dass er mich zuerst unterstützen würde, während ich meinen zweiten Abschluss machte, und dann würde ich ihn unterstützen, wenn er noch ein Wirtschaftsstudium dranhängte. Wir redeten darüber, wie viele Kinder wir später mal haben wollten – wenn ich denn so weit war; noch lag der Kinderwunsch für uns in weiter Ferne. Und obwohl Kojo und ich wirklich über Gott und die Welt redeten, staune ich heute ein bisschen darüber, dass wir einen grundlegenden Aspekt unseres Zusammenlebens nie ansprachen: wer von uns beiden zukünftig welche Haushaltspflichten übernehmen würde.

Während der ersten acht Jahre unserer Ehe war die Aufgabenteilung bei uns zuhause sehr traditionell und geschlechterspezifisch. Ein bisschen wie der standardmäßig eingestellte Klingelton des Handys. Das war die Werkseinstellung, alles lief prima, wieso also etwas daran ändern? Das Kochen übernahm ich, und wenn Kojo ausnahmsweise Essen machte, warf er meistens den Grill an. Einzige Ausnahme war ein traditionelles westafrikanisches Gericht namens Jollof-Reis, das hauptsächlich aus Tomaten bestand. Als gute amerikanische Hausfrau hatte ich mir Mühe gegeben zu lernen, wie man seine Lieblingsgerichte kochte. Kojos Leibspeise, Kelewele, hatte ich mittlerweile ganz gut drauf. Man machte es aus einer reifen Kochbanane, die in Scheiben geschnitten, gewürzt und dann goldbraun und knusprig frittiert wurde. Aber das Jollof kriegte ich irgendwie nicht so richtig hin. Anfangs ärgerte es mich – dass er es besser kochte als ich –, aber irgendwann wurde es das Gericht, das ich mir liebend gerne von ihm kochen ließ.

Das Perfektionistische, zum Kontrollzwang Neigende, das ich entwickelt hatte, als ich und meine Schwester bei meinem Vater lebten, war in den ersten Jahren meiner Ehe mit Kojo noch sehr stark ausgeprägt. Auf Händen und Knien schrubbte ich den Küchenboden, weil er mit dem Wischmop nicht richtig sauber wurde. Ich staubte regelmäßig ab und wechselte wöchentlich die Bettwäsche. Selbst nachdem ich eine lebensbedrohliche Schalentierallergie entwickelt hatte, bestand ich stur darauf, Kojos Lieblingsmeeresfrüchteeintopf weiterhin komplett selbst zu machen – zum Shrimpsschälen trug ich Latexhandschuhe –, weil ich den Gedanken nicht ertrug, er könnte ihn irgendwo anders essen als bei mir zuhause. Kojo mähte den Rasen und sorgte dafür, dass das Öl im Auto regelmäßig gewechselt wurde. Ich betreute unseren gemeinsamen Terminkalender. Er kümmerte sich um die Refinanzierung unseres Hauses und bezahlte die Rechnungen. An den Wochenenden schnitt ich neue Rezepte von Martha Stewart aus, um sie auszuprobieren und dann in mein Kochbuch zu kleben. Kojo schaute an den Wochenenden Football.

Ich dachte mir nicht viel bei dieser ungleichen Arbeitsteilung. Schließlich machte es mir großen Spaß zu kochen und zu backen und das Haus auf Vordermann zu bringen. Beruflich und in der Öffentlichkeit war ich eine entschiedene Fürsprecherin von Emanzipation und Gleichberechtigung, aber privat war ich eine Stepford-Frau auf Autopilot. Nie hätte ich mich selbst als Königin der Häuslichkeit bezeichnet, insgeheim war ich aber immer schon der Ansicht, Frauen hätten einfach ein viel besseres Händchen dafür. Und ich platzte fast vor Stolz auf meine hausfraulichen Qualitäten, wie jeder bestätigen kann, der einmal meinen Kartoffelsalat probiert hat. Wenn man sich unsere Aufgabenteilung so anschaute, wäre man nie darauf gekommen, aber ich war felsenfest der Überzeugung, Kojo und ich seien ein fortschrittliches und durch und durch modernes Vorzeigepaar.

* * *

Eines Morgens im März 2003 hörte ich beim Aufwachen zum ersten Mal meine biologische Uhr ticken. Es war der Morgen meines neunundzwanzigsten Geburtstags. Ich hatte meinen Master in Englisch in der Tasche und arbeitete in der Spendenakquise der Seattle Girls' School, einer gemeinnützigen Organisation, die Mädchen als Führungskräfte und Vordenkerinnen fördern will. Kojo hatte einen Job als Drahtloskommunikationsingenieur bei Qwest, eines der großen Telekommunikationsunternehmen des Landes. Ich drehte mich zu ihm um und weckte ihn. »Ich wäre jetzt so weit für ein Baby«, flüsterte ich ihm zu. Die ersten sechs Jahre unserer Ehe hatte er so geduldig gewartet, dass ich angenommen hatte, er wolle mich nicht unter Druck setzen. Weshalb seine Antwort mich doch ein wenig aus dem Konzept brachte. »Noch nicht«, erwiderte er. »Zuerst will ich mein Wirtschaftsstudium durchziehen.«

Ich hatte immer gewusst, dass er noch seinen Abschluss machen wollte, also erschien mir das nur logisch. An dem Tag brachte er einen Führer des *Wall Street Journal* zu den besten Wirtschaftsschulen der USA mit nach Hause. Im Sommer 2004 hatten wir unser Häuschen in Seattle vermietet und packten unseren Jetta für eine Fahrt quer durchs ganze Land bis nach Boston, wo Kojo an der MIT Sloan School of Management einen Studienplatz bekommen hatte. Ich war im pazifischen Nordwesten aufgewachsen, und ich liebte meine Heimat. Nur die Aussicht auf das Studium an der Spelman hatte mich nach Atlanta locken können. Aber ich war mit einem Mann vor den Altar getreten, der von einem anderen Kontinent stammte, also weiß ich selbst nicht so recht, wie ich auf die Idee gekommen war, Seattle könnte unsere bleibende Heimat werden. Wie gesagt, in Märchen schert sich keiner um den Kleinkram.

Obwohl der Umzug nach Boston zumindest anfangs emotional belastend für mich war, sollte er sich doch als eine der besten Entscheidungen meines Lebens erweisen. Ich bekam einen Job als Spendenakqisiteurin für das Simmons College. Eine wichtige Sprosse auf meiner Karriereleiter, wie sich später herausstellen sollte. Ich hatte mich stets dafür eingesetzt, Mädchen und Frauen Zugang zu Bildung zu gewährleisten, und die Spendenakquise bei großen Unternehmen und Privatspendern war der nächste Schritt, um irgendwann die Projektleitung oder Ähnliches zu übernehmen. In meinen Zuständigkeitsbereich fielen unter anderem Alumni der Universität aus Detroit, Chicago, Philadelphia und dem weiteren Umland, weshalb ich viel auf Reisen war. Mir war das nur recht, weil Kojo mit seinem Wirtschaftsstudium ohnehin alle Hände voll zu tun hatte. Der berufliche Erfolg schien zum

Greifen nahe. Und obendrein gab es am Simmons einen wunderbaren Zusammenhalt unter den Mitarbeitern. Ich wurde Beraterin der Black Students Organization, und ich mochte meine Studenten und Kollegen wirklich sehr. Manche sind inzwischen gute Freunde geworden.

Boston infizierte mich außerdem mit dem Politikvirus. Eines Morgens hörte ich im Radio ein Interview mit Deval Patrick, einem Außenseiterkandidaten für das Amt des Gouverneurs von Massachusetts, dem überraschend gute Chancen zugeschrieben wurden. Er war Afroamerikaner und kam aus sehr bescheidenen Verhältnissen. Seine Mutter hatte ihn ganz allein großgezogen. Und doch, da stand er nun und war kurz davor, Geschichte zu schreiben. Seine Botschaft von Chancengleichheit und Gerechtigkeit berührte mich zutiefst, vielleicht, weil er so aufrichtig und mit dem Brustton der Überzeugung sprach, wie man es in der Politik sonst selten erlebte. Ich weiß noch, wie gerührt ich von einer Geschichte aus seiner Zeit am Internat in Massachusetts war. Die Eltern der zukünftigen Schüler bekamen von der Schulleitung einen Brief mit der Bitte, die Schüler sollten eine gute Jacke mitbringen. Deval kam mit einer Bomberjacke im Gepäck, weil er dachte, gemeint sei eine warme Jacke, damit sie im Winter nicht froren. Aber nein, gemeint war tatsächlich ein Jackett für gesellschaftliche Ereignisse, an denen die Schüler teilnehmen mussten. Für ihn war das ein Moment, der ihm die Augen öffnete, welche kulturellen Kluften es noch zu überwinden galt, wollte man wirklich grundlegend etwas verändern. Deval schien ehrlich daran zu glauben, dass einige entschlossene Menschen, die sich für die gute Sache einsetzten, wirklich etwas bewegen konnten. Es war elektrisierend.

Ein paar Tage später redete ich mit Freunden bei einer

Cocktailparty über den Kandidaten. Devals Frau, Diane, war zufällig auch dort, und sie bekam mit, wie begeistert ich war, und lud mich daraufhin ein, an der bevorstehenden Veranstaltung mit dem Titel »Women for Deval Patrick« teilzunehmen und ihren Mann persönlich kennenzulernen. Das nenne ich mal zur richtigen Zeit am richtigen Ort sein! Ich sagte begeistert zu. Ich war immer schon der Meinung, wenn ein einflussreicher Mensch einem die Tür öffnet, sollte man nicht Nein sagen und die Gelegenheit beim Schopfe ergreifen.

Und so stand ich also am 17. November 2005 in einem brechend vollen Saal des Copley Plaza und stellte der erwartungsvollen Menge jenen Mann vor, der wenig später der nächste Gouverneur von Massachusetts werden sollte. Es war mir eine wirklich große Ehre, und ich war noch nie in meinem Leben so nervös gewesen. Aber ich wusste auch, die Aufregung war nur ein Grund für die flatternden Schmetterlinge in meinem Bauch. Ich war im dritten Monat schwanger. Mein Kontrollzwang hatte auch vor der Familienplanung nicht haltgemacht. Unser erstes Kind würde nur wenige Wochen, bevor Kojo seinen Abschluss in Betriebswirtschaft machte, auf die Welt kommen.

Ich ging in den Mutterschutz, und zwei Wochen später, am 28. April 2006, wurde unser Sohn geboren. Er war einfach perfekt. In Ghana sucht der Vater traditionell den Namen für die Kinder aus, und ich fügte mich gerne diesem Brauch. Der erste Name unseres Sohns ist Kofi; den Namen gibt man oft Jungs, die an einem Freitag geboren sind. Sein zweiter lautet Abiam, nach Kojos Vater. Wie alle frischgebackenen Eltern fanden Kojo und ich uns bald in einer seligen, rosaroten Wolke vollkommener Erschöpfung wieder. Unser Leben bestand nur noch aus Füttern, Wickeln und Nickerchen machen. Bis es mich eines Morgens traf wie ein Donnerschlag: *Wie sollte ich bloß mit meiner Arbeit am Simmons weitermachen und mich gleichzeitig um dieses Baby kümmern?* Ich musste beruflich häufig verreisen, um mich mit potentiellen Spendern zu treffen, und noch stillte ich Kofi alle paar Stunden. Diese unabwendbare neue Realität hatte ich bei meiner Karriereplanung nicht berücksichtigt.

Gerade, als ich mir anfing zu überlegen, wie ich das alles hinbekommen sollte, erhielt Kojo ein Jobangebot von einer Top-Investmentbank in New York. Als er mir an diesem Abend die guten Neuigkeiten überbrachte, überkam mich ein gänzlich ungewohntes, seltsames Gefühl: Kopf und Herz wussten zwar, dass ich mich für Kojo und für uns beide freuen sollte, aber in der Magengrube meldete sich ein eifersüchtiges Rumoren – etwas, das ich in den elf Jahren, seit Kojo und ich uns kannten, noch nie erlebt hatte. Es war kein schönes Gefühl. Ich hätte es damals nicht so genau benennen können, aber es rührte wohl daher, dass Kojo allem Anschein nach vollkommen unbeschwert weitreichende berufliche Entscheidungen treffen konnte. Es kam mir vor, als sei es selbstverständlich, dass ich mich um den anfallenden Kleinkram kümmerte, mal abgesehen davon, wie ich Kind und Karriere unter einen Hut bekommen sollte. Zum ersten Mal sah ich mich mit der Tatsache konfrontiert, dass das Elternsein womöglich unterschiedlich starke Auswirkungen auf Kojos und meine Karriere haben könnte. Ich versuchte, dieses ungute Gefühl abzuschütteln, mir einzureden, dass es nichts war und gute Neuigkeiten für Kojo gute Neuigkeiten für die ganze Familie waren.

Überfordert mit der ganzen Situation und auf chronischem Schlafentzug sagte ich Kojo, er solle die Stelle annehmen. Wir würden alle nach New York ziehen. Aber insgeheim brach es mir das Herz. Aus Boston wegzugehen bedeutete, zwei Gelegenheiten aufzugeben, die mich ganz sicher auf der Karriereleiter ein gutes Stück nach oben katapultiert hätten – meinen Job als Spendenakquisitorin für das Simmons und mein immer stärkeres Engagement in Deval Patricks Gouverneurskampagne. Der Umzug nach New York kam mir vor wie ein gewaltiger Rückschritt, und doch schien es die einzige Möglichkeit. Es war kaum machbar, mit einem kleinen Kind wieder in meinen alten Job zurückzukehren, für den ich so viel verreisen musste. Und außerdem bekam Kojo in Boston einfach keine annehmbaren Stellenangebote. Obwohl der Kopf also verstand, dass der Umzug nach New York der einzig sinnvolle Schritt war – und damit zu diesem Zeitpunkt auch das Beste für unsere Familie –, bedeutete das nicht automatisch, dass auch der Bauch damit einverstanden war. Es kam mir vor, als liefen Kojo und ich eine vier mal einhundert Meter Staffel und hätten dabei bisher immer reibungslos das Staffelholz übergeben. Bis zur Geburt unseres Sohnes. Und nun, plötzlich und ohne Vorwarnung, standen auf meiner Bahn plötzlich überall Hürden, aber auf Kojos nicht. Er hatte freie Bahn, ohne Hindernisse oder Barrieren.

Es war einfach nicht fair.

3. KAPITEL

Berufstätige Mutter

Im Sommer nach Kofis Geburt kündigte ich meinen Job und organisierte den Umzug von Boston nach New York, zuversichtlich, dort in naher Zukunft eine neue Stelle zu finden. Das Leben war derweil weiterhin rosarot. Ich putzte und kochte, richtete unsere neue Wohnung in Harlem ein, stillte Kofi, übte mit ihm durchzuschlafen und sorgte mit Baby-Einstein-CDs für eine ordentliche Frühförderung. Jetzt brauchte ich zur Lösung meines Berufstätige-Mama-Dilemmas nur noch eine zuverlässige, vertrauenswürdige Tagesmutter und einen neuen Job, bei dem ich nicht allzu viel verreisen musste.

Eine neue Stelle zu finden erwies sich wie erwartet als nicht allzu problematisch. Ich wollte bei einer gemeinnützigen Organisation arbeiten und mich dafür engagieren, Frauen und Mädchen ein selbstbestimmtes, autarkes Leben zu ermöglichen, und ich wusste, dass gemeinnützige Spendenakquisiteure immer gefragt waren. Viele Menschen strotzen nur so vor Ideen, wie man die Welt verbessern könnte, aber die wenigsten wissen, wie man an das nötige Geld kommt, um diese Ideen in die Tat umzusetzen. Meine ehemaligen Kollegen in Seattle und Boston stellten netterweise den Kontakt zu etlichen gemeinnützigen Organisationen in New York her, und nach etlichen Treffen bekam ich mein Traumangebot als Leiterin der Entwicklung beim White House Project.

Früher war ich davon ausgegangen, als berufstätige Mutter würde ich mein Kind in eine Kita bringen, aber ich musste rasch einsehen, dass eine Ganztagsbetreuung in New York City extrem teuer ist. Die Kosten für eine private Tagesmutter waren dagegen recht überschaubar. Allerdings behagte mir das ganz und gar nicht. In meiner Sicht der Welt leisteten nur reiche Menschen sich eine Nanny. Als Frau, die das Essen für ihre Familie mit beinahe religiösem Fanatismus um die wöchentlichen Sonderangebote von Fine Fare plante, kostete es mich einiges an Überwindung, einsehen zu müssen, dass ich eine andere Frau engagieren musste, die sich bei uns zuhause um meinen Sohn kümmerte, damit ich wieder arbeiten gehen konnte. Aber wo sollte ich jemanden finden, der sich so liebevoll und fürsorglich um ihn kümmern würde wie ich selbst?

Es sollte sich schnell herausstellen, dass es in der Mamawelt auf LISTSERV nur so von geeigneten Kandidatinnen wimmelte. Ich meldete mich rasch auf die Mail einer Mom, die in den höchsten Tönen von ihrer Nanny, Lucinda, schwärmte, die sie nur deshalb gehen ließ, weil sie sich entschlossen hatte, selbst bei den Kindern zuhause zu bleiben. Lucinda machte bei der Begrüßung einen hervorragenden ersten Eindruck, doch das anschließende Vorstellungsgespräch verlief etwas holprig. Mein Herz ging auf, als sie gleich beim Reinkommen unaufgefordert die strassbesetzten Sandalen auszog und sich die Hände wusch. Ihr unverkennbarer Barbados-Akzent klang weich und angenehm. Aber kaum hatten wir uns auf die Couch gesetzt, ich mit Kofi im Schoß, war die ganze Situation mir schrecklich unangenehm. Sie beantwortete meine offenen Fragen nur sehr einsilbig.

»Gibt es etwas, das Ihnen unangenehm wäre oder das Sie lieber nicht machen würden?«

»Hunde.«

Und sie machte keinerlei Anstalten, mein Lächeln zu erwidern oder auf meine betont muntere Art einzugehen. Als sie mir erzählte, sie habe selbst zwei Kinder, war ich etwas erstaunt. Sie wirkte auf mich nicht besonders kinderlieb. Weshalb ich sie auf die Frage, ob sie Kofi mal nehmen dürfe, kurzerhand anschwindelte und erklärte, Kofi fremdele ein bisschen. Wie aufs Stichwort rettete mich das Telefonklingeln aus dieser unangenehmen Situation, und ich entschuldigte mich kurz. Ohne weiter nachzudenken setzte ich Kofi auf seine knallbunte Fisher-Price-Matte auf den Boden zu Lucindas Füßen und ging nach draußen.

Kaum hatte ich den Hörer abgenommen, fiel mir siedend heiß ein, dass ich mein Kind gerade bei einer wildfremden Frau gelassen hatte. Gerade wollte ich mich schon auf dem Absatz umdrehen und lossprinten, um mein wehrloses Baby zu retten, da hörte ich die beiden vergnügt herumquietschen. In der kurzen Zeit, die ich gebraucht hatte, die drei Meter bis zum Telefon zu gehen, hatte Lucinda sich zu Kofi auf den Boden gesetzt und gurrte nun mit ihm um die Wette. Wie die beiden sich anstrahlten! Die Lobhudeleien schienen sich zu bestätigen. »Ja, sie ist ein bisschen zurückhaltend mit Erwachsenen … aber sie ist eine echte Babyflüstererin.« Und ich überlegte mir, die beste Betreuung für Kofi war die, bei der die Chemie zwischen *ihm und ihr* stimmte. Ich verpflichtete Lucinda vom Fleck weg als Tagesmutter, noch ehe Kojo sie überhaupt kennengelernt hatte.

Mit meinem neuen Job und Lucinda als Tagesmutter schwebte ich auf Wolke sieben. Wie ich das sah, würde ich einfach weiter die Karriereleiter hochklettern und gleichzeitig dafür sorgen, dass mein Sohn alles bekam, was er brauchte, um gesund und glücklich aufzuwachsen. Mit unerschütterlichem Optimismus machte ich mich an meinem ersten Tag auf den Weg zur Arbeit. Aber das Desaster mit den beinahe explodierenden Brüsten brachte mich unsanft zurück auf den Boden der Tatsachen. Wie ich am Abend nach meinem ersten Arbeitstag einsehen musste, wurde es zusehends schwieriger, den Haushalt und einen Vollzeitjob unter einen Hut zu bekommen. Lucinda drückte mir Kofi in den Arm, sobald ich abends zur Tür hereinkam. Und wenn ich erst mal gekocht, ihn gebadet, mit ihm gespielt, ihm etwas vorgelesen und ihn ins Bett gebracht hatte, blieb nicht mal mehr genug Zeit, eine Maschine Wäsche zu waschen. Oder es war zu spät, meinen Arzt zurückzurufen. Oder das Auto war mit quietschgelben Strafzetteln zugekleistert, weil ich vergessen hatte, es rechtzeitig umzuparken, bevor die Straßenreinigung kam. Außerdem war es eine gewaltige Umstellung für mich, im Büro jeden Tag zu einer bestimmten Uhrzeit den Stift fallen lassen zu müssen. Ich war es gewohnt, so lange zu arbeiten, bis ich alles erledigt hatte. Jetzt musste ich pünktlich das Büro verlassen, damit ich um achtzehn Uhr zuhause war und Lucinda ablösen konnte. Ständig war ich frustriert, weil ich nie alles schaffte, was ich während meines Arbeitstags im Büro erledigen musste und wollte. Ich war es gewohnt, immer gut vorbereitet und den anderen eine Nasenlänge voraus zu sein. Aber mit jedem weiteren Tag verstärkte sich das ungute Gefühl, in diesem Wettrennen immer weiter zurückzufallen. Anfangs tat ich, was ich immer schon gemacht hatte, um zu dem gewünschten Ergebnis zu kommen – ich strengte mich noch mehr an. Ich blieb abends länger wach oder stand morgens früher auf, um meine Mails zu beantworten oder eine anstehende Aufgabe zu erledigen. Sonntags bereitete ich das Essen für die kommende Woche vor. Zum Sportmachen kam ich gar nicht mehr – wer hatte denn für so was noch Zeit? Aber im Laufe der Wochen wurde eins zunehmend klarer: Wollte ich im Beruf erfolgreich sein, musste ich zuhause das Zepter abgeben. Wobei ich keine Zeit hatte, mir zu überlegen, wie genau das vonstattengehen sollte. Ich wurde abgelenkt von einer neuen Dynamik, die meine Ehe zu beherrschen begann, und die war durch und durch ungut.

* * *

Kojo und ich liebten uns heiß und innig, und für den größten Teil unserer Ehe wären wir heiße Anwärter auf den *People's Choice Award* für das Glücklichste Paar des Jahres gewesen. Wir hatten eine gesunde Balance gefunden zwischen Unabhängigkeit und Zweisamkeit. Für uns war es nichts Ungewöhnliches, den Urlaub getrennt voneinander zu verbringen, um Zeit für unsere Freunde zu haben, aber keiner von uns würde es wagen, unserer wöchentlichen 24-Sucht nachzugeben, ohne dass der andere zusammengekuschelt auf der Couch neben ihm saß. Wir genossen unsere tiefgründigen, vertrauten, ernsten Gespräche und die spielerischen, federleichten Momente dazwischen.

Doch nach Kofis Geburt begannen sich gänzlich unbekannte Gefühle in die Beziehung zu meinem Ehemann zu schleichen. Offen gestanden war ich ziemlich oft ziemlich angefressen. Nach außen schwärmte ich davon, was für ein wunderbarer Ehemann und Vater Kojo doch sei, aber insgeheim war ich häufig stinksauer auf ihn und hätte nicht einmal genau sagen können, weshalb. Tapfer versuchte ich, meine Frustration hinunterzuschlucken, aber sie war immer da; wie ein U-Boot unter der Oberfläche, bewaffnet mit auf Kojo fixierter Feindseligkeit, allzeit bereit aufzutauchen und seine tödlichen Geschosse abzufeuern.

Fragte Kojo vollkommen unschuldig: »Hey, Babe, wo ist denn der Schnuller?«, fauchte ich entnervt zurück: »Da, wo er *immer* ist!« Einmal entdeckte ich beim Staubsaugen einen Stapel Quittungen, die Kojo auf der Kommode liegengelassen hatte, und regte mich so tierisch über seine Sammelwut auf, dass ich sie allesamt unbesehen in den Müll warf, obwohl ich ganz genau wusste, dass er sie aufheben wollte. Ein anderes Mal sortierte ich am Wochenende seine gesamte Schmutzwäsche wieder aus und wusch nur meine Sachen. Als er sich am Montagmorgen beklagte, er habe keine saubere Unterwäsche, entgegnete ich sarkastisch, seine Frau habe keine Zeit, sich auch noch um seine Wäsche zu kümmern. Ich konnte richtiggehend gemein sein, wobei er das wohl hauptsächlich darauf schob, dass ich nicht genügend Schlaf bekam. Die tatsächlichen Ursachen meiner passiv-aggressiven Sticheleien erahnte er nicht im Geringsten. Und mir ging es anfangs ganz genauso.

Rückblickend war es wohl so, dass ich nicht mit mir und meinen wahren Gefühlen im Kontakt war, weil ich sie nicht wahrhaben wollte. Schließlich verlangte Kojos Job bei der Bank wesentlich mehr zeitlichen Einsatz von ihm als meine Stelle in der Wohltätigkeitsarbeit, und er war auch deutlich besser bezahlt. Waren seine längeren Arbeitszeiten und der dickere Gehaltsscheck nicht mehr als genug Ausgleich dafür, dass ich zuhause mehr Einsatz zeigte? Gab ihm das nicht das Recht zu erwarten, dass ich seine Schmutzwäsche wusch? Dieser Gedankengang beruhigte mich eine Weile, aber lange hielt das nicht vor. Wenn ich dann zufällig mithörte, wie er jemandem einen guten Rat bezüglich der Zubereitung von selbstgemachter Babynahrung gab, wo er selbst noch nie in seinem gesamten Leben auch nur eine Karotte püriert hatte, tauchte gleich das U-Boot wieder auf, und ich bedachte Kojo mit einem pointierten Blick vollkommener vernichtender Verachtung.

Das U-Boot bestand nahezu vollständig aus aufgestautem Groll, und ich richtete meine Geschosse so unverhohlen auf Kojo, weil er es, wie ich fand, viel leichter hatte als ich. Wir hatten beide einen Vollzeitjob, aber im Haushalt übernahm ich deutlich mehr Aufgaben als er. Und vollends kirre machte es mich, dass er allem Anschein nach nicht mal die Hälfte der Dinge zu bemerken schien, die ich erledigte, damit zuhause nicht alles drunter und drüber ging. Mit anderen Worten: Er tat nicht nur wesentlich weniger als ich, sondern wusste es auch nicht zu schätzen, wie viel mehr ich machte.

* * *

Um beim Einkaufen Geld zu sparen, kauften Kojo und ich Fleisch für gewöhnlich en gros bei Costco. Jahrelang hatte ich anschließend die aufwendige Aufgabe übernommen, das Fleisch zu portionieren und zu marinieren, in datierte Gefrierbeutel zu verpacken und im Gefrierschrank zu verstauen. Nach jedem Einkauf bei Costco brauchte ich zuhause noch mal eine Stunde, um das Fleisch zu verarbeiten und einzufrieren. Kojo und ich verloren nie ein Wort darüber, den Job hatte ich irgendwann einfach ohne viel Aufhebens übernommen.

Eines Sonntags kam mir eine zündende Idee. Kojo und ich fuhren zusammen zu Costco, kauften ein, fuhren nach Hause, trugen die Einkäufe aus dem Auto ins Haus und gingen dann unserer getrennten Wege. Ich verschwand sofort in der Küche, um mich um das Fleisch zu kümmern, während Kojo zielstrebig auf die blaue Couch zusteuerte, um sich das 49ers Spiel anzuschauen. So kurz nach meinem Post-Babypausen-Zusammenbruch war ich besonders dünnhäutig, und wie ich so in der Küche stand und Salz auf ein Beefsteak streute, kam mir ein Gedanke: *Das könnte Kojo doch auch machen.* Ja, unsere Wohnung war so klein, dass er in der Küche stehen und dabei fernsehen konnte. Er könnte sich also das Spiel ansehen und sich gleichzeitig um das Fleisch kümmern. Spiel, Satz und Sieg! Dabei konnten alle nur gewinnen!

Mir reicht's, dachte ich. *Ich mache das nicht mehr mit. Meine Tage in der Fleischverarbeitung sind gezählt. Ab dem nächsten Costco-Trip wird das hier Kojos Aufgabe, und dann kann ich mal zur Abwechslung faul auf der Couch rumlümmeln.*

Es war eine großartige Idee. Das Problem war nur, dass ich Kojo nichts davon erzählte.

Ich hatte eine geniale Eingebung, aber es kam mir überhaupt nicht in den Sinn, meinen Mann daran teilhaben zu lassen. Und ich hatte ihm durch mein Verhalten auch nicht zu verstehen gegeben, dass ich irgendeine Veränderung erwartete. Es kam also, wie es kommen musste. Nach unserem nächsten Einkauf bei Costco marschierte Kojo schnurstracks zur blauen Couch, und ich versäumte es, meine Wünsche und Bedürfnisse klar zu kommunizieren und blieb stattdessen vollkommen passiv. Statt also wie sonst auch immer das

Fleisch abzupacken und einzufrieren, legte ich es einfach in den Kühlschrank, in der Hoffnung, Kojo werde es von selbst bemerken und ganz selbstverständlich in die Bresche springen – als müsste ihm ein Licht aufgehen und er erkennen, dass das ab jetzt in seinen Zuständigkeitsbereich fiel. Jahrelang hatte ich mich darum gekümmert, ohne gebeten worden zu sein, warum also jetzt nicht er?

Genauso gut hätte ich auf einen Lottogewinn hoffen können, ohne jemals ein Los zu kaufen.

Im Laufe der kommenden Tage wurde ich erst sauer und schließlich fuchsteufelswild, während ich hilflos mit ansehen musste, wie die Farbe des guten Rindfleischs von einem leuchtenden Rot zu Lilabraun wechselte, ohne dass Kojo auch nur im Geringsten davon Notiz zu nehmen schien. Ich stellte mir in Gedanken vor, wie er sich über das Gammelfleisch beklagte, damit ich ihn anraunzen konnte: »Und warum unternimmst *du* nichts dagegen?« Doch selbst als nach zwei Tagen der durchdringende Kühlschrankmief durch die Küche waberte, sobald man die Kühlschranktür öffnete, verlor er kein Wort darüber. Irgendwann hielt ich es einfach nicht mehr aus. Empört und fuchsteufelswild vor Wut schmiss ich alles in den Müll. Ich dachte, ich könnte alles haben, von wegen! Statt mariniertem, portionsweise abgepacktem Fleisch hatte ich gerade das Abendessen für zwei ganze Wochen in die Tonne geworfen, und mich hätte ich gleich hinterherschmeißen können. Aber das Beste kam erst noch, als Kojo sich nämlich am selben Abend bei mir dafür bedankte, dass ich das Fleisch in den Gefrierschrank gepackt hatte. Es kam ihm überhaupt nicht in den Sinn, dass ich es weggeworfen haben könnte. »Es fing schon an zu riechen, Babe«, meinte er. Und ich konnte nur wutentbrannt aus dem Raum stiefeln und die Tür hinter mir zuknallen.

Um Hilfe bitten bei den alltäglichen Haushaltsarbeiten kann man auf unterschiedlichste Art und Weise. Wichtig ist, es auch tatsächlich zu tun. Ich war nichtsahnend in eine Falle getappt. Die Falle der *imaginären Delegation*. Dabei überträgt man dem Partner im Kopf bestimmte Aufgaben, ohne ihn im wahren Leben davon in Kenntnis zu setzen. Wir gehen einfach davon aus, dass er intuitiv unsere Bedürfnisse erfasst oder von sich aus den Ball auffangen wird, wenn wir ihn fallen lassen. In einem Interview von *The Atlantic* erklärt eine Frau, sie wolle ihren Mann nicht kontrollieren und mikromanagen. Gleichzeitig war sie frustriert, weil er gewisse Aufgaben nicht von sich aus erledigte, obwohl er ihrer Ansicht nach eigentlich wissen sollte, dass sie in seine Zuständigkeit fielen.[1]

Aber Männer können keine Gedanken lesen, und sie sind auch vollkommen anders verdrahtet als wir Frauen. Studien haben ergeben, dass Männer weniger empfänglich sind für nonverbale Zeichen.[2] Wenn wir nicht ganz deutlich sagen, was wir von ihnen erwarten, dann machen sie einfach weiter wie gehabt, während das metaphorische Beefsteak im Kühlschrank langsam vor sich hin gammelt und anfängt zu stinken. Und wir schäumen still und leise vor uns hin – oder schlagen wild um uns –, während unsere Ehemänner sich verwundert fragen: »Was hat sie bloß?« Wir warten auf eine Entschuldigung, die wir nie bekommen, weil unsere Partner nicht den leisesten Schimmer haben, dass wir uns von ihnen im Stich gelassen fühlen.

Einer Umfrage des Pew Institutes aus dem Jahr 2007 zufolge steht »geteilte Hausarbeit« an dritter Stelle der wichtigsten Faktoren für eine glückliche Ehe, gleich hinter »Treue« und »erfülltes Sexleben«.[3] Und in *Fast-Forward Family: Home, Work and Relationships in Middle-Class America* haben Forscher der UCLA herausgefunden, dass es ein durchaus verbreitetes Phänomen ist, dass Frauen verbittert sind und stinksauer auf ihre Ehemänner, weil sie sich mit der Haushaltsführung alleingelassen fühlen.[4] Wenn es also für mein Wohlbefinden von derart existentieller Wichtigkeit war, dass Kojo sich an den anfallenden Arbeiten im Haushalt beteiligte, dann sollte man doch annehmen, ich würde ihm einfach sagen, was ich mir wünschte oder von ihm erwartete. Aber nein, ich steigerte mich nur immer weiter in meine Frustration hinein. Einmal bemerkte Kojo im Scherz, er habe einen Wellnesstag eigentlich nötiger als ich. Als ich das hörte, wäre ich fast aus der Haut gefahren. Ich schickte ihm daraufhin folgende empörte E-Mail:

Deine Bemerkung, du hättest einen Wellnesstag nötiger als ich, hat mich wirklich tief getroffen. Ich habe versucht, das damit zu überspielen, dass ich sagte, du säßest bei der Arbeit doch ohnehin »den ganzen Tag nur herum«, dabei hätte ich dir sagen sollen, wie sehr mich das gekränkt hat. Ich trage hier eine enorme Verantwortung, und meistens arbeite ich abends, nachdem ich Kofi ins Bett gebracht habe, noch weiter. Wichtiger noch, ich erledige den überwiegenden Teil der Hausarbeiten, damit hier zuhause alles reibungslos läuft. DAS ist auch der Grund, weshalb du so viele Überstunden machen kannst, wie du es tust, und zuhause trotzdem eine funktionierende Familie hast. Wie dem auch sei, ich erwarte gar nicht, dass du das »kapierst«, aber du hast immer gesagt, ich solle sagen, was mich bewegt, also wollte ich dir das bloß mitteilen.

Ich klickte auf Senden und ging eigentlich davon aus, Kojo würde die Mail lesen, ein schrecklich schlechtes Gewissen bekommen und als mein Retter in der Not herbeieilen, in der Hand eine lange Liste mit Aufgaben, die er ab sofort freiwillig übernehmen würde. Ich wartete ... und wartete ... aber es kam keine Antwort von Kojo. Wenn ich die Nachricht heute lese, wundert mich das nicht. Schließlich schaffte die E-Mail es grandios, keine einzige Bitte zu äußern. Ganz im Gegenteil, mein letzter Satz implizierte sogar, es ginge mir nur darum, ihm meine Gefühle mitzuteilen. Ich hatte ja sogar geschrieben, ich erwarte gar nicht, dass er das »kapierte«. Kojo würde sicher nicht das schlechte Gewissen plagen wegen etwas, das für uns beide immer ganz selbstverständlich gewesen war, nämlich dass ich, wie ich geschrieben hatte, *den überwiegenden Teil der Hausarbeiten erledige, damit hier zuhause alles reibungslos läuft.* Sollte ich erwarten, dass sich daran etwas änderte, würde ich lernen müssen, meinen Wunsch ganz konkret zu formulieren.

Doch genau das gelang mir sehr lange Zeit nicht. Noch Monate, nachdem ich wieder in meinen Beruf zurückgekehrt war, versuchte ich mittels imaginärer Delegation, meinen Mann dazu zu bewegen, mir zuhause mehr Arbeiten abzunehmen. In der Theorie schien Kojo dazu immer mehr als willens, aber praktisch funktionierte es einfach nicht. Entweder kümmerte er sich nicht um die Dinge, die ich ihm in Gedanken übertrug, oder aber er machte alles »falsch«, was meinen ohnehin ausgeprägten Kontrollzwang nur noch verstärkte. Nicht weiter verwunderlich also, dass ich im ersten Jahr nach Kofis Geburt weiterhin das meiste selber erledigte.

Kojo ackerte derweil so schwer für die Bank, dass ich beinahe ein schlechtes Gewissen hatte, weil ich mir wünschte, er würde mehr Pflichten im Haushalt übernehmen. Aber ich arbeitete auch hart, und es kam mir fast vor, als versuchte ich zwei Vollzeitjobs gleichzeitig zu schaffen – den einen im Büro und den anderen zuhause. Ich ertappte mich dabei, wie ich an einem Tag mächtig stolz auf Kojo war und er mich am nächsten Tag auf die Palme brachte. Ich bin mir sicher, es muss für ihn ziemlich verwirrend gewesen sein, wenn man sich mein unberechenbares Verhalten in diesem ersten Jahr nach der Geburt unseres Sohnes so ansieht. In der einen Woche kochte ich jeden Abend, in der nächsten überhaupt nicht. Wenn Kojo es wagte zu fragen, was es zum Abendessen gab, fuhr ich ihn an, es sei mir alles zu viel. Und wenn er dann seinen Jollof-Reis machte, regte ich mich darüber auf, dass es kein Gemüse dazu gab. Mit meinem sprunghaften Verhalten hätte ich eigentlich einen Doktor in passiver Aggression verdient – dabei brachte es mir rein gar nichts. Imaginäre Delegation ist nämlich genau das – *imaginär*. Ich brauchte eine konkrete Lösung. Leider hatte ich keine Ahnung, wo ich ansetzen sollte.

* * *

Als unser Sohn dann im April 2007 ein Jahr alt wurde, stand mir mein mühsam unterdrückter Unmut gegen Kojo bis zum Hals, und es fiel mir zunehmend schwer, ihn nicht ständig an ihm auszulassen. Das Traurigste an der ganzen Sache war, dass Kojo immer schon mein größter Unterstützer gewesen war und es bis heute ist. Hätte ich mit ihm über meine Unzufriedenheit und die Rolle, die er dabei spielte, reden können, hätte er sicher sehr verständnisvoll reagiert und versucht, etwas daran zu ändern, auch wenn er es vielleicht nicht ganz verstanden hätte. Aber ich gab ihm überhaupt keine Gelegenheit. Stattdessen feuerte ich weiter ununterbrochen passivaggressive Granaten in seine Richtung ab.

Schließlich, und wie so oft, wenn ich an einem Scheideweg stehe und nicht so recht weiterweiß, suchte ich Rat bei meinen weisen Ratgebern. Eine von ihnen, eine Frau, die schon länger verheiratet ist, als ich auf diesem Planeten bin, sagte etwas zu mir, das ich nie vergessen werde: »Verbittert zu sein, das ist, als würde man selbst Gift trinken und hoffen, dass der andere daran stirbt.« Dieser Satz zwang mich dazu, darüber nachzudenken, warum ich meinem Mann gegenüber meine Gefühle nie offen und direkt geäußert hatte: Mich in meiner eigenen Verbitterung und meinem Unmut zu suhlen, sorgte dafür, dass ich in meiner eigenen Geschichte weiterhin die arme, ungehuldigte Märtyrerin spielen konnte. Aber es war ein riskantes Spiel. Je länger ich eine Geschichte lebte, in der Kojo der Böse war, desto mehr Beweise sammelte ich, um diese These zu untermauern.

Kurz und gut, ich war verbittert, weil ich zuhause den Großteil der Aufgaben erledigte. Meine Situation war typisch, selbst in einer Zeit, in der 70 Prozent der Frauen mit Kindern außer Haus berufstätig sind oder es gerne wären.[5] Studien zeigen, dass 76 Prozent aller Frauen, die in Vollzeit arbeiten, trotzdem den größeren Teil der Hausarbeiten erledigen.[6] Und obwohl beinahe genauso viele Frauen berufstätig sind wie Männer und im Beruf genauso viel Verantwortung übernehmen, kochen die Männer meistens nicht das Abendessen (nur 39 Prozent im Vergleich zu 65 Prozent der Frauen)[7], fahren die Kinder nicht zum Fußballtraining, kümmern sich nicht um anstehende Reparaturarbeiten im Haus oder die Rechnungen (82 Prozent der Frauen tun das tagtäglich, verglichen mit nur

65 Prozent der Männer)[8], engagieren sich nicht in der Eltern-vertretung und wissen nicht, ob die Kinder aus ihren Schuhen herausgewachsen sind. 2008 erklärten nur 30 Prozent der Frauen, ihr Partner trage genauso viel Verantwortung bei der Kindererziehung wie sie selbst oder mehr.[9] Haushalt und Kindererziehung ist und bleibt weiterhin Frauensache.

Als Frau hatte ich diesbezüglich ein geradezu erdrückendes Verantwortungsbewusstsein, weshalb ich ständig bemüht war, meine unliebsamen Gefühle zu sublimieren. Offene Feindseligkeit passte so gar nicht zu der Erwartung an eine »gute Frau«, die sich aufzuopfern und in den Dienst der Familie zu stellen hat. Ich konnte mich nicht daran erinnern, dass meine Mutter sich auch nur ein einziges Mal darüber beklagt hatte, was sie alles für die Familie tat. Aber man braucht nur mal einen Blick in die Blog-Welt zu werfen, und schon sieht man überall die unterschwellige Verbitterung, die Frauen mit sich herumtragen, weil sie es als ihre Pflicht ansehen, zuhause der Kapitän auf ihrem kleinen Schiff zu sein. Ob nun wie im Fall der Frau, die Angst hat, die unterschwellige Wut gegen ihren Mann könnte die Liebe zu ihrer Familie unter sich begraben,[10] oder im Fall einer anderen, die sich darüber beklagt, sich in ihrer Anwaltskanzlei nicht so einbringen zu können wie ihre männlichen Kollegen, weil sie sich auch noch um die Kinder kümmern muss: Man sieht ganz deutlich, dass es das Gefühl einer gewissen *Verpflichtung* ist, das die Frauen dazu bewegt, ihre wahren Gefühle für sich zu behalten.[11] Die am weitesten verbreitete Klage lautet: »Immer bleibt alles an mir hängen.«

Das Problem dabei, die aufkommende Verbitterung unter-drücken zu wollen, ist, dass sie wächst und wächst, bis sie irgendwann wie Unkraut alles überwuchert. Wie bei Janelle, die bei ihrem Unternehmen in leitender Funktion für Diversität und Inklusion zuständig ist und mit Angstzuständen und allgemeinen gesundheitlichen Problemen zu kämpfen hat, hauptsächlich aufgrund der familiären und beruflichen Belastung. Wir lernten uns bei einer Konferenz kennen, und ich kann mich noch sehr gut daran erinnern, dass sie mir mit ihrer intellektuellen Brillanz und ihrer offenen Art unter all den vielen Teilnehmerinnen sofort auffiel. Kurz danach bat Janelle mich, ihr zu helfen, eine neue Unternehmensstrategie zu entwickeln, um weibliche Führungskräfte besser zu fördern und zu halten. Das war der Beginn unserer Freundschaft.

Janelle war fest entschlossen, ihre beiden Zwillingssöhne in einem guten Kindergarten unterzubringen, und verbrachte Stunden um Stunden damit, sich durch das undurchschaubare Angebot New Yorker Vorschulen zu arbeiten. Sie hatte zugenommen und gestand mir kleinlaut, dass sie zwar allergrößten Wert auf die gesunde Ernährung ihrer Kinder legte, selbst aber kaum darauf achtete, was sie aß. Außerdem stand sie beruflich sehr unter Druck, die Leitlinien für die Diversitätsinitiative ihres Unternehmens zu überarbeiten, da unter den zuletzt beförderten Führungskräften weder Frauen noch Menschen mit einem anderen ethnischen Hintergrund gewesen waren. Als ich sie fragte, ob ihr Mann nicht vielleicht einspringen und ihr ein wenig Arbeit abnehmen könne, schaute sie mich an, als hätte ich nicht mehr alle Tassen im Schrank, und entgegnete: »*Der* verwöhnte kleine Wichser rührt keinen Finger.«

Janelles Verbitterung und der Unmut gegen ihren Mann hatten sich zu einer tiefempfundenen Feindseligkeit ausgewachsen. Als ich sie fragte, ob diese abweisenden Gefühle ihrem Mann gegenüber ihrer Meinung nach ihre Ehe beeinträchtigten, gestand sie mir: »Ich glaube, meine Verbitterung verhindert echte Intimität zwischen uns.« Und nicht nur das, ihre Verbitterung war auch Teil eines Teufelskreises. »Ich möchte mich in seiner Nähe nicht verletzlich zeigen oder ihn überhaupt nahe an mich ranlassen«, meinte sie nachdenklich. »Also bitte ich ihn erst gar nicht um Hilfe, sondern mache selbst einfach mehr, weshalb ich bei der Arbeit noch mehr unter Stress stehe.« Weshalb sie wiederum, wenig überraschend, noch verbitterter wurde.

Mir selbst ging es eigentlich nicht viel anders als Janelle. Es war ja nicht so, dass Kojo irgendwas *machte*, weshalb ich sauer auf ihn war. Es war eher, dass er *nichts* machte. Bekamen wir beispielsweise beide per E-Mail eine Einladung zu einer Party, antwortete er nie für uns, auch wenn wir beide mit dem betreffenden Pärchen befreundet waren. Oder wenn UPS oder FedEx klingelten, während wir nicht zuhause waren, und Kojo kam vor mir von der Arbeit, ließ er die Benachrichtigung einfach an der Tür pappen.

Außerdem ging mir langsam auf, dass ich nicht nur sauer war wegen der Dinge, die Kojo nicht machte, sondern auch wegen der Dinge, die *ich* glaubte machen zu müssen. Ich hasste es, dass ich es machen *musste* – dass so viele Aufgaben einfach in meinen Zuständigkeitsbereich fielen, ohne dass mich jemand gefragt hatte. Aber wenn ich die Sachen nicht erledigte, hatte ich ein schlechtes Gewissen. Unter berufstätigen Müttern fand ich jede Menge Leidensgenossinnen. Indra Nooyi, Vorstandschefin von PepsiCo, ist eine der erfolgreichsten Geschäftsfrauen der Welt. Aber nach der Vereinbarkeit von Familie und Beruf gefragt, gestand sie: »Ich bin mir nicht sicher, ob [meine Töchter] später mal der Meinung sein werden, ich sei eine gute Mutter. Damit muss man sich abfinden, sonst bringt das schlechte Gewissen einen um.«[12] Ein schlechtes Gewissen wird definiert als das Gefühl von Reue, nachdem man etwas moralisch Verwerfliches oder Gesetzeswidriges getan hat. Wenn sie also sagte, sie müsse mit dem schlechten Gewissen zurechtkommen, keine gute Mutter gewesen zu sein, dann artikulierte sie damit eine unausgesprochene allgemeingesellschaftliche Wahrheit: Wenn Frauen zulassen, dass das Familienleben unter ihrer Karriere leidet, leisten sie sich damit eine schwere moralische Verfehlung.

Zahllose berufstätige Frauen haben mir kleinlaut gestanden, ein schlechtes Gewissen zu haben. Seltsamerweise aber immer nur in Bezug auf ihr vermeintliches Versagen als Mütter. Wenn wir bei der Arbeit einen Fehler machen, plagt uns nicht das schlechte Gewissen. Eine mittelmäßige Arbeitsleistung mag vielleicht zu Minderwertigkeitsgefühlen und nervösen Angstzuständen führen, weil wir befürchten, nicht zu genügen oder unser Potential nicht voll auszuschöpfen. Aber nur in den allerseltensten Fällen kämen wir auf die Idee, von einem schlechten Gewissen zu reden. Wir möchten sowohl beruflich als auch privat unser Bestes geben, aber nur, wenn wir beim Zweiten scheitern, beschleicht uns ein Gefühl moralischen Versagens.

Ich war sauer auf Kojo, weil er sich offenbar zu nichts verpflichtet fühlte. Ich war sauer auf ihn, weil er die gesellschaftliche Legitimation zu haben schien, familiäre und Haushaltspflichten auf Sparflamme zu setzen, während mir das nicht zugestanden wurde. Versäumte ich einen Arzttermin mit Kofi, weil ich im Büro sein musste, war ich eine schlechte, verantwortungslose Mutter, wohingegen Kojo, wenn er einen von Kofis Arztterminen versäumte, ein guter, verantwortungsbewusster Familienvater war. Es war einfach nicht fair. Aber andererseits war es auch nicht fair, Kojo allein für diese gesellschaftliche Schieflage verantwortlich zu machen.

Anna Fels' Buch *Necessary Dreams: Ambition in Women's Changing Lives* zu lesen, verschaffte mir einen weiteren Einblick in die Ursachen meiner Verbitterung. Fels definiert Ehrgeiz als den Wunsch, Meisterschaft in einer Kunst zu erlangen, zusammen mit dem Bedürfnis, dafür öffentliche Anerkennung zu bekommen. Ich war immer schon sehr ehrgeizig: Ich war das kleine Mädchen, das unbedingt zeigen wollte, was in ihm steckt, das immer in der Klasse aufzeigte, immer ganz vorne saß, immer pünktlich, immer adrett und immer darauf bedacht, beachtet zu werden. Mein größter Stolz ist es, dass in jeder Schule oder Uni, die ich je besucht habe, von der McCarver Elementary School bis hin zur University of Washington, eine Plakette mit meinem Namen hängt. Ich gierte geradezu nach Anerkennung.

Irgendwann musste ich also einsehen, dass meine Verbitterung in Bezug auf Kojo viel mit der Frustration zu tun hatte, dass meine häuslichen Aufgaben meinen Ehrgeiz nicht befriedigen konnten. Ganz gleich, wie sehr ich mich auch bemühte, die Sprachentwicklung meines Kindes zu fördern, unsere Wohnung hübsch herzurichten und den Schmutz von den Badezimmerfliesen zu schrubben, am Muttertag würde ich doch genau dieselbe Glückwunschkarte bekommen wie jede andere gestresste Hausfrau und Mutter. Ich musste mir eingestehen, dass mir die Rolle als Heimchen am Herd einfach nicht lag. Ganz gleich, wie sehr ich mich auch bemühte, ganz gleich, wie gut ich die häuslichen Anforderungen auch erfüllte, nie würde ich dafür öffentliche Anerkennung erhalten. Wie Anne-Marie Slaughter so schön argumentiert, unsere Gesellschaft honoriert Fürsorge nicht so sehr wie Wettbewerb.[13]

Jetzt, wo ich endlich anfing, zum Kern meiner Verbitterung über Kojo vorzudringen, wusste ich, ich würde mich meiner latenten Angst stellen müssen, was das womöglich über mich, Kojo und den Stand unserer Ehe sagen könnte. Einer der Gründe, warum wir Frauen unsere Verbitterung lieber herunterschlucken, ist, dass wir uns einreden wollen, als moderne Frauen hätten wir einen modernen Mann geheiratet. Keine Frau gesteht sich gerne ein, mit einem Mann zusammen zu sein, der noch in den kulturellen Normen der Fünfzigerjahre verhaftet ist. Aber wenn unsere Ehemänner allem Anschein nach ganz selbstverständlich davon ausgehen, dass sämtliche Haushaltspflichten in unseren Zuständigkeitsbereich fallen, dann sagt das weniger über unser Urteilsvermögen aus und mehr über die Tatsache, dass Männer genauso anfällig für gesellschaftliche Konditionierung sind wie wir.

Für Kojo war der Einfluss von Gender-Stereotypien umso nachhaltiger, weil er in Ghana in einer matriarchalischen Gesellschaft aufgewachsen ist. In seiner Kultur gehören Kinder zum Klan der Mutter; die Frauen sind die uneingeschränkten Familienoberhäupter. Kojos Mutter Irene war Superwoman auf Steroiden. Mit sechzehn hatte sie ihr Heimatdorf verlassen und war allein mit dem Schiff nach London gereist, um dort eine Ausbildung zur Krankenschwester zu machen. Dort lernte sie dann Jahre später auch Kojos Vater kennen, einen Ingenieur. Die beiden heirateten, allerdings erst, nachdem Irene sich als Krankenschwester ein Standbein aufgebaut hatte. Mit Anfang dreißig bekam Irene ihr erstes Kind, was Mitte der Sechzigerjahre selbst für westliche Verhältnisse sehr spät war. Es folgten noch zwei weitere Kinder, dann kehrte die Familie wieder nach Ghana zurück.

Kojo, das vierte Kind, wurde 1973 geboren. Als er noch

klein war, leitete Irene die Geburtshilfeabteilung des örtlichen Militärkrankenhauses. Als herauskam, dass sie verzweifelten Dorfbewohnerinnen kostenlos Verhütungsmittel zur Familienplanung zur Verfügung gestellt hatte, wurde sie entlassen. Woraufhin sie den Schwesternkittel an den Haken hängte und Unternehmerin wurde. Sie kaufte ein kleines Boot und heuerte zwei Fischer an. Mit der Zeit wuchs ihr kleines Imperium zu einer beeindruckenden Fangflotte heran. Irgendwann gab Kojos Vater seinen Job als Ingenieur bei Sanyo auf, um das Familienunternehmen zu leiten, aber Irene war immer noch in die alltäglichen Abläufe ihrer Firma involviert. Darüber hinaus sorgte sie dafür, dass im Haushalt alles so präzise und reibungslos lief wie ein Uhrwerk. Obwohl sie bei der Hausarbeit, wie beispielsweise beim Waschen und Kochen, Hilfe von der Familie bekam, war es trotzdem noch eine Mammutaufgabe – und dennoch schaffte Irene es, beide Unternehmen erfolgreich zu führen: ihre Fischereiflotte und die Familie.

Mit einer starken, vielseitigen Frau wie seiner Mutter als Vorbild, wie sollte Kojo da von der Frau, die er geehelicht hatte, weniger erwarten? Kein Wunder, dass er nie daran gezweifelt hatte, dass ich das alles irgendwie hinbekommen würde. Viel wichtiger war doch eigentlich die Frage, warum hatte ich das überhaupt gewollt?

4. KAPITEL

Häuslicher Kontrollzwang

Die meisten modernen Frauen lachen über die Vorstellung, der Platz einer Frau seien Heim und Herd. Und doch sind so viele Frauen wie besessen von der Organisation und Führung ihres Haushalts, angefangen beim Kochen und Putzen übers Kinderhüten bis hin zum allerkleinsten Detail. Nur ein ganz bestimmtes Putzmittel. Nur einprozentige Biomilch. Den Haushalt betreffend scheinen manche Frauen eine geradezu zwanghafte Neigung zu entfalten, alles kontrollieren und auf eine ganz bestimmte Art und Weise machen zu wollen – ihre nämlich.

Ich nenne das den häuslichen Kontrollzwang, oder kurz HKZ, und ich kenne die Symptome nur allzu gut. Warum? Weil ich selbst unter einer besonderen Form gelitten habe.

Nur ein kleiner Einblick: Im Sommer 2007, kurz vor Kofis erstem Geburtstag, musste ich beruflich verreisen, und just in dieser Woche musste auch Kojo dringend nach Seattle fliegen, um einige familiäre Angelegenheiten zu regeln. Da ich unser Baby nicht mitnehmen konnte, einigten wir uns darauf, Kofi solle mit Kojo zusammen reisen. Prima! Problem gelöst. Bis ich unvermittelt anfing, mich in eine mikromanagende Übermutter aus der Hölle zu verwandeln.

Vielleicht sollte ich erwähnen, dass im Pass unseres Sohnes schon vor seinem ersten Geburtstag Stempel aus vier verschiedenen Ländern prangten. Kofi hatte bereits etliche lange Reisen hinter sich – bisher allerdings nicht ohne seine Mama. Aus irgendeinem Grund nahm ich an, was mir spielend leicht von der Hand ging, würde meinen Mann vor unüberwindbare Schwierigkeiten stellen.

Zuerst packte ich zwei Taschen – eine für Kojo und eine für Kofi. Akribisch berechnete ich, wie viele Windelwechsel anstanden, damit ich die korrekte Anzahl von Feuchttüchern beilegen konnte. Dasselbe mit Kofis Essen; ich sorgte dafür, dass meine Männer die richtige Menge an Apfelmus und Cheerios für den sechsstündigen Flug im Gepäck hatten. Ich schaute mir sogar den Wetterbericht an, damit mein Kind auch ganz bestimmt witterungsgerecht gekleidet war. Dann tippte ich eine Liste und druckte sie in zweifacher Ausfertigung aus. Sie trug den schönen Titel »Top Ten-Tipps für Reisen mit Kofi« – eine für den Koffer, den sie vor dem Flug aufgeben würden, und eine fürs Handgepäck.

1. Vor dem Boarding solltest du Kofi im Wickelraum des Flughafens noch mal frisch machen, dann brauchst du ihn während des Flugs nur noch einmal zu wickeln. Die Wickeltische im Flieger sind klein und ziemlich unpraktisch.
2. Während des Flugs beschäftigst du Kofi am besten still auf deinem Schoß. Biete ihm das Spielzeug aus seiner Tasche immer nur einzeln und nacheinander an.
3. Sollte Kofi während des Flugs müde und unruhig werden, lass ihn ruhig ein bisschen auf deinem Schoß herumzap-

peln, aber versuche es zu vermeiden, ihn durch den Flieger laufen zu lassen, sonst ist es nachher schwer, ihn wieder zu beruhigen, damit er brav auf deinem Schoß sitzen bleibt.

4. Biete Kofi während der Reise immer mal wieder eine Kleinigkeit zu essen an. Sollte er ausnahmsweise eine Mahlzeit verpassen, wird er nicht so schnell quengelig.

5. Milch ist okay, aber lieber keine Safttütchen im Flieger öffnen, die machen nur Sauerei, wenn er sie nicht leer trinkt.

6. Versuche es möglichst so einzurichten, dass Kofi jeden Tag mindestens eine Stunde Mittagsschlaf halten kann. Es wird für euch beide sonst sehr anstrengend, wenn er unausgeschlafen und übermüdet ist.

7. Vergiss nicht, Kofi Frühstück, Mittag- und Abendessen zu geben! Geh nicht von deinem eigenen Hungergefühl aus, sondern halte dich an feste Zeiten. Du kommst viel länger ohne Essen aus als er.

8. Denk daran, dass Kofi unter der Zeitverschiebung leiden wird. Am besten bringst du ihn so früh wie möglich ins Bett und versuchst erst gar nicht, ihn auf die Seattle Ortszeit umzustellen.

9. Wecke Kofi niemals absichtlich, wenn ihr unterwegs seid. Sein normaler Tagesablauf wird ohnehin vollkommen durcheinandergeraten, darum sollte er jede noch so kleine Gelegenheit nutzen können, die Augen ein bisschen zuzumachen.

10. Viel Spaß euch beiden! Kofi ist ein wirklich braves Kind und tröstet sich in den allermeisten Situationen selbst.

Ich nannte sie zwar die Top Ten-Tipps, aber es las sich mehr wie die zehn Gebote – und sie zeigten eindrücklich, wie festgefahren ich in meiner Ansicht war, die einzig »richtige« Umgehensweise mit unserem Kind sei meine. Für Kojo war es beinahe unmöglich, meinen strengen Standards und himmelhohen Erwartungen zu genügen, nicht nur, was das Reisen mit unserem Sohn anging, sondern in jeder nur erdenklichen Hinsicht. Damals dachte ich, ich will doch bloß helfen. Ich dachte, meine vorausschauende Um- und Weitsicht würde allen Beteiligten das Leben etwas erleichtern. Rückblickend sehe ich in dieser Liste allerdings den wahren Grund dafür, dass mir alles über den Kopf wuchs: Ich hatte das Gefühl, alle Zügel in der Hand halten zu müssen, weil ich es meinem Mann nicht zutraute, auch nur einen davon zu übernehmen. »*Vergiss nicht, Kofi Frühstück, Mittag- und Abendessen zu geben*«? Warum um alles auf der Welt glaubte ich, meinem Mann das extra sagen zu müssen?

Dieses Verhalten ist typisch für Frauen mit HKZ. Wie Donald Unger, Autor von *Men Can: The Changing Image and Reality of Fatherhood in America* feststellt: »Viele Frauen sind emotional hin- und hergerissen und wissen nicht, was sie eigentlich wollen. Einerseits sind sie schon lange unzufrieden, weil Männer sich nicht stärker im Haushalt engagieren. [Und wenn sie es doch tun], bekommen sie häufig ein spitzes, reflexartiges: ›Du kannst das einfach nicht!‹ als Reaktion.«[1] In einer Studie zeigte sich die Überzeugung vieler Frauen, ihre Ehemänner könnten die Aufgaben, die sie ihnen übertrugen, ohnehin nicht richtig erledigen, weshalb sie es lieber gleich die Kinder machen ließen.[2] Bei Kindern bleibt uns wenigstens die Hoffnung, dass sie lernen können, wie es richtig geht. Unsere Angst, unsere Ehemänner könnten ihre Aufgaben nicht perfekt erledigen, ist wie Wasser auf den Mühlen unserer kollektiven Zwangsstörung und stresst uns nur noch mehr.

Der beste Beweis dafür, dass ich zuhause alles kontrollieren musste, ist unser sogenanntes Betreuungstagebuch, eine Tabelle, in die jeder, der auf meinen Sohn aufpasste, minutiös sämtliche Details seines Tagesablaufs eintragen musste. Ich wollte alles ganz genau wissen: Wann er gegessen, gepinkelt, gekackt und geschlafen hatte, ebenso wie die Menge an Essen, die hineinging, und die Menge an Stuhl, die wieder herauskam. Unser Kinderarzt hatte uns damals kurz nach Kofis Geburt geraten, auf solche Kleinigkeiten zu achten. Dass ich auch ein Jahr später noch vollkommen besessen war von den körperlichen Ausscheidungen meines Sohnes, zeigt überdeutlich, dass mein HKZ sich auf einem Allzeithoch befand.

Unter anderem wurde in diesem Tagebuch auch festgehalten, ob Kofi mit der Flasche gefüttert worden war oder ob ich ihm die Brust gegeben hatte. Eines Tages entdeckte einer unserer Freunde, ein werdender Papa kurz vor der Geburt seines ersten Kindes, die Tabelle auf der Arbeitsplatte in der Küche und fragte: »Wenn Kofi noch gestillt wird, woher weißt du dann so genau, dass er exakt hundertzwanzig Milliliter Milch getrunken hat?« Woraufhin ich ohne nachzudenken erwiderte: »Bei mir läuft das mit dem Abpumpen wie bei einem Uhrwerk. Ich weiß ganz genau, wie viel Milch ich in den Brüsten habe.«

Darüber hinaus hatte ich das Mindesthaltbarkeitsdatum des gesamten Kühlschrankinhalts im Kopf. Ich liebe frisch gekochtes Essen, weshalb immer irgendwelche übriggebliebenen Reste im Kühlschrank stehen, weil ich lieber etwas Neues koche, als die Reste zu essen. Nehmen wir an, ich hätte montags einen Hackbraten gemacht, dienstags Brathühnchen und mittwochs Fajitas. Donnerstagabend müsste ich dann zu einem beruflichen Termin, weshalb Kojo allein zuhause war. In diesem Fall erwartete ich eigentlich, dass er *zuerst* den Hackbraten aufaß, weil der schon am längsten im Kühlschrank stand. Kam ich nach Hause und Kojo hatte das Huhn gegessen und den Hackbraten nicht angerührt, ging ich an die Decke. »Aber das Hühnchen war so *lecker*«, verteidigte er sich. Woraufhin ich nur entgegnete: »Dann schmeckt dir mein Hackbraten also nicht?« Darauf wusste er nichts mehr zu sagen.

Jegliche Verrichtungen im Haushalt, ob sie nun irgendwie mit Kofi zu tun hatten oder nicht, mussten genauso erledigt werden, wie es meiner Meinung nach richtig war. Kleidung musste noch warm aus dem Trockner kommend gefaltet und weggeräumt werden. Geschirr gehörte in die Spülmaschine oder in den Küchenschrank, aber niemals auf die Arbeitsplatte oder in die Spüle. Die Post war stets an dem Tag zu öffnen, an dem sie ankam. Werbesendungen gehörten umgehend ins Altpapier. Rechnungen und Einladungen waren in die entsprechenden Fächer einzusortieren und zeitnah zu bearbeiten. Die Fußböden wurden samstags früh gesaugt, geputzt und poliert. Sämtliche Kleiderbügel im Schrank hatten gleich herum aufgehängt zu werden. Hochzeits- und Babygeschenke waren umgehend zu besorgen, sobald wir erfuhren, wo das entsprechende Paar seinen Tisch zusammengestellt hatte. Man durfte es nicht Macaroni and Cheese nennen, wenn es nicht selbstgemacht und im Ofen überbacken war. Und von Kofis Bade- und Zu-Bett-Geh-Ritual fangen wir lieber gar nicht erst an.

Ich gestehe, ich war ein extremer Fall. Aber selbst Frauen, die nicht so besessen sind von akribischer Ordnung und Sauberkeit und der militärisch präzisen Organisation ihres Haushaltes, müssen oft in dem Augenblick, wenn sie ihr erstes

Kind bekommen, verdattert feststellen, dass sie unzählige Stunden darauf verwenden, Dinge zu erledigen, die sie ihren Männern einfach nicht zutrauen. Whitney, Verlagsmitarbeiterin und frischgebackene Mami, wäre es schnurzpiepegal gewesen, wenn die Wäsche ihrer Familie die ganze Woche im Trockner gelegen hätte oder wenn sie ihr Abendessen von benutztem Geschirr hätten essen müssen, sagt aber, ihre Familie hätte im ersten Jahr nach der Geburt ihrer Tochter nicht ein einziges Mal pünktlich das Haus verlassen oder wäre rechtzeitig irgendwo angekommen. »Und warum nicht?«, fragte ich verwundert.

»Na ja, mein Mann war zur verabredeten Zeit immer schon fertig und saß dann oft mit Schuhen und Jacke an der Tür und wartete auf mich. Aber ich wieselte noch herum und packte die Snacks für meine Tochter ein oder zog sie noch mal um und musste mich dann ganz furchtbar abhetzen, um selbst fertig zu werden.«

»Und warum hat nicht dein Mann deine Tochter fertig gemacht oder das Essen für sie eingepackt?«

»Ich hatte immer eine ganz bestimmte Vorstellung im Kopf, was ich ihr anziehen wollte. Und ich hatte wohl Sorge, dass er nicht das Richtige für sie einpackt.«

»Weiß er denn nicht, was eure Tochter so isst?«

»Klar weiß er das. Ich hätte ihm wohl einfach helfen sollen, sie fertig zu machen. Ich dachte mir bloß immer, wenn ich möchte, dass es so gemacht wird, wie ich es will, dann musste ich es eben selber machen.«

Wie dieses Gespräch sehr schön zeigt, finden die meisten Frauen irgendwas, das sie unerklärlicherweise glauben, kontrollieren zu müssen – auch wenn es kein porentief reines, keimfreies Haus oder selbst gekochtes Vollwertessen ist.

Damals dachte ich noch, mein HKZ stünde in direktem Zusammenhang mit meinem Ehrgeiz und meinem geradezu verbissenen Leistungswillen. Alles sollte perfekt sein, weil ich immer in allem die Beste sein wollte. Vor einigen Jahren diskutierte ich mit meiner Kollegin Cindy über Organisationsstrategien und versuchte dabei, eine meiner Tiffany-Doktrinen zu lancieren: Entscheide dich für die Strategie, die du besser umsetzten kannst als alle anderen. »Wir müssen vollkommen zweifelsfrei eruieren, worin wir die Besten sind, und uns dann darauf konzentrieren«, erklärte ich Cindy. Nie werde ich ihre Antwort vergessen. Sie erwiderte nur ganz trocken: »Tiffany, nicht jede will in allem immer die Beste sein.« Tagelang grübelte ich über diese Bemerkung von ihr nach und fragte mich, was sie mir damit sagen wollte. Aber es ergab einfach überhaupt keinen Sinn. *Wer würde denn nicht in allem die Beste sein wollen?* Die Tatsache, dass ich so lange über diese Bemerkung nachgedacht habe, zeigt vielleicht, wie schwerwiegend mein HKZ war.

Ehrgeiz und Leistungsdruck verschmolzen zu einem Perfektionsanspruch, der sämtliche Bereiche meines Lebens erfasste. Nur über meine Leiche hätte ich mich mit abgesplittertem Nagellack oder in zerknitterten Klamotten irgendwo blicken gelassen. Beides war in meiner Vorstellung ein untrügliches Zeichen dafür, dass man sich gehen ließ. BH und Höschen mussten stets aufeinander abgestimmt sein, weshalb ich ständig morgens hektisch noch ein Teil waschen musste und das Haus nicht selten in feuchter Unterwäsche verließ. Ich war nicht nur immer pünktlich, nein, ich verstand schlicht und ergreifend nicht, wie andere Menschen es schafften, zu spät zu kommen. Unter meinem Dach durfte niemand sichtbar trockene Haut haben. Einmal rubbelte ich meinem Sohn im Restaurant mit der Butter von den Brötchen die trockenen Hautschüppchen aus dem Gesicht.

Mein Fall von HKZ mag gravierend gewesen sein, aber auch andere, harmlosere Versuche, alles kontrollieren zu wollen, beeinträchtigen unser Leben. Wie es kürzlich auch in einer Folge der beliebten amerikanischen Sitcom *Black-ish* thematisiert wurde. In dieser Serie gibt es eine Figur namens Rainbow Johnson. Sie ist Ärztin und hat vier Kinder und ist ganz aus dem Häuschen vor Freude, als ihr Ehemann Dre sich dazu bereiterklärt, eine Woche lang den gesamten Haushalt zu übernehmen und ihr so eine wohlverdiente Verschnaufpause zu gönnen. Es dauert keine vierundzwanzig Stunden, bis ihr HKZ die Oberhand gewinnt, was letztendlich dazu führt, dass Rainbow ganz aufgelöst im Krankenhaus anruft und wegen eines angeblichen häuslichen Notfalls eine OP absagen muss. Was war passiert? Dre hatte eingekauft und anschließend die Lebensmittel nicht richtig eingeräumt. Unter anderen hatte er eine Tüte Chips in den Kühlschrank gepackt. Mal davon abgesehen, was diese Episode über die Fähigkeit eines erwachsenen Mannes aussagt, einfachste häusliche Tätigkeiten auszuführen – eine Botschaft, die so viele Frauen sich implizit oder explizit dafür verantwortlich fühlen lässt, sich um alles selbst zu kümmern –, zeigt die Serie sehr deutlich, dass das Streben nach Perfektion eine Sucht sein und zu ungesunden Verhaltensweisen führen kann. Wie die fiktive Rainbow hatte auch ich feststellen müssen, dass es gar nicht so einfach ist, sich neben dem Beruf auch noch um so viele andere Kleinigkeiten zu kümmern. Aber wie loslassen? Macht gibt man nur ungern wieder ab, selbst wenn man sie eigentlich nie haben wollte.

Häuslicher Kontrollzwang erklärt auch, warum Frauen, die sich wünschen und denen es guttun würde, wenn der

Mann mehr Pflichten im Haushalt übernimmt, sich oft überraschend schwertun damit, das tatsächlich zuzulassen. Zum Teil könnte das daher rühren, dass es uns Frauen widerstrebt, ausgerechnet in dem *einen* Bereich Verantwortung abzugeben, in dem die weibliche Autorität nie in Frage gestellt wird. Zuhause haben Frauen eine *enorme* Macht. In den USA kontrollieren Frauen 73 Prozent des Haushaltsgelds.[3] Wobei das geschichtlich gesehen eine relativ neue Entwicklung ist. Vor der industriellen Revolution gab es keine Trennung zwischen bezahlter Arbeit außerhalb des Hauses und unbezahlter Arbeit zuhause. Frauen wie Männer lebten und arbeiteten gemeinsam auf dem Hof.[4] Als die Männer zunehmend einer Arbeit außerhalb der eigenen vier Wände nachzugehen begannen, übernahmen die Frauen infolgedessen zunehmend die Hausarbeit. Einer musste ja kochen, putzen und die Kinder erziehen. Und jetzt, nach hundert Jahren Erfahrung in der Haushaltsführung und mit der gesamtgesellschaftlichen Ansicht, das sei die eigentliche Kernaufgabe der Frauen, sind wir zu wahren Expertinnen geworden. Generationen von Frauen vor uns und die Gesellschaft im Allgemeinen haben uns ihre Art, die Dinge zu tun, weitergegeben.

Aber wie konnte es überhaupt so weit kommen, dass wir einen derart ausgeprägten Fall von HKZ entwickeln konnten? Fangen wir damit an, dass wir mit zwei X-Chromosomen geboren werden. Marian Wright Edelman sagte einmal: »Man kann nicht sehen, was man nicht zu sehen bekommt.« Was kleine Mädchen häufig zu sehen bekommen sind Babypuppen, Spielküchen und Puppengeschirr. Beliebtes Spielzeug für kleine Mädchen, das uns eine Zukunft als Kindererzieherinnen, Köchinnen und Gastgeberinnen ausmalt und uns darauf dressiert, diese Rollenerwartung brav zu erfüllen.

Bei einer Untersuchung zur Entwicklung kindlicher Gender-Identität fanden Carol Martin und Lisa Dinella heraus, dass stereotypische Mädchenspielsachen Kinder dazu bringen, ein bestimmtes Verhalten nachzuahmen und gewisse Regeln zu erlernen. Beim Spiel mit Puppen üben kleine Mädchen sich in ihrer späteren Rolle bei der Kinderbetreuung. Andererseits ermutigt stereotypisches Jungsspielzeug Kinder dazu, Probleme zu lösen, selbstbewusst und kreativ zu sein und eigenständig Neues zu erlernen.[5] Eltern geben an, bereits wenige Monate nach der Geburt geschlechterspezifische Spielsachen gekauft zu haben.[6] Die Indoktrination kleiner Mädchen beginnt also bereits lange bevor kleine Mädchen selbst ihre Eltern im rosa Gang der Spielwarenabteilung anflehen, ihnen doch bitte, bitte die American Girl Bitty Baby-Puppe zu kaufen.

Im Laufe der letzten dreißig Jahre sind unsere Spielwarenabteilungen rosaroter und blauer geworden denn je. Tatsächlich waren die Mädchen, die von den 1980er Jahren bis heute aufgewachsen sind (darunter also auch die Millennials), mehr unterschwelligen genderspezifischen Botschaften ausgesetzt gewesen als die Mädchen aus den 1920er bis 1970er Jahren.[7] Um das zu verstehen, habe ich mit Elizabeth Sweet gesprochen, Soziologin und Lehrbeauftragte an der University of California Davis, deren kürzlich veröffentlichte Studie sich mit dem Zusammenhang zwischen Genderentwicklung und Kinderspielzeug beschäftigt. Dr. Sweet zufolge bedeutete der Beginn des Videospielbooms in den Achtzigerjahren verstärkte Konkurrenz für die Spielwarenhersteller, die als Gegenreaktion darauf genderspezifische Marketingstrategien entwickelten. Im Grunde war die Idee ganz einfach: Wenn man ein beliebiges Spielzeug nimmt und eine Version für Jungs und eine für Mädchen herausbringt, erweitert das den Markt ganz erheblich. »Während die Einstellung der Erwachsenenwelt bezüglich Genderidentitäten zunehmend liberaler wurde, spiegelte sich diese Entwicklung im Kinderspielzeug nicht wider. Im Gegenteil, es wurde sogar zunehmend sexistisch und stereotypisch«, erklärt Sweet.[8] Das Ergebnis? Die genderneutralen braunen Bauklötzchen der 1930er Jahre wurden von der LEGO Tiefsee-Station für Jungs und dem LEGO Heartlake Lebensmittelmarkt für Mädchen ersetzt. Im Spiel erleben die Jungs sich dann als Tiefseetaucher auf Erkundungsmission, während die Mädchen nichts Besseres zu tun haben, als Brokkoli für zwei Dollar das Pfund einzukaufen. Was als Spiel beginnt, verfestigt sich für uns erwachsene Frauen zu einem stetig wachsenden Erwartungsdruck.

Martha Stewart war und ist eine der einflussreichsten Wegbereiterinnen für HKZ. Der Erfolg ihres Medienimperiums fußt auf den Tagträumen von Millionen Frauen, die nach hausfraulicher Perfektion streben. Der Zauber, den auch Bestseller wie *Magic Cleaning: Wie richtiges Aufräumen Ihr Leben verändert* oder Zeitschriften wie *Cooking Light* vermarkten, liegt dabei in einer Illusion, der wir alle nur zu gern erliegen: Perfektion sei schnell und effizient zu erreichen. Einmal gab ich für eine Freundin eine Babyparty, wofür ich stundenlang in der Küche stand und Teigtaschen mit Hackfleischfüllung, russische Eier, in weiße Schokolade getauchte Erdbeeren und Zitronenschnitten machte, allesamt nach »schnellen und einfachen« Rezepten. Inzwischen bin ich zu der felsenfesten Überzeugung gelangt, dass es nichts Schnelleres und Einfacheres gibt, als im Supermarkt fertige Platten zu bestellen.

Wenn es zuhause mal nicht so rundläuft, machen wir uns gleich verrückt und fürchten, als Frauen zu versagen. Vor allem, weil die Gesellschaft uns suggeriert, unsere Kinder müssten immer wie aus dem Ei gepellt und unsere Küche wie geleckt aussehen. Gleichzeitig sollten wir uns tunlichst davor hüten, laut zu sagen, dass unser Erfolg als Frau untrennbar mit unserem Erfolg als *Haus*frau verbunden ist. Denn dann würden wir schwach wirken oder zumindest hoffnungslos altmodisch. Und wir sind weder schwach noch altmodisch. Wir sind selbstständige, moderne Frauen, oder etwa nicht?

Nehmen wir meine Freundin Rebecca, Teilhaberin einer großen Unternehmensberatung in San Francisco. Sie ist leidenschaftlicher 49ers-Fan, und sie und Kojo können sich stundenlang die Köpfe heißreden, ob Steve Young oder Joe Montana nun der beste Quarterback aller Zeiten war. Ganz nebenbei ist sie auch noch eine einflussreiche Geschäftsfrau, die Multimillionen-Dollar-Etats managt und stolz ist auf ihre untadelige Arbeitsmoral, ihr Durchsetzungsvermögen und ihr intuitives Wissen um Klientenwünsche. Als wir beide uns bei einem meiner letzten Abstecher nach Kalifornien auf ein paar Mojitos trafen, schien sie zunächst wie immer gut drauf zu sein. Doch, wie sie mir dann gestand, war sie gerade hin- und hergerissen, ob sie eine neue berufliche Herausforderung annehmen sollte oder nicht, weil sie fürchtete, dadurch noch weniger Zeit für ihre Kinder zu haben. Auf meinen Einwand, sie habe beruflich bereits Unglaubliches erreicht, vor allem, wenn man berücksichtigt, dass Frauen in ihrer Branche noch vor fünfzig Jahren allenfalls einen Job als Sekretärin bekommen hätten, stimmte sie mir zu und gestand mir, wie stolz sie darauf war, mitgeholfen zu haben, eine ganz neue Ära einzuläuten. Doch was Haushalt und Familie anging, schien sie überhaupt nicht in Frage zu stellen, dass sie noch ganz in der alten Ära feststeckte.

Während wir dasaßen und Cocktails tranken, machte sie sich ständig Gedanken darüber, dass ihre Kinder heute Abend Pizza aßen. »Ich komme mir vor wie eine Rabenmutter«, gestand sie kleinlaut. Worauf ich sie fragte, ob ihr Mann deswegen auch ein schlechtes Gewissen habe. Sie lachte laut auf. »Von wegen! Der bestellt ihnen ja das Zeug!« Mom hatte also Gewissensbisse wegen des Junkfoods, während Dad Domino's Lieferdienst anrief.

Das Unbehagen, das uns beschleicht, wenn die Kinder ausnahmsweise ein Stückchen Pizza verdrücken, hat eigentlich überhaupt nichts mit der Pizza zu tun. Die Angst, die Rebecca und andere Mütter umtreibt, ist, als Rabenmutter dazustehen, wenn sie nicht selbst für ihre Kinder kochen. Die wichtigste Rolle, die Frauen in unserer Gesellschaft zu erfüllen haben, ist, eine gute Mutter zu sein. Und die Angst, dabei zu versagen, hindert sie daran, in ihrer Rolle als berufstätige Frau ihre Ambitionen zu verfolgen.

Weshalb der Druck infolge einer Beförderung unerträglich hoch werden kann – besonders dann, wenn zeitgleich die familiären Anforderungen wachsen. Wen wundert es da, dass eine Studie des Pew Research Center aus dem Jahr 2013 zu dem Ergebnis gekommen ist, dass »Mütter viel eher als Väter die Stundenzahl reduzieren, sich längerere Auszeiten nehmen, den Beruf ganz aufgeben oder eine Beförderung ablehnen, um sich um die Kinder oder ein anderes hilfsbedürftiges Familienmitglied zu kümmern.[9] »Diese Frauen wissen, dass es beinahe unmöglich ist, zuhause und im Beruf alles zu geben. 2012 kamen die beiden Wissenschaftlerinnen Melissa Williams und Serena Chen zu dem Schluss, je mehr Entscheidungen im Haushalt Frauen übernehmen, desto weniger möchten sie auch im Beruf Entscheidungen treffen müssen.«[10]

Woher sollen sie auch die Motivation nehmen, ein Multimil-
lionen-Dollar-Unternehmen zu führen, wenn sie schon völlig erschöpft sind von Hausarbeit und Kinderbetreuung? Eine
der schlimmsten Auswirkungen von HKZ ist, dass er unsere
beruflichen Ambitionen beschneidet.

* * *

Felicia ist Pädagogin in vierter Generation und leitet ein Aus-
und Weiterbildungsprogramm für Lehrer in Minneapolis. Als
ich bei ihr telefonisch um ein Interview für dieses Buch an-
fragte, scherzte sie, ihre Mutter, die auf dem Stammesgebiet
der amerikanischen Ureinwohner aufgewachsen ist, sei sehr
enttäuscht darüber, wie sie ihren Haushalt führe. »Ich bin
so was von nicht im Einklang mit Mutter Erde«, witzelte sie.
Sechsmal im Jahr ist Felicia in den gesamten USA auf Reisen,
um ihr preisgekröntes Ausbildungsmodell in weiteren Schul-
bezirken vorzustellen. Sie hat sich einen Namen gemacht als
talentierte, leidenschaftliche Vordenkerin, die Lehrkörper,
Verwaltung und Schülerschaft gleichermaßen zu motivieren
weiß. Nun aber hatte sie das Gefühl, an ihre Grenzen zu stoßen und ihr Programm nicht weiter verbreiten zu können. Sie
sagte, sie habe mit ihren beiden sechsjährigen Zwillingsjungs
und ihrer elfjährigen Tochter einfach zu viel um die Ohren.
Als ich sie und ihre Familie drei Monate später in ihrem weißen Ranch-Haus besuchte, beeindruckte mich vor allem ihre
Idee mit den Motivationsstickern: Immer, wenn ihre Kinder
eigenständig eine Aufgabe im Haushalt erledigten oder die
Hausaufgaben gemacht oder etwas für den Familienzusam-
menhalt getan hatten, bekamen sie eine kleine Belohnung.
Ich selbst hatte es auch schon mal mit Motivationsstickern

versucht und war kläglich gescheitert, weshalb Felicias Ansatz mich umso mehr faszinierte. Als ich dort war, bekam ihre Tochter beispielsweise einen Sticker, weil sie ihre beiden jüngeren Brüder sinnvoll beschäftigt hatte, damit Felicia und ich uns ungestört unterhalten konnten.

Felicia führt ein strenges Regiment und legt viel Wert auf Ordnung und Disziplin. Sie ist der Überzeugung, je präziser sämtliche Beteiligten ihre Rechte und Pflichten kennen, desto reibungsloser sind die täglichen Abläufe innerhalb der Familie und desto weniger stressig ist es für sie selbst. Weshalb es für beinahe jeden Aspekt des Familienlebens gewisse Regeln und feste Abläufe sowie ganz bestimmte Vorschriften bezüglich Mahlzeiten, Haushaltspflichten, Hausaufgaben, Spielen, Baden und Schlafengehen gibt. Beim Reinkommen ins Haus beispielsweise läuft es folgendermaßen ab: Schuhe ausziehen, in den Schuhschrank stellen, die Jacke aufhängen, dann ins Badezimmer gehen und Hände waschen (Letzteres gilt bei uns zuhause auch). Jedes Ding hat seinen Platz. Jede Tätigkeit hat eine bestimmte Abfolge. Vermutlich hat Felicia sogar Regeln für das Aufstellen neuer Regeln. Ordnung ist ihr ganzes Leben.

Immer, wenn Felicia auf Geschäftsreise geht, übernimmt ihr Mann Ron, ein Postangestellter, ihre Aufgaben. Als Felicia und ich uns kennenlernten, bereitete sie gerade alles für ihre Abreise am nächsten Tag vor und hatte schon ausführliche Anweisungen aufgeschrieben. Das Ganze sah dann so aus:

- Ryan und Jason machen morgen einen Schulausflug. Die Lunchpakete liegen im Kühlschrank. Vergiss nicht, sie morgen früh in ihren Rucksack zu packen.
- Wir haben eine neue Gassigängerin. Sie heißt Jessie. Sie holt sich den Schlüssel bei den Nachbarn ab.

- Im Gefrierschrank steht ein Auflauf fürs Abendessen. Reicht für zwei Mal. Am dritten Abend könnt ihr was bestellen, aber bitte KEINE Pizza.

Weiter brauchte ich gar nicht zu lesen, ich hatte schließlich selbst zahllose ähnliche Listen verfasst. Und ich konnte den Wunsch, selbst aus der Ferne noch alles dirigieren zu wollen, nur zu gut verstehen. Aber ich war inzwischen auch ziemlich gut darin, HKZ-Fälle zu diagnostizieren. Straffe Strukturen und ausgeklügelte Systeme zu ersinnen ist eine verräterische Coping-Strategie heillos überforderter Frauen. Uns wächst zwar alles über den Kopf – aber immerhin wissen wir, wo alles hingehört! Wenn es nach außen aussieht, als sei die Lage völlig unter Kontrolle, können wir uns irgendwie einreden, dem sei tatsächlich so. Wen kümmert es da schon, dass all die Energie, die wir aufs Mikromanagement vergeuden, uns langsam, aber sicher an den Rand eines Nervenzusammenbruchs bringt.

Zwei Tage nach Felicias Abreise unterhielt ich mich mit Ron. Ich merkte an, es sei doch toll, mit einer Frau verheiratet zu sein, die so durchorganisiert und durchstrukturiert sei wie sie. Felicia fühlte sich ganz offensichtlich dafür verantwortlich, es ihrem Ehemann so leicht wie möglich zu machen, während ihrer Abwesenheit den Haushalt zu managen. Und sie war genauso offensichtlich der Überzeugung, mit ihren schriftlichen Handlungsanweisungen genau das zu erreichen. Aber als ich Ron fragte: »Brauchst du das alles eigentlich?«, hätte seine Antwort sie sicher verblüfft.

»Eigentlich nicht«, meinte er. »Sie hinterlässt immer ganz detaillierte Anweisungen, weil bei ihr alles auf eine ganz bestimmte Art und Weise gemacht werden muss.« Und was würde passieren, wenn Felicia keine ausführliche Checkliste schreiben würde? »Wir würden das schon irgendwie hinkriegen«, meinte Ron zuversichtlich.

Ich hakte noch mal nach: »Dann hättest du den Kindern also ein Lunchpaket gepackt? Du hättest auf dem Schirm gehabt, dass sie einen Schulausflug machen?«

Worauf Ron nur vollkommen unbeeindruckt meinte: »In der Schule ist noch kein Kind verhungert. Irgendwem wäre es schon aufgefallen, dass die Jungs nichts zu essen dabeihaben. Und dann hätten sie mich angerufen, und ich hätte mir was einfallen lassen, damit sie ihr Pausenbrot bekommen. Kein Ding.«

Wenn es stimmt, dass Gegensätze sich anziehen, war es kein Wunder, dass Felicia und Ron sich gefunden hatten. Er war so cool wie eine Salatgurke, während er ein Szenario beschrieb, das, so wie ich sie kennengelernt hatte, Felicias schlimmster Albtraum gewesen wäre. Und dann kam der größte Knaller: »Die Jungs hätten es überlebt, aber Felicia hätte mich umgebracht.«

* * *

Uns Frauen fällt es oft doppelt schwer, zuhause die Zügel aus der Hand zu geben. Zum einen, weil wir so sozialisiert worden sind, zum anderen wegen der Macht der Gewohnheit. Neurowissenschaftliche Studien haben ergeben, dass wir Menschen dazu ausgelegt sind, immer den Weg des geringsten Widerstands zu gehen, um eine Aufgabe zu bewältigen. Selbst wenn in einer gegebenen Situation das Funktionieren auf Autopilot nicht die besten Ergebnisse bringt.[11] Addiert man zu dieser wissenschaftlichen Tatsache die gesamtgesellschaftliche Realität, dass Frauen geschichtlich gesehen stets von der Sphäre des Öffentlichen ausgeschlossen waren, dafür aber am heimischen Herd das Sagen hatten, erklärt sich unsere zwanghafte Kontrollsucht eigentlich von selbst.[12]

Der Drang, zuhause alle Zügel in der Hand zu haben, macht es uns Frauen oft sehr schwer, um Hilfe zu bitten. Ich nenne es das Einsamer-Cowboy-Syndrom, und ich habe all seine negativen Auswirkungen selbst erlebt.

Bei der Arbeit entspringt das Einsamer-Cowboy-Syndrom dem Vertrauen von Frauen in einen falsch verstandenen Leistungsgedanken. In der Schule werden wir hauptsächlich aufgrund unserer akademischen Leistungen beurteilt. Wir stecken die Nase in die Bücher, arbeiten hart und werden dafür belohnt. Unser Schulsystem fördert Einzelkämpfertum, und Eigenleistung und Beharrlichkeit zahlen sich meistens aus. Am Ende kommt man auf einen ordentlichen Notendurchschnitt. Nach dem College suchen wir uns dann einen Job und versuchen es mit derselben Methode, aber in dieser neuen Umgebung erweist die sich meist als wenig effektiv. Ich habe einmal eine junge Frau gecoacht, die ganz verzweifelt war, weil sie bei einer Beförderung übergangen worden war. Stattdessen war ein männlicher Kollege vorgezogen worden. »Das ist einfach nicht fair«, klagte sie. »Ich schlage mir die Nacht um die Ohren, um die Präsentation für unseren Klienten fertig zu machen, während er mit dem Boss Golf spielen geht, und wer wird befördert? Er.« Das Einsamer-Cowboy-Syndrom führt dazu, dass wir uns mehr auf unsere Leistung konzentrieren als darauf, Beziehungen zu pflegen und uns ein Netzwerk aufzubauen, was für die Karriere mindestens genauso wichtig ist. Wir machen alles allein, erwarten, für unsere Bemühungen belohnt zu werden, und vergessen dabei, uns Fürsprecher zu suchen, die sich für uns einsetzen.

Zuhause entspringt das Einsamer-Cowboy-Syndrom dem Irrglauben der Frauen an die eigene Tüchtigkeit. Wir sind der fehlgeleiteten Ansicht, was auch immer wir besser und schneller erledigen können, sollten wir am besten gleich selber machen. Das Problem dabei ist bloß, dass wir glauben, *alles* besser und schneller zu können, weshalb am Ende auch alles an uns hängen bleibt. Natürlich ist es unmöglich, alles selbst zu machen, und doch reiben wir uns bei dem Versuch auf. Und weil wir Frauen eingetrichtert bekommen haben, wir sollten sämtliche häuslichen Angelegenheiten eigenständig erledigen können, während unsere Ehemänner die Brötchen verdienen, fühlt es sich wie eine Schwäche oder ein Versagen bei der Erfüllung unseres Lebenszwecks an, andere um Hilfe zu bitten.[13]

Der Fairness halber sei gesagt, wenn wir Frauen ohnehin schon eine Menge um die Ohren haben, ist es einfach viel zu aufwendig, auch noch Aufgaben zu delegieren. Also beißen wir die Zähne zusammen und machen weiter wie gehabt. Das kann allerdings zu einer gefährlichen Gewohnheit werden, einer, die uns in anderen Bereichen unseres Lebens einschränkt und am Fortkommen hindert, vor allem in beruflicher Hinsicht. Die Arbeit der Hausfrau nimmt nie ein Ende, und wenn wir nicht lernen, manches einfach loszulassen, werden wir uns nie aus dem ewig kreisenden, schwindelerregenden Wahnsinn befreien können, den ich das Hamsterrad des Lebens nenne.

5. KAPITEL

Das Hamsterrad des Lebens

Ende 2007, als das erste Herbstlaub fiel, begann meine Welt sich immer schneller zu drehen. Seit über einem Jahr war ich eine Vollzeit arbeitende berufstätige Mutter. Nach außen tat ich, als lebte ich mein wahr gewordenes Märchen, in dem ich alles haben konnte, was ich wollte. Ich sah mich als starke Alicia-Keys-mäßige Superfrau mit einem großen S auf der Brust, die federleicht zwischen Beruf und Haushalt hin und her hüpfte. Tatsächlich gab es aber viele Tage, an denen es mir schwerfiel, auch nur einen Schritt zu tun. Ich nahm immer mehr ab, was mir weder guttat noch stand. Ich war ständig hundemüde. Nicht schläfrig, einfach chronisch erschöpft. Kojos Bankjob lief gut, und er musste beruflich öfter verreisen, weshalb er mir zuhause keine große Hilfe sein konnte. (Zumindest dachte ich das damals.) Aber selbst wenn er da war, hatte ich im Großen und Ganzen das Gefühl, dass er ohnehin zu nichts zu gebrauchen war, also kümmerte ich mich lieber gleich selbst um alles.

Nach einem weiteren wahnwitzigen Berufstätige-Mami-Tag rief ich eines Nachts um drei Uhr bei Kojo an. Ich war in New York, er geschäftlich in London, also konnte ich davon ausgehen, dass er noch wach war. Als er mich fragte, warum ich nicht längst schliefe, erklärte ich ihm, ich bekäme die Liste einfach nicht aus dem Kopf – die endlose Liste mit allem, was noch zu erledigen war, die ich im Geiste wieder und wieder durchging. Sehr zu meinem Verdruss fing Kojo an, schallend zu lachen. Er schlug vor, wenn meine Liste mich ohnehin um den Schlaf brachte, sollte ich doch einfach Allison Pearsons Roman *Working Mum* lesen. Den hatte er mir vor ein paar Monaten geschenkt, nachdem ich ihm betreten gestanden hatte, während eines Meetings eingenickt zu sein. Er weiß, wie gerne ich lese. Als er mir das Buch gab, rang ich mir zwar mühsam ein schiefes Lächeln ab und umarmte ihn zum Dank, aber mir ging nur ein Gedanke durch den Kopf: *Ich fasse es nicht, dass er allen Ernstes glaubt, ich hätte Zeit, ein Buch zu lesen.* Ich legte es auf den Bücherstapel auf meinem Nachttischchen, den ich irgendwann in Angriff nehmen wollte. Jeden Abend, bevor mein Kopf auf das Kissen sank, fiel mein Blick auf das Cover, und ich wiederholte den Titel, als sei es die Pointe eines weiteren endlosen wahnsinnigen Tages.

Die Vorstellung, ausgerechnet jetzt dieses Buch zu lesen, erschien mir vollkommen lächerlich. Wenn ich schon um drei Uhr nachts aufstand, dann sollte ich doch wohl einige Punkte meiner nicht enden wollenden Liste abhaken, oder nicht? Aber in diesem Augenblick völliger Erschöpfung mahnte mich irgendetwas, auf meinen Ehemann zu hören. Also kochte ich mir einen Tee, setzte mich an den Küchentisch und schlug das Buch auf.

In dem Roman, der dann mit Sarah Jessica Parker verfilmt worden war, ging es um Kate Reddy, eine Hedgefonds-Managerin und Vollblutmama, die sich verzweifelt bemüht, Familie und Beruf unter einen Hut zu bringen. In einer Szene liegt sie mitten in der Nacht auf dem Bett und geht in Gedanken ihre »Nicht vergessen«-Liste durch: »Verhältnis Arbeit – Leben austarieren, zwecks gesünderer, glücklicherer Existenz. Stunde früher aufstehen, um verfügbare Zeit zu maximieren. Mehr Zeit mit den Kindern verbringen. Lernen, mit den Kindern ich selbst zu sein. Richard nicht als selbstverständlich nehmen! Häufiger Gäste einladen – sonntags zum Lunch usw. Entspannendes Hobby?? Italienisch lernen. Annehmlichkeiten Londons nutzen: Theater, Tate Gallery etc. Damit aufhören, die Anti-Stressbehandlungen abzusagen. Geschenkeschublade einrichten wie ordentlich organisierte Mutter. Versuchen, wieder Größe 36 zu erreichen. Persönlichen Trainer? Freunde anrufen und hoffen, dass sie sich an mich erinnern. Ginseng, fetter Fisch, kein Weizen. Sex? Neue Geschirrspülmaschine.«[1]

Kommt mir irgendwie ein bisschen zu bekannt vor, dachte ich, und fand es überhaupt nicht zum Lachen. Aber als ich weiterlas, musste ich irgendwann doch schmunzeln, und mir ging zudem ein Licht auf: Meine Probleme waren Allerweltsprobleme – und derart verbreitet, dass ein Buch, das mein Dilemma zur satirischen Farce machte, ein Bestseller geworden war.

* * *

Ich bin nicht die erste und ganz bestimmt auch nicht die einzige Frau, die unter dem zermürbenden Druck von beruflichen und familiären Verpflichtungen leidet. Obwohl die Anzahl berufstätiger Mütter von 17 Prozent im Jahr 1948 auf heute über 70 Prozent gestiegen ist[2], hat die Verteilung der häuslichen Pflichten mit dieser Entwicklung nicht im Geringsten Schritt gehalten. Frauen bringen unverhältnismäßig viel Zeit und Energie für Aufgaben auf, für die sie weder vergütet werden noch öffentliche Anerkennung erhalten. In meinen Workshops zu einem zukunftsfähigen Führungsstil mache ich mit den Frauen eine Übung: Sie sollen alles aufschreiben, was sie in den kommenden vierundzwanzig Stunden erledigen wollen. Und ich meine *wirklich alles*: Sport machen (oder im Bett liegen und darüber nachdenken, dass man mal wieder Sport machen sollte), Frühstück machen, einen Pitch gewinnen, die Vorbereitungen für den Gewinn des Pitchs, Mausefallen kaufen, Bewerbungen für eine neue Stelle überarbeiten, einen Babysitter für Samstagabend engagieren, den Koffer für eine Reise packen, zur Bank fahren, anziehen, schminken, entscheiden, was man anzieht, Elternsprechstunden organisieren – alles, bis die Liste vollständig ist und ihnen rein gar nichts mehr einfällt. Dann sage ich ihnen, sie sollen sich das mal kurz vorrechnen: ganz genau überlegen, wie lange sie für jeden einzelnen Punkt auf ihrer Liste brauchen und dann alles zusammenzählen. Bisher habe ich noch keine einzige Frau erlebt, die es realistisch betrachtet schaffen würde, ihre gesamte Liste in weniger als vierundzwanzig Stunden abzuarbeiten. Und höchstens die Hälfte der Frauen denkt daran, ausreichend Schlaf einzukalkulieren. Bei der Übung geht es darum aufzuzeigen, dass es einfach nicht besonders erfolgversprechend ist, eine Liste aufzustellen und dann zu versuchen, sämtliche Punkte darauf abzuhaken. Alles schaffen zu wollen, führt am Ende nur zu einem Ergebnis: Burnout.

Meine eigene Liste war ein Paradebeispiel dafür. Abends schrieb ich alles auf, was ich am nächsten Tag zu erledigen hatte. Im Herbst 2007 stand dort dann beispielsweise: Sachen aus der Reinigung holen, Klamotten bügeln, Ochsenschwanzknochen in den Schmortopf geben, Dankeskarte an Dinner-Gastgeber von letzter Woche schicken, abgelaufene Medikamente aus dem Badezimmerschränkchen entsorgen, Wertstoffe zum Recycling bringen, Förderantrag durchgehen, Feiertagsspendenaufruf skizzieren, Thanksgiving-Menü planen, Handwerker für Badewannenabdichtung suchen, Trinity zurückrufen. Aber die Wirklichkeit sah ganz anders aus: Nachdem ich Kofi fertig gemacht und gefüttert hatte, blieb mir gerade noch genug Zeit, ein Kleid aufzuschütteln und inständig zu hoffen, dass es niemandem auffiel, wie verknittert es war, um dann noch schnell die Ochsenschwanzknochen und ein paar Gewürze in den Schmortopf zu werfen. Ich erledigte nur die wenigen Dinge, die sich absolut nicht aufschieben ließen. Wie beispielsweise der Ochsenschwanz: Wenn ich mich nicht um den kümmerte, würde es heute Abend nichts zu essen geben, und wenn ich die Sachen nicht von der Reinigung abholte, würde Kojo morgen früh kein frisches Hemd haben. Vielleicht schaffte ich es noch, kurz mit Trinity zu telefonieren, aber auch nur, wenn sie mich anrief und ich ausnahmsweise dranging. Ich schaute noch rasch den Förderantrag durch, weil einer meiner Mitarbeiter schon darauf wartete und der Abgabetermin drängte. Aber alles andere erwartete mich schon ungeduldig, wenn ich am nächsten Morgen die Augen aufschlug, gemeinsam mit den neuen Punkten, die über Nacht dazugekommen waren. Weshalb meine To-Do-Liste einfach kein Ende nehmen wollte.

Die überwiegende Mehrheit berufstätiger Mütter sieht sich tagtäglich mit ähnlichen Herausforderungen bei der Bewältigung dieser immensen Doppelbelastung konfrontiert. Den meisten bleibt keine andere Wahl. Sie versuchen, die Anforderungen eines Vollzeitjobs mit den Anforderungen an eine Vollzeithausfrau unter einen Hut zu bringen. Sie leiden unter chronischem Schlafmangel, weil sie früh aufstehen und spät ins Bett gehen.[3] Sie sind dauergestresst, weil der Tag einfach nicht genug Stunden hat, um alle Punkte auf ihrer Liste abzuhaken. Sie setzen ihre Gesundheit aufs Spiel, weil das Letzte, wozu sie noch Zeit haben, Sport und andere Ausgleichstätigkeiten sind. Und sie haben ein permanent schlechtes Gewissen, hauptsächlich, weil sie sich wünschen, mehr Zeit für ihre Kinder zu haben. Nur 10 Prozent aller berufstätigen Mütter würden sich selbst als Eltern Bestnoten geben.[4]

Für die Frauen ist das Leben ein einziges sich ewig weiterdrehendes Hamsterrad – unaufhaltsam und unerbittlich. Sosehr sie sich auch bemühen, soviel sie auch tun, es reicht einfach nie. In einer vom Magazin *Real Simple* in Auftrag gegebenen und vom gemeinnützigen Families and Work Institute durchgeführten Studie aus dem Jahr 2012 gaben 32 Prozent der befragten Frauen an, das Gefühl zu haben, wenn sie zuhause weniger täten, würden sie alles schleifen lassen. Sie erledigten in ihrer Freizeit Haushaltspflichten wie beispielsweise Wäschewaschen (79 Prozent), Putzen (75 Prozent), Kochen (70 Prozent) und Aufräumen oder Ausmisten (62 Prozent), weil sie sich unter Druck gesetzt fühlten, irgendwie alles schaffen zu müssen.[5] Eine gute Balance zu finden zwischen Familie und Beruf ist ein Ding der Unmöglichkeit; immer befürchten wir, dass eins von beidem zu kurz kommt. Wir haben das Gefühl, uns in einem Hamsterrad zu drehen, in dem uns schwindelig wird und aus dem wir doch nicht aussteigen können.

Das Hamsterrad des Lebens bringt uns Frauen an den Rand

des Nervenzusammenbruchs. 2014 fanden Forscher der Penn State University heraus, dass Frauen, die Beruf und Familie miteinander vereinbaren müssen, erheblich höhere Cortisol-Werte hatten als Männer.[6] Während der Interviews hörten die Forscher immer wieder von den Frauen, dass Feierabend bei ihnen nur bedeutete, nach Hause zu gehen und dort den zweiten fordernden Job anzutreten, der sie dort schon erwartete.[7]

Infolgedessen nimmt das Zufriedenheitslevel bei Frauen immer stärker ab, ganz anders als bei Männern. Eine Studie des National Bureau for Economic Research kommt zu dem Schluss, diese Abnahme des subjektiven Zufriedenheitsempfindens könnte damit zusammenhängen, dass Frauen »sich in einer Gemengelage unterschiedlicher Anforderungen« wiederfinden, bzw. sowohl beruflich wie auch privat eine große Verantwortung tragen.[8] Aber es kommt noch schlimmer: Frauen, die über Probleme bei der Vereinbarkeit von Familie und Beruf klagen, haben eine höhere Anfälligkeit für Allergien, Migräne, chronische Erschöpfungszustände, Stimmungsschwankungen, Angststörungen, Drogen- oder Alkoholabhängigkeit, Bluthochdruck und Herz-Kreislauf- sowie Magen-Darm-Erkrankungen.[9] Zu ähnlichen Ergebnissen kam eine Studie von Harvard und Yale aus dem Jahr 2012, die feststellte, dass Frauen, die in ihrem Beruf »unter großem Stress« stehen, eine um 38 Prozent höhere Wahrscheinlichkeit für Herz-Kreislauf-Erkrankungen haben und mit höherer Wahrscheinlichkeit rauchen und zu körperlicher Untätigkeit und Diabetes neigen.[10]

Beim Versuch, unmögliche Erwartungen zu erfüllen, schaden wir also nur unserem eigenen körperlichen und seelischen Wohlbefinden. Beispiele erfolgreicher berufstätiger Mütter – wie YouTube-Chefin Susan Wojcicki, die parallel zu ihrer steilen Karriere auch noch fünf Kinder großgezogen hat – und die unermüdliche Arbeit professioneller Organisationen zur Förderung von Frauen in Führungspositionen haben uns dabei geholfen zu erkennen, was wir in der Berufswelt erreichen können. Aber alte kulturelle Normen halten sich hartnäckig. Die Vorbilder, die wir zuhause, in der Nachbarschaft und in anderen Gemeinschaften sowie in den Medien sehen, vermitteln Frauen den Eindruck, dass mehr Verantwortung im Beruf nicht unbedingt gleichbedeutend ist mit weniger Aufgaben zuhause. Inzwischen ist eine ganze Generation von Frauen herangewachsen, die zwar einerseits überzeugt ist, alles erreichen zu können, was sie will, sich aber andererseits in puncto Familie und Haushaltsführung immer noch in der Hauptverantwortung sieht. Diese unrealistischen Erwartungen sind ein Garant für Schuldgefühle, Stress und Versagensängste. Und diese negativen Gefühle haben gefährliche Nebenwirkungen. Der Status Quo innerhalb unserer Familien darf so nicht erhalten bleiben.

* * *

Es war der Herbst 2007, Kojo arbeitete wie irre und war ständig unterwegs, und auch meine eigene Karriere hatte wieder an Fahrt aufgenommen. Oft sagte ich am Ende eines langen Arbeitstags scherzhaft zu meinen Kollegen: »Bye, Leute! Ich muss zur Arbeit!« Und meinte damit natürlich die »zweite Schicht«, die mich zuhause erwartete.[11] Ich tat, als sei das alles bloß ein Witz, aber gleich unter der Oberfläche lauerte das altbekannte U-Boot aus Frust und Verbitterung, das jeden Augenblick auftauchen konnte. Hektisch hetzte ich nach Hause, öffnete die Post, kochte Reis und Gemüse zum

Schmorfleisch, schlang alles hastig herunter, während ich nebenbei Kofi fütterte, und fing dann an, ihn zum Schlafengehen fertig zu machen. Kojo war noch nicht zur Tür hereingekommen, aber ich wurde schon ganz kribbelig beim Gedanken daran, wie er gleich nach Hause kommen, die Hände um meine Taille legen und mich bitten würde, ihm sein Kelewele zu braten. Um sich dann in aller Seelenruhe auf die blaue Couch zu verkrümeln. Wobei es mir so langsam dämmerte: Wenn ich es nicht schaffte, die perfekte Arbeitsbiene, Ehefrau, Mutter und Bürgerin zu sein, wie die Gesellschaft – und ich genauso – es von mir erwartete, dann würde Kojo mir eben ein bisschen unter die Arme greifen müssen.

Wobei diese Idee nicht von mir stammte. Ich war viel zu gestresst, um mir neue Lösungen für meine eigenen Probleme auszudenken. Nein, meine Collegefreundin Sasha war es, die mir die Augen öffnete. Sasha war Single und hatte keine Kinder, und irgendwie hatte ich es immer noch nicht geschafft, ihr zu erklären, dass die denkbar ungünstigste Zeit, mich anzurufen, abends um halb acht war. Auf gar keinen Fall wollte ich so eine nervige, ständig gestresste Berufsmami werden, die nur noch über die Kinder redete und keine Zeit mehr hatte für ihre alten Freundinnen. Als also eines Abends um neunzehn Uhr achtunddreißig ihr Name auf dem Display erschien, seufzte ich nur gottergeben und ging dran. Ich stellte Sasha auf Lautsprecher, zog dann Kofi das Lätzchen aus, setzte ihn mir auf die Hüfte und ging mit ihm und dem Handy ins Badezimmer. Sasha musste schreien, um sich über das Rauschen des einlaufenden Badewassers verständlich zu machen.

»Glückwunsch, meine Liebe!«

»Wofür?«, fragte ich ehrlich verdutzt.

»Dafür, dass du jetzt eine Sechsstellige bist.«

Ein breites Grinsen schlich sich auf mein Gesicht. In der vergangenen Woche hatte ich die größte Einzelspende einer Privatperson in meiner ganzen Karriere als gemeinnützige Spendensammlerin akquiriert: 125 000 Dollar. An dem Tag war ich so aufgedreht, dass ich eigens aufgeblieben war und auf Kojo gewartet hatte, um ihm gleich alles zu erzählen. Bisher war er der Einzige, der davon wusste, also musste er wohl geplaudert haben. Wem hatte er es wohl sonst noch alles erzählt? Missbilligend verzog ich das Gesicht und spürte heißen Ärger in meiner Kehle aufsteigen.

»Hat Kojo dir gemailt?«

Sasha entging mein entnervter Tonfall nicht.

»Na ja, einer muss es ja machen. Ohne Kojo hätten wir wohl nie davon erfahren. Er ist dein persönlicher PR-Manager. Auch wenn du es vielleicht nicht zu schätzen weißt. Wir freuen uns alle wie blöde für dich.«

Unglaublich, dass der Mensch, der in meiner Geschichte sonst immer den Bösewicht spielte, in dieser Version plötzlich der strahlende Held war. Mich ärgerte das schrecklich, und da Angriff bekanntlich die beste Verteidigung ist, setzte ich sofort zur Attacke an und giftete trotzig zurück: »Ich könnte wirklich so einiges brauchen, aber einen PR-Manager ganz bestimmt nicht. Es würde mir schon reichen, wenn ich hier nicht immer alles alleine machen müsste.«

Kaum ausgesprochen, hätte ich das am liebsten gleich wieder zurückgenommen. Zum allerersten Mal hatte meine aufgestaute Wut jemand anderen getroffen als Kojo. Ich hatte meine Raketen auf Sasha abgefeuert, die mir doch bloß zu meinem Erfolg gratulieren wollte. Sofort bereute ich, was ich da gesagt hatte. Schlimmer war nur die Einsicht, dass es mir jetzt schon nicht mehr reichte, Kojo insgeheim alle Schuld in die Schuhe zu schieben. Nein, zum ersten Mal hatte ich versucht, jemand anderen auf meine Seite zu ziehen, als Bestätigung, dass in meinem Märchen Kojo der große böse Wolf war. Und obwohl ich mir eigentlich wünschte, das Gesagte wieder zurücknehmen zu können, war ich mir doch ziemlich sicher, als meine Freundin würde Sasha sich verpflichtet fühlen, mir rückhaltlos zuzustimmen, und so was sagen wie: »Arbeitet er *immer noch* so viel? Ich weiß wirklich nicht, wie du damit klarkommst.« Und dann würde sie mitfühlend zuhören, während ich mich bei ihr ausheulte. Aber zum Glück war Sasha so eine gute Freundin, dass sie den Köder nicht schluckte. Sie wusste ganz genau, ich würde nie ein schlechtes Wort über Kojo verlieren. Meine Welt musste ganz grundlegend aus den Fugen geraten sein. Einen Augenblick blieb sie ganz still, während meine Worte wie Seifenblasen auf der Badewanne trieben. Und dann wusch sie mir den Kopf, wie nur wahre Freunde es können.

»Tiffany, ich habe ja keine Ahnung, was mit dir los ist, aber ich weiß, dass Kojo dein größter Fan ist. Wenn dir alles zu viel wird, warum bittest du ihn dann nicht um Hilfe? Ich weiß, dass dir das schwerfällt ... um Hilfe zu bitten ... aber es klingt, als könntest du es brauchen.«

Autsch.

»Ich muss Schluss machen«, krächzte ich angestrengt. Ich war wütend auf Sasha, weil sie mir so was sagte, aber wenn ich ganz ehrlich war, wusste ich, dass sie vollkommen Recht hatte.

Ich konnte es mir nicht leisten, mir meinen eigenen Mann zum Feind zu machen. *Ich brauchte seine Hilfe im Haushalt und bei der Kinderbetreuung.* Es war wie eine Eingebung – eine glasklare Erkenntnis, so einleuchtend, dass ich vollkommen perplex war, wieso ich nicht längst von selbst darauf gekommen war. Meine einzige Hoffnung war, weniger von mir und mehr von ihm zu erwarten.

Der entscheidende Anstoß, meine Verbitterung gegen Kojo ein für alle Mal loszulassen, kam schließlich von ganz unerwarteter Seite – von den von mir so verehrten Obamas. Damals standen Barack und Michelle ganz am Anfang ihrer ersten Wahlkampfkampagne. Obwohl ich eigentlich Hillary unterstützte, bewunderte ich die Obamas für ihre Power, ihren eigenen Stil und ihren liebevollen Umgang miteinander. Am meisten Respekt nötigten die beiden mir mit ihrem sozialen Engagement ab, um das Leben anderer Menschen zu verbessern. Ihr kompromissloses Teamwork erinnerte mich daran, wie Kojo und ich uns bei unserer Hochzeit damals geschworen hatten, gemeinsam die Welt zu verändern.

Für mich waren die Obamas das perfekte Vorbild für unsere Ehe, weshalb ich nicht schlecht staunte, als ich in Barack Obamas Buch *Hoffnung wagen* las, Michelle habe mit derselben Verbitterung zu kämpfen gehabt wie ich. Barack schrieb darin: »Als Sasha geboren wurde [...], konnte meine Frau ihre Wut auf mich nur noch mühsam unterdrücken.« Und später schreibt er weiter: »Sobald die Kinder kamen, war es Michelle und nicht ich, von der die unerlässliche Anpassung gefordert wurde. Ich half natürlich, aber immer zu meinen Bedingungen und nach meinem Zeitplan.«[12] Wenn ein Powerpaar wie die Obamas nicht immun waren gegen den Druck, den gesellschaftliche Gender-Erwartungen auf eine Ehe ausüben können, dann sollten Kojo und ich uns vielleicht ebenfalls ehrlich mit unseren Problemen auseinandersetzen.

Wobei diese Verbitterung eigentlich nicht *unser* Problem war. Es war ganz allein meins.

Ich beschloss, ein kleines Spiel zu spielen, das mir helfen sollte, meiner wachsenden Frustration Herr zu werden. Immer, wenn ich spürte, wie das U-Boot in mir aufstieg und zum Angriff übergehen wollte, stellte ich mir Michelle und Barack vor. Für mich war ihre Verbindung die greifbare Verkörperung ihres Wahlversprechens: das Prinzip Hoffnung. Und mit der Zeit ließ mein Unmut langsam nach, weil ich allmählich einsah, dass nicht mein fauler, nichtsnutziger Ehemann die Ursache all meines Unglücks war, sondern meine Erwartungshaltung an mich selbst. Und es half dabei nicht unbedingt, dass ich es nie angesprochen hatte, die strikte Genderrollenverteilung neu verhandeln zu wollen, in die Kojo und ich zu Beginn unserer Ehe unversehens und unabsichtlich hineingerutscht waren. Der Ball, so ging mir jetzt auf, lag in meinen Händen. Und nicht nur das, ich behielt ihn mit festem Klammergriff bei mir. Meine Verbitterung nach und nach abzubauen war ein erster Schritt in die richtige Richtung, aber um den Ball wirklich abzugeben und das Spiel zu drehen, würde ich mir etwas einfallen lassen müssen.

II.

Es muss was passieren

6. KAPITEL

Am Wendepunkt

Im Januar 2008 erreichte mich eine furchtbare Nachricht, die in ihrer Konsequenz dazu führen sollte, dass ich endlich lernte, andere Menschen um Hilfe zu bitten. Der erste Hinweis darauf, dass etwas nicht stimmte, war eigentlich bereits, dass Kojo an einem Donnerstag abends um sieben zur Tür hereinkam. Sonst war er selten vor zehn Uhr zuhause. Ganz kurz zuvor hatte meine Freundin Laura an der Tür geklingelt. Sie war geschäftlich in New York, und eigentlich hatte ich für uns beide kochen wollen, nachdem ich Kofi ins Bett gebracht hatte, damit wir ein bisschen quatschen konnten.

Als Kojo das hörte, bot er sofort an, zuhause bei Kofi zu bleiben, damit Laura und ich zusammen essen gehen konnten. »Dann sparst du dir das Kochen«, meinte er. Ich war so aufgeregt angesichts dieses unerwartet freien Abends mit meiner Freundin – ein rares, unbezahlbares Vergnügen für eine vielbeschäftigte berufstätige Mutter –, dass ich gar nicht auf die Idee kam, mich zu fragen, warum Kojo so früh nach Hause gekommen war oder warum er freiwillig auf Kofi aufpasste. Aber als ich später wieder nach Hause kam und Kojo auf seinem gewohnten Platz auf der blauen Couch vorfand, allerdings mit *ausgeschaltetem* Fernseher, ging mir sofort ein Licht auf. Ich kuschelte mich an ihn und legte den Kopf an seine Schulter. Und da erzählte er mir dann, dass seine Abteilung der Bank geschlossen worden war. Schon ab dem nächsten Tag würde er nicht mehr zur Arbeit gehen. Er musste sich einen neuen Job suchen.

In den darauffolgenden Monaten sollte die gesamte Investmentbanking-Branche kollabieren und unsere kurzfristige Lebensplanung regelrecht unter sich begraben. Ohne Kojos Bonuszahlungen konnten wir seinen Studentenkredit nicht mehr abbezahlen, uns keine Eigentumswohnung in New York kaufen und auch kein College-Sparkonto für Kofi anlegen. Beruf und familiäre Pflichten unter einen Hut zu bekommen, war mir schon vorher langsam, aber sicher über den Kopf gewachsen. Jetzt war ich zu allem Überfluss auch noch die Hauptversorgerin der Familie. Der Druck, der auf mir lastete, wurde immer größer, und umso dringlicher wurde es, mich als berufstätige Frau, als Ehefrau und Mutter neu zu definieren. Denn eins war mir klar: Allein würde ich das alles nicht schaffen.

Ich dachte, Kojos temporäre Arbeitslosigkeit sei eine gute Gelegenheit, unsere heimische Arbeitsteilung neu auszuhandeln. Aber anfangs wurde alles nur noch schlimmer. Kojo tat mir furchtbar leid. Für den Wechsel vom Ingenieur zum Finanzberater hatte er ausnehmend hart gearbeitet, und nun stellte sich heraus, dass der Zeitpunkt einfach ganz schrecklich schlecht gewählt gewesen war. Mein Mitleid führte dazu, dass ich zunächst weitermachte wie bisher, damit er sich in der neuen Situation zurechtfinden konnte. Ich nahm an, wenn der erste Schock und die erste Wut verflogen waren, würde er von sich aus anfangen, mehr Hausarbeiten zu übernehmen, weil er jetzt unversehens viel flexibler war und viel mehr Zeit hatte und ich den Löwenanteil unseres Einkommens mit nach Hause brachte. Aber mit dieser Annahme lag ich völlig falsch.

Zur Erklärung der Geschlechterkluft bei der Hausarbeit ziehen viele Wissenschaftler die sogenannte ökonomistische Hypothese heran, die besagt, derjenige Ehepartner, der mehr Geld verdient, habe die Macht, den anderen Ehepartner dazu zu bringen, den größeren Teil der Hausarbeit zu übernehmen.[1] Der Hauptgrund, warum Frauen den Großteil der Hausarbeit erledigten, so das Argument, ist der, dass Männer mehr Zeit außer Haus verbringen, um Geld zu verdienen, und darum auch weniger Zeit haben, sich um den Abwasch zu kümmern. Die eheliche Aufgabenteilung beruht demzufolge auf einem Austausch von Geld gegen Hausarbeit. Stimmt aber nicht. Wie ich am eigenen Leib erfahren musste, und wie Veronica Jaris Tichenor in ihrem Buch *Earning More and Getting Less* feststellt, gilt die ökonomistische Theorie umgekehrt nicht für Frauen. Tatsächlich ist es selbst bei Paaren, bei denen die Frau mehr verdient, so, dass sie immer noch mehr Hausarbeiten erledigt als ihr Mann.[2] In einem Bericht der *New York Times*, wie Arbeitslose ihre Zeit verbringen, geben 55 Prozent der arbeitslosen Frauen an, die Hausarbeit zu erledigen oder sich um andere Menschen zu kümmern, wohingegen es bei den Männern nur 23 Prozent sind.[3] Soziokulturelle Konditionierung hat in unserem häuslichen Umfeld einen größeren Einfluss als Geld. Um eine andere Arbeitsteilung durchzusetzen, würde ich mir also etwas Besseres einfallen lassen müssen, als bloß einen dicken Gehaltsscheck mit nach Hause zu bringen.

* * *

Etwas über einen Monat, nachdem Kojo seinen Job verloren hatte, gab es ein Spiel der Cleveland Cavaliers gegen die New York Knicks. Zwei ebenbürtige Gegner standen sich auf dem Spielfeld gegenüber, und der Star des Abends war LeBron James, der in der Woche zuvor als jüngster Spieler aller Zeiten 10 000 Punkte in seiner NBA-Karriere gesammelt hatte. Zu behaupten, es sei ein spannendes Spiel gewesen, wäre eine schamlose Untertreibung. Aber kurz vor der Halbzeitpause gab es einen unerfreulichen Zwischenfall. Doch nicht etwa auf dem Spielfeld – nein, bei uns zuhause.

An diesem Abend war ich auf dem Weg von der Bahn ganz besonders ausgelaugt. Um beim White House Project unser jährliches Spendenziel zu erreichen, mussten wir eine phänomenale EPIC-Preisverleihung (Enhancing Perceptions in Culture – Verbesserung der Wahrnehmung in der Kultur) auf die Beine stellen. Unsere alljährliche Gala zur Ehrung von Macherinnen und Neuererinnen, die ein neues positives Bild von Frauen in Führungspositionen an die amerikanische Öffentlichkeit brachten. Die Vorjahresgala war ein durchschlagender Erfolg gewesen. 2007 war Billie Jean King ein Preis für ihr Lebenswerk verliehen und die liberianische Aktivistin Leymah Gbowee geehrt worden, die später den Friedensnobelpreis gewinnen sollte. Die Zeitschrift *Glamour* hatte einen Preis für Reportagen und Artikel bekommen, und unter den vielen weiteren Ausgezeichneten war unter anderem auch Designerin Diane von Fürstenberg. Von ihrem Platz unter dem Modell eines lebensgroßen weiblichen Blauwals hatte die Präsidentin und Vorstandsvorsitzende von PepsiCo, Indra Nooyi, eine Grundsatzrede zum Thema »Mehr Frauen, andere Geschichte« gehalten und uns so unterstützt, mehr als eine Million Dollar an Spendengeldern einzusammeln. 2008 sollte die EPIC-Preisverleihung am 17. April stattfinden. Bis dahin waren es gerade noch sechs Wochen, und bisher hatten wir erst die Hälfte unseres selbst gesteckten Spendenziels erreicht. Als Entwicklungsleiterin beim White House Project hatte ich noch eine Menge zu tun.

Ich stieg gerade die Treppe zu unserem Haus hoch, in Gedanken noch bei der Arbeit, als ein durchdringender, herzerweichender Schrei meine rasenden Gedanken unterbrach. Das war Kofi. Völlig außer mir rannte ich nach drinnen und rammte die Schlüssel in die beiden Schlösser. Dem Geheul meines kleinen Sohns folgend hetzte ich ins Bad, wo Lucinda Kofis Nase gerade mit einem kleinen Nasensauger reinigte. Kofi hasste das Ding und schrie deshalb wie am Spieß. Mir schlug das Herz bis zum Hals. Ich drehte mich um, und dann sah ich ihn: Kojo, wie er ganz entspannt auf der blauen Couch saß und völlig versunken war in sein bescheuertes Basketball spiel. Unser Sohn schrie sich die Seele aus dem Leib, und Kojo hatte mit keiner Wimper gezuckt. Ich rief ihn, aber er klebte so an der Mattscheibe, dass ihm nicht mal mein erregter Tonfall auffiel. Wieder rief ich seinen Namen, und endlich hörte er mich. Er drehte den Kopf zu mir um, lächelte mich an und rief freudig: »Hey, Babe! Was gibt's zum Abendessen?«

Das war's. Ein kribbeliges Gefühl tiefster Verbitterung stieg unaufhaltsam in mir auf und drängte in meine Brust. Ich versuchte ganz tief ein- und auszuatmen, um mich wieder zu beruhigen, aber das Gefühl ließ sich einfach nicht unterdrücken. Ganz gleich, wie sehr ich mich auch bemühte, ganz fest an Barack und Michelle zu denken, es half alles nichts. Es war ein epochaler Wutanfall, ein Vulkanausbruch. Ganz allmählich ballten sich meine Hände zu Fäusten, und dann schrie ich ihn aus vollem Hals an: »*Sag du's mir!*«

Danach hätte es eine lange, dramatische Stille gegeben, hätten nicht im Hintergrund die Fans gebrüllt und gejubelt und die Wurf-Uhr aus dem Surroundsoundsystem geschrillt. Lucinda wuselte an mir vorbei und setzte Kojo Kofi auf den Schoß, dann flüchtete sie mit einem leisen »Wiedersehen« aus unserer Wohnung. Ich hätte nie gedacht, dass sie so schnell sein konnte.

Mein Mann und mein beinahe zwei Jahre alter Sohn saßen währenddessen auf der Couch und starrten mich wortlos mit offenem Mund an. Ich drehte mich auf dem Absatz um, warf den Schlüsselbund auf die Arbeitsplatte und stürmte, ohne noch einen Blick in unser Betreuungstagebuch zu werfen, das ich sonst immer akribisch prüfte, in unser Schlafzimmer. Ich knallte die Tür hinter mir zu und warf mich unter Tränen aufs Bett.

Ich hatte meinen Mann angeschrien.

Für viele Ehefrauen wäre das vielleicht nicht weiter erwähnenswert, aber für mich war das ein einschneidendes Erlebnis. Noch nie hatte ich gegen Kojo die Stimme erhoben. Meine Eltern hatten sich ständig angeschrien und sich schließlich scheiden lassen. Vor langer, langer Zeit – noch bevor ich Kojo überhaupt kennengelernt hatte – hatte ich mir geschworen, nie so ein keifendes Weib zu werden. Schreien war einfach nicht meine Art. Dass ich nie laut wurde, war inzwischen zu einem Running Gag zwischen uns geworden. Damals auf dem College gerieten Kojo und ich einmal in einen hitzigen Streit (über was, haben wir beide längst vergessen). Als der Streit gerade völlig zu eskalieren drohte, sah ich ihn an und sagte sehr langsam und kühl: »Ich glaube, das ist ein Wendepunkt in unserer Beziehung.« Ich fand mich dabei beeindruckend und knallhart, aber Kojo konnte sich das Lachen nicht verkneifen. »Mehr hast du nicht?«, prustete er und brüllte dann vor Lachen, bis ich schließlich einstimmen musste. Seitdem brauchte immer, wenn eine Meinungsverschiedenheit zu eskalieren drohte, nur einer von uns diesen Satz zu zitieren, und sofort war sämtliche Anspannung verflogen, und wir mussten beide kichern.

Wie hatte es also zu diesem hässlichen Zwischenfall kommen können?

Als ich am nächsten Morgen mit verquollenen Augen aufwachte, stand ein Topf Jollof-Reis auf dem Herd, und am Badezimmerspiegel klebte ein Post-It, auf dem stand: »Das ist ein Wendepunkt.«

Mir war an diesem Tag hundeelend zumute. Ich hatte ein schlechtes Gewissen, fühlte mich mies und völlig hoffnungslos – und ein hämmernder Kopfschmerz hatte sich bis in meine Schultern gebohrt. Mir war klar, dass ich mich eigentlich entschuldigen sollte, aber mein Ego machte mir einen Strich durch die Rechnung. Ich spürte den Schmerzpunkt, aber der Leidensdruck war noch nicht groß genug, um entsprechende Maßnahmen einzuleiten. An jedem anderen Tag hätte ich mir gewünscht, Kojo würde sich aus dem Bett bewegen, mir helfen, Frühstück für Kofi zu machen und den Schmortopf fürs Abendessen vorbereiten. An diesem Morgen wünschte ich mir nur inständig, er möge weiterschlafen, um nicht sagen zu müssen, was ich noch nicht in Worte fassen konnte.

Nachdem ich Kofi an Lucinda übergeben hatte, ging mir auf, dass ich mich noch rasch umziehen und ein Cocktailkleid und eine elegante Jacke anziehen musste. An diesem Abend fand die Produktvorstellungsparty eines Firmensponsors statt, und da musste ich nach der Arbeit hin. Auf dem Weg ins

Schlafzimmer hörte ich Kojos Stimme. *Wir sollten uns nachher mal unterhalten.* Ich ging einfach weiter. Ich wusste, gegen diese Kopfschmerzen konnten ein paar Tabletten und eine Aussprache nichts ausrichten. Da musste schon mehr passieren. In den nächsten Tagen vermied ich es geflissentlich, das Gespräch auf besagten Abend zu bringen. Es verging immer mehr Zeit, und irgendwie redeten wir nie darüber.

Ein paar Wochen später ging ich zu Margaret Crenshaw, einer meiner weisen Ratgeberinnen, und fragte sie nach ihrer Meinung. »Du siehst furchtbar aus, Süße«, sagte sie zur Begrüßung, als ich sie in dem Starbucks, in dem wir uns verabredet hatten, umarmt hatte. Margaret hatte für ein großes Unternehmen gearbeitet und sich dann als Unternehmensberaterin selbstständig gemacht. In meiner Anfangszeit in Seattle war sie meine Mentorin gewesen, und nun war sie zufällig wegen eines Geschäftstermins mit einem ihrer Klienten in New York. Ich wusste, dass das Universum es gut mit mir meinte, als ich mich hilfesuchend an sie gewendet hatte und sie sofort zurückschrieb und meinte, sie sei zufällig in der Stadt. Unter normalen Umständen hätte ich einen ausgefeilten Fragenkatalog mitgebracht, um unsere gemeinsame Zeit möglichst effektiv zu nutzen, aber diesmal konnte ich nichts anderes, als ihr bei Caramel Macchiatos ungefiltert mein Herz auszuschütten.

Ich erklärte ihr, was bei mir zuhause los war und wie das unerbittliche Hamsterrad des Lebens mich dazu trieb, ausgerechnet den Menschen, auf den ich sonst immer zählen konnte, zu vergrätzen. Dass ich Kojos Hilfe brauchte, wusste ich, aber ich wusste nicht, wie ich ihn darum bitten sollte. Bis zu diesem Punkt in meinem Leben hatte ich eigentlich immer bekommen, was ich wollte. Für alles hatte ich einen Plan, aber jetzt war ich zum ersten Mal vollkommen orientierungslos. Ich war, ganz untypisch für mich, so gar nicht Herrin der Lage. Was Margaret mit einer kleinen Bemerkung noch mal zementierte. »Du willst alles gleichzeitig, Tiffany«, sagte sie sanft. »Du solltest mal einen Gang runterschalten und Prioritäten setzen. Du kannst nicht alles alleine schaffen. Was willst du wirklich?«

Im Laufe der nächsten Wochen hatte ich mehrere ähnlich verlaufende Gespräche mit anderen Frauen, die alle ein bisschen mehr Lebenserfahrung hatten als ich, und alle wiederholten das immer gleiche Credo: Du musst dir überlegen, was dir am wichtigsten ist, alles andere ergibt sich dann von selbst. Ich wusste, was ich mir erhoffte, was sich zwischen Kojo und mir ergeben sollte. Ich wollte notwendige Aufgaben delegieren können, damit bei uns zuhause alles reibungslos lief – und ich nicht ständig auf dem Zahnfleisch ging –, aber nicht mit angespannter Nervosität, weil ich glaubte, Kojo würde es ohnehin nicht oder nicht richtig machen, sondern zuversichtlich, leichten Herzens und voller Freude.

Aber wenn ich andere um Hilfe bitten wollte, erklärten meine weisen Ratgeberinnen mir, musste ich mir zuerst klar darüber werden, was ich eigentlich *von mir selbst* erwartete.

7. KAPITEL

Das Wichtigste

Ich habe noch nie geglaubt, das Rad neu erfinden zu müssen, und als meine weisen Ratgeberinnen mir nahelegten, ich solle mir darüber klar werden, was mir am wichtigsten ist, machte ich mich umgehend auf die Suche nach Menschen, die diesen Schritt bereits getan hatten. Bücher sind mir immer eine große Hilfe, und so las ich etliche zu diesem Thema. Darunter *Gesundheit für Körper und Seele* von Louise Hay, *Cooking with Grease* von Donna Brazile und *Der Alchimist* von Paulo Coelho. Während ich diese Bücher regelrecht verschlang, wurde mir eins immer klarer: Mein Problem war nicht, dass ich vollkommen ausgebrannt war vor Erschöpfung und meiner stetig weiterwachsenden To-Do-Liste. Die Psychologin Dr. Ayala Malach Pines behauptet sogar, die Ursachen für Burnout lägen nicht darin, zu viel zu tun zu haben, sondern in dem beklemmenden Gefühl, dass das, was wir machen, nichtig und bedeutungslos ist oder nichts mit unserem wahren Selbst zu tun hat.[1]

In *How Remarkable Women Lead* beschreibt die Autorin Joanna Barsh, wie wichtig eine sinnstiftende Beschäftigung für Frauen ist, um Erfolg zu haben. Demzufolge sind Menschen, die den größeren Zusammenhang dessen, was sie tun, erfassen und verstehen, bei der Arbeit motivierter und weniger gestresst.[2] Eine neue Studie des *Harvard Business Review* bestätigt diese Einschätzung und verweist auf emotionale und spirituelle Bedürfnisse als entscheidenden Faktor für das Engagement und die Effektivität von Arbeitnehmern am Arbeitsplatz.[3] Meine Suche nach meinem ganz eigenen überambitionierten übergeordneten Sinn und Zweck beinhaltete zahllose Selbsthilfebücher und Coaching-Sitzungen, aber die entscheidenden Einsichten kamen mir durch zwei einfache Übungen, die man auch mit wenig Zeit und ohne Geld nachmachen kann.

Die erste Übung, angeregt von Stephen Covey, bestand darin, sich seine eigene Beerdigung auszumalen. Er beschreibt das sehr schön in seinem Buch *Die sieben Wege zur Effektivität: Prinzipien für persönlichen und beruflichen Erfolg.*[4] Ich stellte mir also vor, wie bei meiner Beerdigung drei Menschen – ein Familienmitglied oder enger Freund, ein Nachbar oder guter Bekannter und ein Arbeitskollege – aufstanden und einen Nachruf auf mich hielten. Ich malte mir aus, wie sie mich als Mensch und wofür ich stand beschreiben würden. In meiner Vorstellung sagten sie so etwas wie: »Sie hat sich unermüdlich für die Förderung von Frauen und Mädchen eingesetzt.« »Sie hat an mich geglaubt und mich dazu ermutigt, an mich selbst zu glauben.« Und: »Sie wusste um die Macht von Geschichten und hat sie genutzt, um andere starkzumachen.« Und von Kofi: »Sie war eine gute Mutter, weil sie ihren Weg nicht mit meinem verwechselt hat. Sie hat mich angeleitet, aber nicht versucht, *durch mich* zu leben.« In meiner Fantasie waren alle Anwesenden zu Tränen gerührt angesichts dieser Darstellung meines Lebens. Es kam mir ziemlich kitschig vor, aber es hat mir wirklich geholfen, klarer zu sehen, was die zukünftige Ausrichtung meines Lebens angeht. Ich fühlte mich beflügelt, mich dieser imaginären Lobhudeleien als würdig zu erweisen.

Bei der zweiten Übung soll man eine möglichst gemischte Gruppe von Leuten befragen, wann sie glauben, uns von unserer Schokoladenseite erlebt zu haben. Diese Übung mit dem schönen Namen »Reflektiertes Ich von seiner besten Seite« wurde von Wissenschaftlern der University of Michigan entwickelt.[5] Also ließ ich mir von Menschen, die mich aus unterschiedlichsten Zusammenhängen und Lebenssituationen kannten, etwas über mich erzählen. Ich veränderte die ursprüngliche Übung etwas und druckte sämtliche Geschichten aus, dann kreiste ich die Schlüsselwörter und -begriffe ein, die immer wieder auftauchten: *leidenschaftlich, gläubig, kraftvolle Stimme, entschlossen, zielorientiert, ehrgeizig, eine alte Seele.* Diese zweite Übung bot mir ein zuverlässiges Fenster auf jene meiner Stärken und Qualitäten mit den größten Auswirkungen auf andere.

Als Teenager und junge Erwachsene hatte ich ein ausgesprochen schwieriges Verhältnis zu meiner Mutter, doch als Kofi geboren wurde, hatte ich mich längst mit unserer Beziehung versöhnt. Ich akzeptierte sie so, wie sie war. Wir standen uns zwar vielleicht nicht so nahe wie manche meiner Freundinnen und ihre Mütter, aber ich wusste, meine Mom würde mir einige Geschichten erzählen können, die mir ganz besonders weiterhelfen konnten bei der Suche nach dem, was mir wirklich wichtig war und mich antrieb. Und ich hatte Recht. Als ich meine Mom bat, mir zu sagen, wann sie mich ihrer Meinung nach in Bestform erlebt hatte, erwartete ich eigentlich, sie würde mich für meine herausragenden schulischen Leistungen loben, wie damals, als ich auf der Mittelschule als »Schülerin des Jahres« ausgezeichnet worden war. Stattdessen schrieb sie mir: »An dem Tag, als du Marcus den Hammer an den Kopf geworfen hast.« Es war das erste Mal seit dem Tag, als das passiert war, dass sie diesen Zwischenfall erwähnte. Ich war damals elf, und rückblickend muss ich sagen, es war einer der wichtigsten Tage in meinem Leben. Denn an diesem Tag lernte ich, auf meine eigene innere Stimme zu hören.

An diesem sonnigen Sommernachmittag spielte ich wie so oft mit den Jungs aus der Nachbarschaft. Abwechselnd warfen wir über den Zaun Steine in den Pool unserer Nachbarn. Ich trug ein Kleid, und als die Jungs mich hochhoben, damit ich über den Zaun schauen konnte, merkte ich, wie Marcus' Hand sich plötzlich zwischen meine Beine schob. Ich brüllte wie am Spieß, sie sollten mich sofort runterlassen. So schnell ich in meinen knallbunten Plastiksandalen laufen konnte, rannte ich zum Werkzeugschuppen meines Vaters, schnappte mir das erstbeste Ding, das ich in die Finger bekam, und warf es, so fest ich konnte. Leider duckte Marcus sich nicht schnell genug, und der Hammer streifte ihn am Kopf. In Tränen aufgelöst rannte ich ins Haus, vorbei an meiner Mom, die an der Küchenspüle stand, und in mein Zimmer, wo ich die Tür hinter mir zuknallte. Noch nie in den elf Jahren meines Lebens war ich so wütend gewesen.

Zehn Minuten später holten mich die Folgen meiner unbedachten Aktion ein, als nämlich Marcus' Mutter an unserer Haustür klingelte und empört meine Mom anschrie. Sie verlangte, ich solle auf der Stelle rauskommen und mich entschuldigen. Je lauter sie brüllte, desto kleiner wurde ich. Meine Wut verrauchte, und ich bekam ein schrecklich schlechtes Gewissen. Ich befürchtete, einen unverzeihlichen Fehler gemacht zu haben, und die kleine Stimme in meinem Kopf hackte erbarmungslos auf mich ein: *Du hättest ihn ernsthaft verletzen können. Was hast du dir bloß dabei gedacht? Warum hast du dich im Kleid von denen hochheben lassen? Das ist alles ganz allein deine Schuld. Jetzt kriegst du einen Riesenärger. Du bist ein ungezogenes Mädchen.*

Vor Angst kringelte ich mich auf dem Boden zusammen wie ein Tausendfüßler, doch plötzlich geschah ein Wunder. Meine Mom erklärte ihr freundlich, aber sehr bestimmt, ich würde mich ganz bestimmt nicht entschuldigen. »Ich hoffe sehr, was immer er meiner Tochter auch angetan hat, wird er keinem anderen Mädchen antun«, sagte sie ganz ruhig. »Wenn Sie mich fragen, hat Tiffany ihm damit einen großen Gefallen getan. Und sie wird sich auf gar keinen Fall entschuldigen.« Und damit schloss sie energisch die Haustür und ging wieder in die Küche.

Das war der Tag, an dem ich lernte, meinem Bauchgefühl zu vertrauen. Ich lernte, auf meine innere Stimme zu hören. Ich lernte, für mich selbst einzustehen. Aber irgendwann im Laufe der nächsten zwanzig Jahre hatte ich den Kontakt zu diesem wild entschlossenen, unbändigen, ungestümen kleinen Mädchen verloren. Ich hatte mich daran gewöhnt, auf andere Stimmen zu hören und ihnen mehr Gewicht zu geben als meiner eigenen. Dass meine Mom mich ausgerechnet an diesen Zwischenfall erinnerte, war fast, als riefe mich meine eigene Stimme aus der Vergangenheit und drängte mich, meine eigenen Ideale, meine eigenen Ziele – *mein eigenes Leben* – nicht aus den Augen zu verlieren. Mir war nicht nur aufgegangen, was für mich das Wichtigste war, ich hatte auch zu schätzen gelernt, was mir am meisten am Herzen lag. Bis zur Selbstaufgabe hatte ich mich aufgeopfert, und nun bezahlte ich den Preis dafür.

Bei der Überlegung, welchen Gewinn ich aus diesen beiden Übungen für mich ziehen konnte, kamen mir zwei wichtige Gedanken, die in meiner alltäglichen Entscheidungsfindung bisher keine entscheidende Rolle gespielt hatten: Erstens die Frage, was ich auf diesem Planeten als Vermächtnis hinterlassen wollte. Zweitens, dass es meine große Gabe, mein besonderes Talent war, andere zu berühren und zu bewegen. Dazu gesellte sich eine dritte Überlegung: Womit möchte ich meine Zeit verbringen? Zusammengenommen machten diese drei Punkte – mein zukünftiges Vermächtnis, mein Talent und meine Zeit – aus der Überlegung, was mir am wichtigsten war, die bisher einer ungreifbaren Fata Morgana am Horizont geähnelt hatte, ein greifbares Bild in Reichweite. Ich stellte mir eine Welt vor, in der Kojo und ich voneinander lernten und menschlich gemeinsam weiterwuchsen und uns gegenseitig in all unseren Bemühungen rückhaltlos unterstützten. Eine Welt, in der mein Sohn Mensch sein konnte und andere Menschen respektierte, und wo Frauen zu unserer aller Nutzen ihr Talent und ihre Stimme einbringen konnten.

Ich brauchte zwar mehrere Wochen, um diese Übungen zu machen und mich dann mit den Ergebnissen auseinanderzusetzen, aber schlussendlich verhalfen sie mir zu der Erkenntnis, was mir am wichtigsten war: meine Liebe zu Kojo, meinen Sohn zu einem verantwortungsbewussten Menschen zu erziehen, und mich für Frauen und Mädchen einzusetzen.

* * *

Es ist noch gar nicht lange her, da bat Melanie, eine ehemalige Kollegin, die inzwischen in Chicago lebt, mich um Hilfe, weil sie nicht wusste, wie sie nach ihrer Beförderung mit den stetig wachsenden Anforderungen im Job umgehen sollte. Also verabredeten wir uns zu einem Skype-Gespräch. Drei Jahre zuvor hatte sie ins Handelsmanagement gewechselt und war nun zum ersten Mal alleinverantwortlich für einen ganzen Laden. Melanie war alleinerziehende Mutter, sie hatte einen dreizehnjährigen Sohn, Justin. Ihre Mutter war an Lungenkrebs erkrankt. Kurz bevor ihr die Beförderung angeboten worden war, hatte Melanie von der Diagnose ihrer Mutter erfahren. Die Entscheidung war ihr nicht leichtgefallen. Mit der wachsenden Verantwortung im Laden blieb ihr weniger Zeit, sich um Sohn und Mutter zu kümmern, aber das höhere Gehalt bedeutete eine größere finanzielle Sicherheit für die ganze Familie. »Ich war schon vorher am Rande meiner Kapazitäten«, gestand sie mir. »Aber so eine Gelegenheit konnte ich mir doch nicht entgehen lassen, oder?« Ich wusste gleich, wir würden schnell einen Plan entwickeln müssen, damit Melanie nicht vollends ausbrannte. Und sie wusste es auch.

Als ich sie also fragte: »Was ist dir am wichtigsten?«, ratterte sie unverzüglich eine lange Liste mit Schlagwörtern herunter: *Justin, Mama, Gott, Karriere.* »Ja, natürlich«, entgegnete ich. »Das ist alles wichtig. Aber wir sollten das präzisieren. Lass mich dich Folgendes fragen: Was *erhoffst* du dir in deiner Beziehung zu Justin, zu deiner Mom, zu Gott, und was von deiner Karriere?« Die Frage konnte Melanie aus dem Stegreif nicht beantworten. Herauszufinden was uns wirklich am wichtigsten ist, gelingt einem meistens nicht im Verlauf eines Skype-Gesprächs.

Ich schlug Melanie also vor, in den kommenden Wochen zwei einfache Übungen zu machen, die interne, die ihrer eigenen Stimme Gehör verschaffen sollte, und die externe, bei der sie andere Stimmen sammeln sollte. Ganz ähnlich also wie die Übungen, die ich selbst auch gemacht hatte. Um herauszufinden, wie ihre interne Übung aussehen sollte, bat ich Melanie, mir von entscheidenden Aha-Momenten in ihrem Leben zu berichten. Noch während sie erzählte, erkannte ich ein zugrunde liegendes Muster. Viele Aha-Momente in Melanies Leben hatten mit Träumen zu tun. Melanie hatte oft sehr lebhafte Träume und hatte sich in verschiedenen Phasen ihres Lebens sogar angewöhnt, sie aufzuschreiben. Das war genau das Richtige! In den nächsten einundzwanzig Tagen sollte Melanie ein Traumtagebuch führen, sprich Stift und Block neben das Bett legen und gleich nach dem Aufwachen die Träume der vergangenen Nacht notieren. Für Melanies externe Übung sollte sie andere Menschen bitten, ihr zu sagen, was ihnen als Erstes zu ihr einfiel – ein Wort, eine Geschichte oder ein Bild, das für ein bestimmtes Erlebnis mit ihr stand. Ich musste ohnehin einen Flug nach Chicago buchen, wo ich an einer Konferenz teilnehmen sollte, also würden wir uns das nächste Mal persönlich sprechen können.

Einen Monat später saß ich Melanie an einem Tisch in ihrer Lieblings-Pizzeria gegenüber, klebrige Käsefäden zwischen Lippen und Fingern, während sie mir von den vergangenen Wochen erzählte. Sie hatte sich wirklich ins Zeug gelegt, um herauszufinden, was ihr am wichtigsten war. Durch das Traumtagebuch hatte sie erkannt, dass ihre Entscheidungen in der Vergangenheit häufig von Angst bestimmt gewesen waren. Infolgedessen hatte sie sich oft selbst im Weg gestanden und großartige Gelegenheiten ungenutzt verstreichen lassen. Das wollte sie nun ändern, ihretwegen und auch Justin zuliebe. Beim Sammeln von Worten, Geschichten und Bildern, die ihre Freunde und ihre Familie mit ihr in Zusammenhang brachten, ging Melanie auf, dass viele Menschen sie besonders für ihre Loyalität und Verlässlichkeit schätzten. Nach ein paar Tassen Tee und einigem Feilen an der richtigen Formulierung war Melanie sich sicher, endlich herausgefunden zu haben, was ihr am wichtigsten war: Justin zu einem furchtlosen Menschen zu erziehen, sich um ihre kranke Mutter zu kümmern, weiterhin ein Vorbild an Verlässlichkeit zu sein und ein offenes Ohr zu haben für Gottes Stimme.

Ich kenne etliche Menschen – Männer wie Frauen –, die einen ähnlichen Prozess durchlaufen haben, um herauszufinden und für sich zu formulieren, was ihnen das Wichtigste ist. Eins meiner Teammitglieder, Maxie, nahm sich dafür eine Auszeit und flog für zwei Monate nach Bali, wo sie herausfand, dass sie andere Menschen inspirieren wollte. Ein anderer Freund von mir, Josh, meditierte wochenlang und bat andere um ihre Meinung zu seinem Foto-Portfolio, bis ihm klar wurde, was ihm am wichtigsten ist: Seine Tochter in dem zu unterstützen, was sie im Leben erreichen will, und anhand seiner Fotos einen Blick in die menschliche Seele zu ermöglichen.

Es gibt nicht viele Menschen, die klar und souverän sagen können, was ihnen das Wichtigste im Leben ist. Und das liegt meist nicht daran, dass sie es nicht im tiefsten Herzen irgendwie spüren. Es liegt vielmehr daran, dass es nicht leicht ist, in all dem Lärm die leise Stimme im Inneren zu verstehen. Viel von diesem Lärm hämmert unerbittlich von außen auf uns ein: All die soziokulturellen Botschaften, die uns vorschreiben wollen, was uns wichtig sein *sollte*. Aber es ist entscheidend, sich die Zeit zu nehmen und den Raum zu schaffen, um für sich selbst herauszufinden, was *wirklich* wichtig ist.

* * *

Je mehr ich darüber nachdachte, wie die Zukunft für Kojo und mich aussehen könnte, desto klarer wurde mir, dass wir beide eigentlich immer schon gewusst hatten, was uns als Paar wichtig war. Schon sehr früh in unserer Ehe hatten wir uns vier Fragen überlegt, die wir einander stellten, um bei schwierigen Entscheidungen eine Orientierung zur Hand zu haben. Diese Fragen waren nirgendwo aufgeschrieben, aber sie hatten uns immer geholfen, wenn wir an einen Scheideweg kamen und nicht wussten, welche Richtung wir einschlagen sollten. Leider hatte das Hamsterrad des Lebens nach Kofis Geburt immer mehr an Fahrt aufgenommen, und unser kleines praktisches Werkzeug war verstaubt und hatte allmählich Rost angesetzt.

Kojo und ich hatten uns die vier Fragen während einer Autofahrt im März 1998 ausgedacht. »Can't Nobody Hold Me Down« von Puff Daddy waberte aus den Lautsprechern, und wir beide waren frisch verheiratet und schauten hoffnungsvoll und optimistisch in die Zukunft. An diesem Tag wurde in der Ghanaischen Gemeinde mit ausgelassenen Festen der Unabhängigkeitstag gefeiert. Kojo und ich waren gerade auf dem Heimweg von einer Party und unterhielten uns darüber, wie Kwame Nkrumah mit unbeirrbarer Beharrlichkeit die Unabhängigkeitsbewegung angeführt und vorangetrieben hatte. Später wurde er Ghanas erster Präsident. Nkrumah hatte einmal gesagt: »Wer uns nur danach beurteilt, welche Höhen wir erreicht haben, sollte nicht vergessen, aus welchen Tiefen wir gekommen sind.« Kojo und ich dachten dabei auch an die bescheidenen Anfänge unserer eigenen Familien. Sein Vater wurde in einem winzigen Dorf in Ghana geboren und hat auf der Straße Brot verkauft, um sich das Schulgeld zu verdienen. Mein Vater war eins von elf Kindern, geboren in einer Sozialbausiedlung in Watts, Los Angeles. Und obwohl wir auf verschiedenen Kontinenten aufgewachsen sind, bekamen wir dieselben Werte mit auf den Weg: den anderen in seiner Menschlichkeit anzuerkennen, die Wirklichkeit nach unseren eigenen Wünschen zu formen und dass nichts über Disziplin und harte Arbeit geht. Man brachte uns auch bei, dass wir dafür verantwortlich sind, einen sinnvollen, bleibenden Beitrag zur Gesellschaft zu leisten. Es klingt geradezu klebrig süß und idealistisch, aber Kojo und ich waren wirklich davon überzeugt, wir beide verkörperten sinnbildlich die afrikanische Diaspora und seien dazu bestimmt, die Sache unserer Leute zu unterstützen und voranzutreiben. Wir wussten, »aus welchen Tiefen« wir kamen. Wie hoch also mussten wir aufsteigen, vor allem, wenn man bedachte, wie weit es unsere Eltern gebracht hatten? Das war die Frage, die uns beschäftigte, während wir über den dunklen Highway rauschten.

Nkrumah hatte in seiner Unabhängigkeitsansprache 1957, die ich, während Kojo fuhr, laut von dem leuchtend grünen Festtagsprogramm ablas, die Nation inständig ermahnt: »Wir müssen etwas verändern, an unserer Einstellung und in unseren Köpfen. Wir müssen begreifen, dass wir von nun an keine Kolonie mehr sind, sondern ein freies und unabhängiges Volk.«[6] Für Kojo und mich bedeutete das auch, statt darauf zu warten, dass das Leben uns in eine bestimmte Richtung lenkte oder jemand uns sagte, was wir zu tun hatten, in unserer Ehe unseren eigenen Weg zu gehen. Ich schlug vor, wir sollten uns gemeinsam einige größere Ziele setzen. Kojo hatte allerdings eine ganz andere Idee.

»Nein, keine Ziele«, widersprach er leidenschaftlich. »Das würde uns nur unnötig unter Druck setzen. Wir wissen doch gar nicht, was noch alles passieren wird.«

»Also eher einen Plan?«, meinte ich. »Wir könnten so eine Art Fahrplan aufstellen.«

»Nein, auch dafür wissen wir nicht genug. Wir brauchen einfach etwas als Kompass in schwierigen Zeiten, das uns hilft, wenn wir nicht mehr weiterwissen oder es nicht so läuft, wie wir es uns wünschen würden.«

»Okay, gut. In solchen Situationen hole ich mir immer gerne Rat von den verschiedensten Menschen. Andere Meinungen helfen mir, das Chaos in meinem Kopf zu lichten.«

Kojo blieb einen Moment still. Ich konnte förmlich hören, wie die Rädchen in seinem Kopf ratterten.

»Ja, das scheint dir immer zu helfen«, stimmte er mir schließlich zu. »Warum ist es dir eigentlich so wichtig, mit anderen Leuten zu sprechen?«

»Weil sie mir Fragen stellen. Und das hilft mir, die Situation aus einem anderen Blickwinkel zu betrachten.«

»Okay, dann vielleicht einen kleinen Fragenkatalog?«, meinte Kojo. »Wir überlegen uns ein paar Anhaltspunkte, die uns bei der Entscheidungsfindung helfen.«

Nicht lange, nachdem ich mit Hilfe meiner Übungen herausgefunden hatte, was mir am wichtigsten war, musste ich an die Autofahrt von damals denken. Ich las gerade ein Buch mit dem Titel *The Nonprofit Strategy Revolution*. Darin wurde empfohlen, ein sogenanntes Strategy Screen zu entwerfen – einen Kriterienkatalog, mit dessen Hilfe Organisationen herausfinden können, ob eine bestimmte Strategie ihrer allgemeinen Ausrichtung entspricht.[7] In einer sich rasant verändernden Welt brauchen gemeinnützige Organisationen einen Leitfaden, um schnell und effektiv Entscheidungen treffen zu können. Kern der Idee ist es, dass Problemlösungsstrategien das Ziel der Organisation widerspiegeln und gleichzeitig ihr Alleinstellungsmerkmal oder den entscheidenden Wettbewerbsvorteil unterstreichen. Dazu müssen gemeinnützige Organisationen mit diversen Interessensvertretern zusammenarbeiten und einen Katalog an Kriterien erarbeiten, die ihnen helfen, ihr Ziel nicht aus den Augen zu verlieren.

The Nonprofit Strategy Revolution hat meine ganze Denkweise bezüglich der Leitung einer solchen Organisation auf den Kopf gestellt. Und ganz unerwartet verhalf es mir auch zu der Erkenntnis, warum meine Partnerschaft mit Kojo früher so effektiv gewesen war. Bevor ich das erste Mal etwas von Strategy Screens gehört hatte, dachte ich, Kojo und ich seien so ein erfolgreiches Paar, weil wir beide hart arbeiten, Eltern haben, die uns solide Werte mit auf den Weg gegeben haben, und uns aufrichtig bemühen, anständige, aufrechte Menschen zu sein, die jeden Tag ihr Bestes geben. Allen Rückschlägen zum Trotz hatten wir persönlich wie beruflich große Fortschritte gemacht, und wir hatten uns als Einheit bewährt und weiterentwickelt. Oft dankten wir einander, unseren Familien und dem Universum für unser Glück. Und ich schäme mich, eingestehen zu müssen, dass ich irgendwie dachte, wir seien etwas *Besonderes*.

Als ich die Strategy Screens kennenlernte, traf mich die Erkenntnis wie ein Schlag mit dem Knüppel – Kojo und ich waren überhaupt nichts Besonderes. Während der langen

Autofahrt hatten wir bloß im Grunde gemeinsam ein Strategy Screen entwickelt, oder, wie ich es heute nenne, einen Paar-Kompass.

Immer, wenn eine schwierige Entscheidung anstand, fragten wir uns, ob die Richtung, die wir einschlagen wollten, in Einklang war mit unseren vier Kernfragen.

1. Dient es der Stärkung/Förderung von Frauen und/oder Afrika?
2. Stimmt es mit den Werten überein, die unsere Eltern uns vermittelt haben?
3. Bringt es uns auf den Weg zu finanzieller Unabhängigkeit?
4. Werden unsere Kinder und Enkelkinder stolz auf uns sein?

Konnten wir beide alle vier Fragen mit Ja beantworten, war die Entscheidung die richtige für uns, ganz gleich, welche Herausforderungen oder Opfer uns auch erwarten mochten. Weshalb es manchmal ziemlich anstrengend wurde, wie beispielsweise in dem Jahr, als Kofi auf die Welt kam und wir von Boston nach New York ziehen mussten. Meine Karriere hatte kurz davorgestanden, abzuheben wie eine Rakete, aber wir hatten uns darauf geeinigt, dass ich sie erst mal auf Eis lege. Ich tröstete mich damals damit, dass Kojos neuer Job bei der Bank helfen würde, Afrika zu fördern und uns den Weg zu finanzieller Unabhängigkeit zu ebnen. Außerdem wussten wir beide, dass es nicht lange dauern würde, bis ich eine neue Stelle gefunden hatte, und wenn ich mich bis dahin um unseren neugeborenen Sohn kümmerte und unser neues Zuhause für die Familie einrichtete, war das ganz im Einklang mit den Werten, die unsere Eltern uns mitgegeben hatten. Und ja, unsere Kinder und Enkel wären stolz auf uns, weil wir unbeirrbar unseren Weg gingen, uns selbst und die Welt zu verändern.

Den Rost von unserem Paar-Kompass zu kratzen war unvermeidlich, wie mir rasch aufging, wenn wir zuhause zu einer besseren Zusammenarbeit finden wollten. Das Hamsterrad meines Lebens drehte sich so rasend schnell, dass ich den Wald vor lauter Bäumen nicht mehr sah. Ich hatte genug zu tun mit dem ganz alltäglichen Wahnsinn und war so beschäftigt, mich mit der Rechnung unserer Krankenversicherung herumzuschlagen oder den bevorstehenden Urlaub zu planen, der dann aus unerfindlichen Gründen doch nie stattfand, dass ich das Ziel aus den Augen verlor: welches Vermächtnis ich der Welt hinterlassen wollte. Ich wusste, wenn ich mich weiter so gnadenlos ausbeutete und den Blick für das große Ganze verlor, würden Kojo und ich es nie schaffen, denen, die nach uns kamen, etwas Bleibendes zu hinterlassen. Der Paar-Kompass würde uns helfen, den Wald als Ganzes und die einzelnen Bäume im Blick zu behalten, und uns daran erinnern, was uns beiden am wichtigsten war. Wenn wir uns darüber erst mal einig waren, konnte man über alles andere reden – wer die Sachen von der Reinigung abholt, wer zuhause bleibt, wenn der Klempner kommt, wer nach dem Wocheneinkauf das Fleisch einfriert.

Aber jetzt kommt's: Ein Paar mag zwar einen Paar-Kompass als Prüfstein zur Entscheidungsfindung haben, und doch kann es sein, dass sie als Individuen nicht wissen, was ihnen wirklich wichtig ist. Darum hatten meine weisen Ratgeberinnen mir beispielsweise empfohlen, Kojo zu heiraten, aber mit dem Kinderkriegen noch zu warten. Ihre Lebenserfahrung hatte sie gelehrt, wie leicht Frauen in Führungspositionen aus den Augen verlieren, was ihnen am wichtigsten ist, und sie wollten mir ein wenig Freiraum ohne die große Verantwortung als Mutter verschaffen, um meinen Sinn und meine Berufung im Leben zu finden. Angeleitet von unserem Paar-Kompass hatten Kojo und ich jahrelang gemeinsam tragfähige Entscheidungen getroffen. Aber jetzt wurde mir zum ersten Mal bewusst, was *mir selbst* sowohl beruflich als auch persönlich am wichtigsten war.

8. KAPITEL

Das Gesetz des komparativen Nutzens

Jetzt wusste ich also, was mir am wichtigsten war: meine Liebe zu Kojo, meinen Sohn zu einem verantwortungsbewussten Menschen zu erziehen und mich für die Förderung von Frauen und Mädchen einzusetzen. Und gemeinsam kramten Kojo und ich unseren angestaubten Partner-Kompass hervor, um die anstehenden Herausforderungen anzupacken. Eigentlich hatten wir doch alles, was wir brauchten, richtig? Falsch. Ich schlug mich noch immer mit dem herum, was in Märchen so beharrlich ausgeklammert wird: dem Kleinkram, sprich der Alltagslogistik. Ich hatte eine ellenlange Erledigungsliste und noch immer keine Ahnung, wie ich Kojo dazu bringen sollte, mir einen Teil davon abzunehmen. Ich war versucht, seine Arbeitslosigkeit als günstige Gelegenheit zu nutzen und vorzuschlagen, er könnte doch, da er ja jetzt tagsüber mehr Zeit hatte, zuhause mehr Aufgaben übernehmen. Gleichzeitig hatte ich allerdings Bedenken, dieser Ansatz könnte zwar kurzfristig funktionieren, auf lange Sicht aber, wenn Kojo wieder einen neuen Job hatte, wäre alles beim Alten und die Hausarbeit bliebe wieder an mir hängen.

Der entscheidende Durchbruch kam für mich ein paar Wochen später, als ich ein Seminar am Management Center in Washington, D.C., bei Jerry Hauser besuchte. Das Management Center unterstützt Vorkämpfer für soziale Gerechtigkeit und bietet Lösungsstrategien an, um Organisationen effektiver aufzubauen und zu führen, damit sie ihre Ziele und Visionen besser verwirklichen können. Meine Chefin hatte mich dort angemeldet, um meine Managementfähigkeiten ein bisschen aufzupolieren.

Während des Kursteils über Zeitmanagement betonte Jerry, wie wichtig es sei, uns auf die Bereiche zu konzentrieren, die für uns als Führungskräfte den *höchsten Mehrwert* haben, statt auf die Bereiche, in denen wir vielleicht nur aufgrund unserer Erfahrung besser oder schneller sind als andere. Kleines Beispiel: Als alter Hase bei der Spendenakquise bin ich vielleicht besser und schneller darin als meine Mitarbeiter, den alljährlichen Rundbrief mit dem Spendenaufruf aufzusetzen, aber den höchsten Mehrwert kann ich in persönlichen Einzelgesprächen mit unseren Hauptsponsoren erzielen. Das kann sonst niemand in meinem Team. Wenn es mir also am wichtigsten ist, möglichst viele Spenden zu sammeln, dann konnte ich mich am besten einbringen, wenn ich rausging und mich persönlich mit den potentiellen Geldgebern traf. Und wenn es mir als Mutter am wichtigsten war, mein Kind zu einem verantwortungsbewussten Menschen zu erziehen, warum stresste ich mich dann damit, Kofis Sommersachen auszusortieren? Wenn ich mich doch viel besser einbringen konnte, indem ich ihm jeden Abend eine Gute-Nacht-Geschichte vorlas? Das war das Einmaleins der Ökonomie – das Gesetz des komparativen Nutzens.[1] Das, kurz gefasst, besagte, nur weil man etwas besser kann, heißt das noch lange nicht, dass man damit seine zur Verfügung stehende Zeit am sinnvollsten einsetzt. Mir ging in diesem Moment ein Licht auf.

Während dieses Workshops am Management Center sollte ich eine Lektion fürs Leben lernen, die weit über reine Geschäftspraktiken hinausging. *Was du tust, ist nicht so wichtig wie das, was du erreichst.* Ich könnte mein ganzes Leben damit zubringen, die Punkte auf meiner To-Do-Liste nacheinander abzuarbeiten, und hätte am Ende doch eigentlich nichts erreicht. Ich möchte nicht, dass später auf meinem Grabstein steht: »Sie hat wirklich viel geschafft.« Nein, ich musste herausfinden, wie ich, und nur ich allein, wirklich etwas bewegen konnte. Bisher hatte ich immer eine endlos lange Liste mit sämtlichen zu erledigenden Haushaltspflichten mit mir herumgeschleppt – Schuhe neu besohlen lassen, Fotowand gestalten, Arzttermin ausmachen – und dann einen Punkt nach dem anderen abgehakt. Manchmal delegierte ich die eine oder andere Aufgabe und bat Kojo beispielsweise, den Arzt anzurufen, oder Lucinda, die Schuhe zum Schuster zu bringen. Aber mein HKZ machte mir das Delegieren schwer, weil ich eigentlich niemandem zutraute, meinen hohen Ansprüchen zu genügen. Eine lange Wartezeit beim Arzt ließ sich nur vermeiden, wenn man sich den frühestmöglichen Termin gleich morgens geben ließ, und die Sohlen mussten unbedingt aus Gummi sein. Ob Kojo und Lucinda das hinbekommen würden?

Und wie ich da in diesem Managementkurs saß, ging mir plötzlich auf, dass ich die Sache vollkommen falsch angegangen war. Ich hatte das Pferd von hinten aufgezäumt. Wenn ich die Liste durchging, sollte mein Augenmerk auf den Punkten liegen, die ich *nicht* delegieren konnte. Sich bestmöglich einzubringen bedeutet, das zu tun, was man am besten konnte, und sich auf das zu konzentrieren, *was kein anderer einem abnehmen kann*, damit sich Ziele und Prioritäten in die Tat umsetzen ließen. Wenn es mir als Mutter beispielsweise am wichtigsten ist, mein Kind zu einem verantwortungsbewussten Menschen zu erziehen, dann bringe ich mich nicht am besten damit ein, dass ich höchstpersönlich Kofis Zahnarzttermine vereinbare. Aber mit meinem Sohn zu reden, ist mir erstens eine Herzensangelegenheit und zweitens bringt es mich meinem Ziel näher. Als Kleinkind verstand Kofi zwar noch nicht alles, was ich ihm erzählte, aber es war gut, schon jetzt den Grundstein für später zu legen. Je älter er wurde, desto wichtiger war es, ihm zu helfen, das Erlebte einzuordnen und zu verarbeiten und gesunde Strategien zu entwickeln, damit umzugehen. Er sollte die Werte unserer Familie verstehen lernen, Verantwortungsbewusstsein, Mut und Mitgefühl.

Der wichtigste Effekt des Ansatzes vom komparativen Nutzen war der, dass meine Erledigungsliste dadurch dramatisch zusammenschrumpfte: *Einkaufen, Vorschul-Besichtigungstour organisieren, Sachen aus der Reinigung holen, Onkel Kenny anrufen wg. OP, Geschenk für Lisas Babyparty bestellen, Hühnchen marinieren, Kostenvoranschlag für Erneuerung der Fußböden in Seattle durchsehen, Kinderwagenschirm für Kofi besorgen.* Das alles versuchte ich bisher in einen Tag zu pressen, zusätzlich zu zehn Stunden im Büro und allem, was auf meiner beruflichen To-Do-Liste stand.

Folgendes passierte, als ich meine Liste nach dem Gesichtspunkt des komparativen Nutzens durchging und mich bei jedem einzelnen Punkt fragte, ob ich mich hier am besten einbringen konnte:

Einkaufen: Nein. Ich konnte Kojo lieben, meine Kinder zu

verantwortungsbewussten Menschen erziehen und mich für Frauen und Mädchen engagieren, ohne selbst einkaufen zu gehen.

Vorschul-Besichtigungstour organisieren: Nein. Die Umgebung, in der Kofi zukünftig beinahe neun Stunden am Tag, fünf Tage die Woche verbringt, wird ihn sicher entscheidend prägen. Um aus meinen Kindern verantwortungsbewusste Menschen zu machen, musste ich mir die Schulen unbedingt anschauen, auf die ich sie schicken wollte, aber jemand anderer konnte das alles planen und organisieren.

Sachen aus der Reinigung holen: Nein.

Onkel Kenny anrufen wg. OP: Ja, das musste ich selbst machen. Mein Onkel würde sich freuen, meine Stimme zu hören und dass seine Nichte sich nach ihm erkundigte. Ich wollte Kofi vermitteln, welchen Stellenwert die Familie für uns hat. Die Beziehung zu meinem Onkel zu pflegen ist mir wichtig. Und jemand anderem diese Aufgabe zu übertragen wäre schlichtweg kaltschnäuzig.

Geschenk für Lisas Babyparty bestellen: Nein. Ich gehe zu der Party. Wie das Geschenk dorthin kommt, ist völlig schnurz.

Hühnchen marinieren: Nein. Ich benutzte sowieso ein neues Rezept, das kann auch jemand anderer machen.

Kostenvoranschlag für Erneuerung der Fußböden in Seattle durchsehen: Nein.

Kinderwagenschirm für Kofi besorgen: Nein.

Unter den acht Punkten auf meiner ursprünglichen Liste war nur ein einziger, um den ich mich unbedingt selbst kümmern musste, wenn ich mich so gut wie möglich einbringen wollte. Nur einer dieser Punkte war mir wirklich wichtig und diente meinem höchsten Ziel. Nur damit wir uns nicht falsch verstehen, die anderen Punkte auf der Liste mussten natürlich trotzdem erledigt werden, und ich war mir nicht sicher, wie das gehen sollte. Aber plötzlich sah ich die ganze Sache mit anderen Augen: Mir war klar geworden, dass ich nicht alles alleine machen musste. Statt acht Aufgaben, die ich zu erledigen hatte, um eine gute Arbeitnehmerin, Ehefrau, Hausfrau und Mutter zu sein, hatte ich nur eine Sache zu tun und konnte sieben andere delegieren. Für die Königin der Häuslichkeit mit einem schlimmen Fall von chronischem HKZ war dieser kleine Perspektivwechsel eine Revolution!

Fast alle Frauen haben einen solchen Aufgabenkatalog, den sie glauben, abarbeiten zu müssen – und allzu oft hängt unsere gesamte Identität daran, dass wir das alles selbst erledigen. Was dazu führt, dass viele Frauen versuchen, ihr Leben so einzurichten, dass sie möglichst viele Punkte auf der Liste abhaken können. Vielleicht arbeiten sie nur noch Teilzeit, machen sich selbstständig oder bleiben im mittleren Management, um flexible Arbeitszeiten zu haben und all ihre Haushaltspflichten erledigen zu können.

Das Schöne am Prinzip des komparativen Nutzens ist, dass es Frauen hilft, ihre ellenlange Liste zusammenzustreichen und Blick und Energie darauf zu richten, was ihnen am wichtigsten ist. Nach diesem Managementtraining wurde mir klar, dass es auf meiner To-Do-Liste als Mutter nur drei unverzichtbare Punkte gab: Kinder austragen und gebären, sie ein Jahr lang stillen und mit ihnen reden. (Später sollte nach zähen Verhandlungen mit meiner Familie noch »am Wochenende Scones machen« dazukommen.) Ob es noch mehr brauchte, damit bei uns zuhause alles reibungslos lief? Sicher. Aber von nun an würde ich mich nur noch schuldig fühlen, sollte ich an einer dieser drei Aufgaben scheitern.

Was den ganzen Rest anging, konnte ich guten Gewissens die Zügel fallen lassen.

In ihrem kürzlich erschienenen Buch *Was noch zu tun ist: Damit Frauen und Männer gleichberechtigt leben, arbeiten und Kinder erziehen können* gibt Anne-Marie Slaughter der Debatte um die Vereinbarkeit von Familie und Beruf einen neuen Referenzrahmen: Statt der Spannung zwischen Frau und Beruf betont sie die Spannung zwischen Wettbewerb und Fürsorge in Amerika. Slaughter argumentiert, das Kernproblem unserer Gesellschaft liege darin, den Schwerpunkt auf Wettbewerb zu legen und Erfolg hauptsächlich dadurch zu definieren, wer gewinnt, statt auf Fürsorge, die menschlich ebenso wichtig und notwendig ist. Und Slaughter hat Recht. Würde unsere Gesellschaft die Arbeit im Kümmern um andere – Waschen, Kochen, Organisieren, Kindererziehung, Altenpflege – genauso honorieren wie die Berufstätigkeit außer Haus, könnten alle davon profitieren. Aber es wird noch dauern, bis Slaughters Vision Wirklichkeit wird, und was sollen wir Frauen bis dahin machen, ausgebrannt durch die Doppelbelastung von Gelderwerb und Fürsorgepflicht?

Die Antwort darauf lautet, wir müssen neu definieren, was Fürsorge für uns und unsere Familie eigentlich bedeutet. Wir müssen die unrealistischen Erwartungen der Gesellschaft ablegen, man könne gleichzeitig die Brötchen verdienen und sich um die Familie kümmern, und das alles natürlich vollkommen *perfekt*. Wir müssen den Ball weiterspielen. Und der Ansatz des komparativen Nutzens kann uns dabei helfen.

Manche der Verantwortlichkeiten, die wir Frauen in unserer Rolle als Fürsorgerinnen übernehmen, bräuchte es gar nicht, um unsere Ziele zu verwirklichen. Wie beispielsweise das Engagement in der Schule. Die Vorstellung ist weit verbreitet, dass Eltern, die sich ehrenamtlich in der Schule engagieren oder ihren Kindern bei den Hausaufgaben helfen, sie damit auf ihrem akademischen Weg bestmöglich unterstützen. Wenn uns die schulischen Leistungen unserer Kinder am wichtigsten sind, übernehmen wir ganz selbstverständlich solche Aufgaben. Aber die Untersuchungen von Keith Robinson und Angel Harris, den Autoren von *The Broken Compass: Parental Involvement with Child Education*, beweisen das Gegenteil.[2] In einem in der New York Times veröffentlichten Artikel schreiben Robinson und Harris, »die meisten Arten elterlichen Engagements, wie beispielsweise die Teilnahme an einer Unterrichtsstunde, wegen des Verhaltens des Kindes mit der Schulleitung Kontakt aufnehmen, bei der Entscheidung für die Highschool-Kurse des Kindes oder bei den Hausarbeiten mithelfen, haben keinen Einfluss auf die Verbesserung der schulischen Leistungen«.[3] Robinson und Harris zufolge gibt es drei Dinge, die Eltern tun können, um den schulischen Erfolg ihrer Kinder zu unterstützen: sich dafür einsetzen, dass das Kind bestimmte Lehrer bekommt, mit den Kindern darüber reden, was sie in der Schule machen und die Kinder auf einen späteren Collegebesuch einschwören. Es spricht nichts dagegen, sich weiter ehrenamtlich an der Schule zu engagieren. Aber wenn wir das tun, dann nicht, weil es unserem erklärten höchsten Ziel dient, unsere Kinder in ihrem schulischen Erfolg zu unterstützen.

Wenn wir uns darüber klar werden, wie wir uns am besten einbringen können, um das zu verwirklichen, was uns am wichtigsten ist, dann können wir Frauen unsere Erwartungen neu formulieren. Außerdem kann es uns helfen, einen Filter für unsere Rolle als Fürsorgerinnen zu entwickeln. Wenn wir erst einmal wissen, worauf *wir* uns konzentrieren müssen, um unser Ziel zu erreichen, sind wir auch besser in der Lage zu bestimmen, was *andere* tun können, um uns dabei bestmöglich zu unterstützen. Nun, wo ich ganz klar sah, was meine Bestimmung anging und die Möglichkeiten, mich bestmöglich einzubringen, um meine gesteckten Ziele zu erreichen, ging mir auf, dass das passiv-aggressive Verhalten, das ich Kojo gegenüber an den Tag legte, in der Hoffnung, er möge sich mehr an den Hausarbeiten beteiligen, für uns beide weder sinnvoll noch effektiv war.

Ich war jetzt so weit, den nächsten Schritt zu tun – andere um Hilfe zu bitten. Die verbliebenen Punkte auf meiner Liste ließen sich im Grunde genommen in drei Kategorien einteilen: Erstens die Aufgaben, bei denen ich schon fast lachen musste, weil ich sie überhaupt auf die Liste gesetzt hatte. Wie beispielsweise »Hühnchen marinieren«. *Wenn ich nach Hause komme, wird dieses Hühnchen zusammen mit den Gewürzen, die mir gerade in die Hände fallen, im Wok landen.*

Zweitens die Dinge, die zwar erledigt werden mussten, aber nicht unbedingt von mir. Sprich, die kreativ outgesourct werden konnten. Wie beispielsweise Einkaufen, Kofis neuer Kinderwagenschirm, die Vorschulbesichtigungen und die Bestellung des Geschenks für Lisas Babyparty.

Das Einkaufen und den neuen Schirm zu besorgen übertrug ich Lucinda. Zwar hatte ich immer wieder betont, sie sei hauptsächlich da, um Kofi zu betreuen, aber vor meiner Rückkehr in den Job hatte ich mich auch den ganzen Tag um ihn gekümmert und nebenbei noch die Einkäufe und andere Besorgungen gemacht, was meinem Sohn allem Anschein nach nicht geschadet hatte. Wenn ich also multitasken konnte, dann konnte sie das auch. Abgehakt!

Als Nächstes kam die Besichtigungstour durch die Vorschulen. Dafür beschloss ich, meine Nachbarin Lynette einzuspannen. Sie hatte ein Kind im selben Alter wie Kofi und hatte mich überhaupt erst daran erinnert, dass man sich verschiedene Vorschulen anschauen sollte, und gleich vorgeschlagen, das könnten wir doch gemeinsam machen. Also bat ich Lynette, mich bei der Online-Anmeldung mit einzutragen.

Dann Lisas Geschenk. Ich überlegte mir, ich könnte einfach meine Freundin Veronica kontaktieren. Sie ging auch zu der Party und hatte angeboten, für mich etwas mitzubestellen, wenn sie ein Geschenk für Lisa aussuchte. Das Geld konnte ich ihr dann bei der Party zurückgeben.

Und damit kam ich zu der letzten Kategorie: Die Dinge, bei denen ich Kojos Unterstützung brauchte. Wie zum Beispiel die Sachen von der Reinigung abzuholen und den Kostenvoranschlag für die Fußböden in unserem Haus in Seattle durchzusehen. Und endlich war ich so weit, diese Aufgaben nicht nur in meiner Fantasie, sondern tatsächlich zu delegieren.

Das war ein wichtiges Gespräch, das besondere Aufmerksamkeit verlangte. Ich erklärte Kojo, mir gingen ein paar Dinge durch den Kopf, die ich gerne mit ihm besprechen würde. Ich hatte einen günstigen Zeitpunkt abgepasst, der nicht mit irgendwelchen wichtigen Sportereignissen kollidierte – oder anderen Dingen, die er vielleicht geplant haben könnte. Ich nahm mir ein Beispiel an Dr. Phil, der in seiner Ratgeberkolumne in Oprah Winfreys Zeitschrift O gute Tipps gibt, um heikle Gespräche möglichst entspannt anzugehen, schrieb alles auf, was ich sagen wollte, damit ich nichts vergaß, wenn ich mich zu ihm auf die blaue Couch kuschelte, und ging alles mehrfach durch. Damit er auch wirklich verstand, wie wichtig mir dieses Gespräch war, bat ich Kojo, den Fernseher auszuschalten.

Und sagte dann zu ihm:

Babe, mir ist in letzter Zeit alles ein bisschen über den Kopf gewachsen. Und ich schulde dir eine längst überfällige Entschuldigung für den Abend, an dem ich dich vollkommen grundlos angeschrien habe. An dem Tag war ich schrecklich gestresst, und ich habe es langsam satt, mich immer so überfordert und ausgelaugt zu fühlen. Also habe ich gründlich darüber nachgedacht, was mir das Wichtigste im Leben ist und wofür ich meine Zeit aufwenden möchte, und zwar gemessen an dem, was mir wirklich am Herzen liegt. Ich habe ein paar Übungen zur Selbstreflexion gemacht, und mir ist klar geworden, was mir am meisten am Herzen liegt: Meine Liebe zu dir, Kofi zu helfen, ein verantwortungsbewusster Mensch zu werden, und mich für Frauen und Mädchen starkzumachen. Die Sache ist nur die, ich habe das Gefühl, jeden Tag sehr viel Zeit auf Kleinigkeiten zu verschwenden, die nicht dazu beitragen, die Welt zu verändern. Du hast mich immer unterstützt und mich ermutigt, mein volles Potential auszuschöpfen, und darum möchte ich dich um Hilfe bitten. Ich habe eine Liste aufgestellt mit einigen Dingen und würde dich bitten, mich bei zwei Punkten zu unterstützen. Dir wird das vielleicht vollkommen trivial vorkommen. Wenn ich dir sage, worum es geht, fragst du dich womöglich, warum ich unbedingt persönlich mit dir reden wollte, statt dir einfach wie sonst eine E-Mail zu schicken. Aber es ist mir sehr wichtig… dass du dich um diese beiden Dinge kümmerst. Das Erste ist, dir den Kostenvoranschlag für die Fußböden in unserem Haus anzuschauen, den David uns geschickt hat, und ihm dein Okay zu geben, wenn du damit einverstanden bist. Und das andere ist, unsere Sachen von der Reinigung abzuholen.

Dieses Gespräch war vollkommen neu und ungewohnt für mich. Es ging mir dabei nicht um den Kostenvoranschlag oder die Reinigung. Obwohl ich es gewöhnt war, alles alleine zu machen, hätte ich Kojo auch einfach eine Nachricht schicken und ihn bitten können, die Sachen abzuholen oder sich den Kostenvoranschlag anzuschauen. Aber indem ich meine Bitte so offen und durchdacht formulierte, versuchte ich Kojo zu vermitteln, dass es mir um mehr ging als diese beiden Kleinigkeiten. Dass er mir, wenn er diese beiden Punkte von meiner Aufgabenliste übernahm, dabei half, meiner wahren Bestimmung zu folgen. Das Gespräch sollte Kojo zeigen, worum es mir bei meiner Bitte eigentlich ging: Die Frage, wer ich war auf dieser Welt.

Und wichtiger noch, es ging darum, wie Kojo sich als mein Partner am besten einbringen konnte, um mich dabei zu unterstützen, meine Ziele und Visionen zu verwirklichen. 2015 haben Francesca Gino und ihre Kollegen von der Harvard Business School bewiesen, dass es ein wirkmächtiges Hilfsmittel sein kann, um Arbeitnehmer zu erheblichen Verbesserungen in ihren Beziehungen und ihrer Leistung zu motivieren, wenn Menschen der eigenen Bestimmung folgen oder daran erinnert werden, wann sie sich von ihrer besten Seite gezeigt haben.[4] Ich habe mit Jooa Julia Lee gesprochen, einer der beteiligten Forscherinnen, um das besser verstehen zu können. Sie erklärte mir, wenn wir in Interaktion mit unserer Umwelt treten und diese ist transaktionsbezogen (wie beispielsweise, wir gehen zur Arbeit, weil wir dafür bezahlt werden), dann ist das, was wir für diese Transaktion zu tun bereit sind, begrenzt. Wenn wir dafür bezahlt werden, acht Stunden zu arbeiten, ist es okay, acht Stunden zu arbeiten, aber bei allem, was darüber hinausgeht, haben wir das Gefühl, unseren Arbeitgeber zu übervorteilen. Andererseits, wenn wir die Interaktion mit unserer Umwelt als relationell begreifen (wie beispielsweise, zur Arbeit zu gehen, weil wir Vision und Ziel unseres Arbeitgebers teilen), dann ist unser Einsatz zur Verwirklichung dieser Vision unbegrenzt. »Der eigenen Bestimmung zu folgen hilft Menschen, die eigene Identität im Job mit einzubringen. Der Arbeitgeber sagt: ›Ich möchte, dass du dich mit allem, was du hast, bei uns einbringst, nicht nur mit deinem beruflichen Können und deinem Fachwissen.‹«[5] Und auch zuhause wirkt es Wunder, der eigenen Bestimmung zu folgen. Die wichtigsten Worte bei meiner Bitte, um Kojo dazu zu bringen, dass er auch wirklich mitspielte, waren die, die ihn selbst betrafen: »Du hast mich immer unterstützt und mich ermutigt, mein volles Potential auszuschöpfen.«

Nachdem ich meine Bitte geäußert hatte, reagierte er wie erwartet. »Aber klar doch, Babe. Ich kümmere mich gleich morgen darum.« Und dann drückte er mir einen Kuss auf die Stirn und drückte den grünen Knopf auf der Fernbedienung. Kojo neigt nicht zu überschwänglichen körperlichen Liebesbezeugungen. Ich hatte sogar das Skript für unsere Trauung umgeschrieben, damit es am Ende hieß: »Sie dürfen der Braut Ihre Ehrerbietung zeigen«, nur für den Fall, dass er sich dabei unwohl fühlte, mich vor allen Leuten zu küssen (er hat mich stattdessen umarmt). Ein Kuss auf die Stirn war für ihn also eine außergewöhnlich zärtliche Geste.

Endlich! Ich hatte den Sprung geschafft von der imaginären Delegation, bei der Kojo nicht den leisesten Schimmer hatte, was ich eigentlich von ihm wollte, hin zum Delegieren mit Freude. Mit Freude delegieren bedeutet, jemanden bei etwas um Hilfe zu bitten, bei dem es um mehr geht als um die Aufgabe an sich. Wenn man mit Freude delegiert, stellt man die Aufgabe in einen größeren Sinnzusammenhang. Wir

sagen unserem Gegenüber: »Ich bitte dich um Hilfe bei [ein-
fügen], weil du mich dadurch unterstützt, meine Leidenschaft
und meinen höheren Zweck zu leben.« Niemand bringt gerne
die Wertstoffe zur Recycling-Tonne. Wenn man also jemanden bittet, die Wertstoffe rauszubringen, ist das eine Win-
Lose-Situation. Aber ein Mensch, der uns liebt, möchte, dass
wir unser bestes Selbst leben können. Wenn wir also um
Hilfe bitten, um uns selbst verwirklichen zu können, dann ist
das eine Win-Win-Situation. Allzu oft bitten wir allerdings
frustriert oder geringschätzig um Hilfe. Manchmal fällt es
uns schwer, um Hilfe zu bitten, weil es uns das Gefühl von
Schwäche vermittelt. Aber wenn wir den Blick darauf richten, worum es eigentlich geht, dann delegieren wir nicht mehr
verbittert, sondern freudig.

Ich war zuversichtlich, dass Kojo nicht nur mit den Ohren
zugehört hatte, sondern auch mit dem Herzen. Allerdings
war ich auch ein bisschen nervös, als ich am nächsten Morgen aufwachte, weil Kojo gar nicht genauer nachgefragt hatte.
Ich hatte ihm den Kostenvoranschlag weitergeleitet, aber nach
dem Abholzettel der Reinigung hatte er nicht gefragt. Um
zehn Uhr war ich ganz aus dem Häuschen vor Entzücken, als
ich eine Kopie seiner Antwort an David bekam. Er hatte nicht
nur das Angebot durchgesehen, er hatte auch noch einige
wichtige Fragen zur Klärung gewisser Sachverhalte gestellt.
Ein Auftrag erledigt, einer noch ausstehend!

An diesem Tag musste ich zwischen meinen Meetings dut-
zende Male der Versuchung widerstehen, Kojo anzurufen, um
ihn daran zu erinnern, die Sachen von der Reinigung abzuholen. Ich war mir nicht mal sicher, ob er wusste, wie lange
sie geöffnet hatte. *Hör auf, ihn zu mikromanagen*, ermahnte
ich mich streng. *Er hat dir versprochen, sich darum zu küm-*

mern. Das Problem war nur, der Laden machte um acht Uhr abends zu, und Kojo hatte gesagt, er müsse nachmittags zu einem Vorstellungsgespräch und danach wolle er sich mit einem alten Kollegen auf ein paar Drinks treffen. Wie wollte er denn da noch rechtzeitig in der Reinigung sein?

Auf der Fahrt nach Hause überlegte ich, dass Kojo die Sachen vielleicht ja auch schon heute Vormittag abgeholt hatte, gleich nachdem ich ins Büro gefahren war. *Oh ja, ganz bestimmt, so muss es gewesen sein.* Ich stürzte in die Wohnung und riss dann, Kofi auf dem Arm, jede einzelne Schranktür auf in der Hoffnung, ordentlich gebügelte Hemden, Anzüge und Kleider vorzufinden. Aber da war nichts. Um viertel vor acht schlug mir das Herz schon bis zum Hals, und ich wurde ganz rot im Gesicht. Ich stellte mir vor, wie Kojo seelenruhig mit seinem Kumpel in der Bar saß. Ich war nicht verbittert und ließ mich von meinem HKZ auch nicht dazu verleiten, mir Kofi zu schnappen und die Sachen selbst abzuholen. Denn die Klamotten an sich waren eigentlich überhaupt nicht wichtig. Ich war bloß traurig und enttäuscht, weil ich gehofft hatte, all meine Mühe bei der Delegation der Aufgaben würde sich diesmal endlich auszahlen. Krampfhaft bemühte ich mich, nicht den Mut zu verlieren, da klingelte es. *Das ist Kojo! Und er kommt nicht an den Schlüssel, weil er den Arm voller Kleidersäcke hat.* Eilig stürzte ich zur Tür und riss sie auf. Aber es war nicht Kojo, der da stand. Es war Martin von der Reinigung. Ich muss wohl ziemlich verdattert aus der Wäsche geguckt haben.

»Ihr Mann hat mich gebeten, Ihnen die Sachen vorbeizubringen.«

»Sie liefern auch nach Hause?«

»Klar.«

»Martin, ich bringe jetzt schon seit beinahe zwei Jahren unsere Sachen zu Ihnen in den Laden. Wieso haben Sie mir nie gesagt, dass Sie auch liefern?«

»Sie haben mich nie danach gefragt.«

9. KAPITEL

Am Abgrund

In beinahe zwanzig Jahren Ehe war das Stressigste, was Kojo und ich je durchmachen mussten, die Zeit im späten Frühling 2008. Kojo war seit beinahe vier Monaten arbeitslos, und lange würde er keine Arbeitslosenunterstützung mehr bekommen. Mit zwei Einkommen hatten wir keinen Gedanken daran verschwendet, uns beispielsweise mal ein Taxi zu gönnen, aber jetzt war so eine kanariengelbe Limousine mit Strip-Club-Werbung auf dem Dach ein unbezahlbarer Luxus. Eine Maniküre oder Sachen in die Reinigung zu bringen, die man genauso gut zuhause in der Maschine waschen konnte, fiel unter unnötige und unerschwingliche Extravaganzen. Genau wie abwechslungsreiches Essen. Sonntags machte ich zum Beispiel einen Eintopf aus Kidneybohnen und dazu Reis, und das aßen wir dann die ganze Woche lang. Wobei wir uns, verglichen mit vielen anderen Familien, noch glücklich schätzen konnten. Von meinem Gehalt konnten wir die laufenden Kosten decken, und wir hatten genug auf der hohen Kante, um alle anderen Rechnungen zu begleichen. Aber unsere Ersparnisse schrumpften rapide, genau wie mein Optimismus, finanziell keinen Schiffbruch zu erleiden. Obwohl ich langsam lernte, mit Freude zu delegieren, war ich damals immer noch die Alleinverantwortliche im Haushalt, die dafür sorgte, dass alles wie am Schnürchen lief. Ich rannte munter in meinem Hamsterrad im Kreis, und es drehte sich immer schneller.

Mit meinen hart arbeitenden Eltern als Vorbild folgte ich schon früh dem Motto: »Es wird einem im Leben nichts geschenkt.« Je schwieriger die Lage wurde, desto mehr legte ich mich ins Zeug. Ich war mit Herzblut und viel Elan bei der Sache, im Job wie zuhause. Im Beruf fing meine harte Arbeit langsam an, sich auszuzahlen. Einer der Deals, die ich auszuhandeln geholfen hatte, entwickelte sich zu einem ganz großen Ding, eine wegweisende Initiative namens Women Rule, eine Partnerschaft zwischen dem White House Project, der Zeitschrift O und American Express. Landesweit hatten Frauen ihre Vorschläge eingesandt, wie man in ihren Augen die Welt verändern könnte. Acht der eindrucksvollsten Entwürfe hatten wir ausgewählt und die Gewinnerinnen zu einem dreitägigen Workshop nach New York eingeladen, wo sie Ideen entwickeln sollten, um ihre Träume und Vorstellungen in die Tat umzusetzen. O brachte einen achtseitigen Artikel über Women Rule, und etlichen der engagierten Teilnehmerinnen gelang es anschließend, ihre Ideen tatsächlich zu verwirklichen. Das Ergebnis dieser Initiative überstieg all unsere anfänglichen Erwartungen. Kurz danach wurde ich zur Vizepräsidentin des White House Project befördert. Damit verbunden war auch eine Gehaltserhöhung, die meine Familie und ich gerade sehr gut gebrauchen konnten.

Das Women Rule Project war eine willkommene Ablenkung von den stetig zunehmenden Spannungen zuhause. Je strikter ich mich an mein Motto hielt und je härter ich arbeitete, desto größer wurde die Kluft, die sich zwischen Kojo und mir auftat. Diese Entfremdung war hauptsächlich auf mein ewiges Genörgel und die widersprüchlichen Botschaften zurückzuführen, die er von mir bekam. Ich mochte sie vielleicht nicht laut aussprechen, aber das brauchte ich auch gar nicht. Meine Taten schrien lauter als tausend Worte.

Meine erste Botschaft betraf seine Art, berufliche und soziale Kontakte zu pflegen. Kojo kannte von der Uni und aus vorherigen Jobs jede Menge Menschen, aber irgendwie schien es ihm nicht so wichtig, diese Bekanntschaften zu erhalten. Jedenfalls nahm er sich dafür nicht viel Zeit. Wohingegen ich viel Zeit und Mühe in meine eigenen zwischenmenschlichen Beziehungen investierte. Ich schätzte es, Menschen um mich herum zu haben, die mir mit Rat und Tat zur Seite standen, wann immer ich Tipps und eine kleine Aufmunterung brauchte. Sie halfen mir, Probleme zu lösen. Dank meines Netzwerks hatte ich nahezu nahtlos einen neuen Job gefunden. Anders als bei vielen anderen Kollegen konnten meine Eltern mir weder finanziell noch mit Vitamin B unter die Arme greifen. In meinem Lebenslauf konnte ich auch nicht mit einem Abschluss von einem Ivy-League-College punkten. Aber ich hatte mein Netz, meinen doppelten Boden. Immer, wenn mir jemand eine Tür öffnete, stürmte ich ohne zu zögern hindurch. Weshalb ich mich beispielsweise auch noch nie auf einen Job bewerben musste. Sobald ich den nächsten Schritt auf der Karriereleiter tun wollte, eröffnete mein Netzwerk die erhoffte Chance. So war ich auch an die Stelle im White House Project gekommen: Als ich nach New York gezogen war, hatte mir Laurisa Sellers, eine meiner Kolleginnen, geraten, ich solle mich mit der Projektleiterin treffen. »Sag Marie schöne Grüße von mir«, hatte Laurisa gesagt.

Kojo hatte da eine ganz andere Einstellung. Eins seiner überzeugendsten Argumente, unsere kleine Familie von Seattle nach New York zu verpflanzen und beinahe 200 000 Dollar in sein Wirtschaftsstudium zu investieren, war, dass er an einer der führenden Wirtschaftsschulen des Landes studieren und ganz nebenbei ein professionelles Netzwerk aufbauen könnte, bestehend aus Ehemaligen und Kommilitonen, frei Haus mitgeliefert sozusagen. Aber nach fünf Monaten Arbeitslosigkeit ging mir auf, dass man sich nicht einfach in ein Netzwerk *einkaufen* und sich dann dort nach Herzenslust bedienen konnte. Damit Netzwerke wachsen und gedeihen, braucht es Zeit und intensive Pflege.

Während Kojo seine Kontakte also nicht zu nutzen schien, verdoppelte ich meine Anstrengungen, auch Finanzdienstleister in mein Netz einzubeziehen – Kojos neue berufliche Schiene. Um ihn bei der Jobsuche zu unterstützen, trank ich unzählige Tassen Kaffee und ging zu zahllosen Veranstaltungen, um Menschen kennenzulernen, die ihm vielleicht irgendwie weiterhelfen konnten. Doch meine Möglichkeiten waren begrenzt. Viele von denen, die ich kennenlernte, flickten ihre eigene Karriere, die in der Finanzkrise eingebrochen war, gerade mühsam wieder zusammen. Sie konnten mich also nur an andere verweisen. Netzwerken ist wie Gärtnern: Es dauert seine Zeit, bis die Bemühungen Früchte tragen. Und Zeit hatten wir leider keine. Meine Botschaft an Kojo lautete darum: *Ich versuche das nachzuholen, worum du dich längst selbst hättest bemühen sollen.* Weshalb er mich bald in beruflichen Belangen überhaupt nicht mehr um Rat fragte. Wir waren kein Team mehr. Was so ziemlich das Letzte war, was wir jetzt gebrauchen konnten, wo unsere Netzwerke doch so viele mögliche Schnittstellen gehabt hätten.

Meine zweite unterschwellige Botschaft betraf das von mir gewünschte Ergebnis seiner Jobsuche. Kojo wollte einen Job, in dem er, na ja, *glücklich* war. Jetzt, mit viel freier Zeit und vielen anderen Freiheiten, machte er einige der Übungen zum persönlichen Wachstum, die auch mir geholfen hatten herauszufinden, was das Wichtigste für mich ist. Für ihn wäre das Wunschergebnis seiner Arbeitssuche, eine Stelle zu finden, in der er sich mit Herzblut seiner Lebensaufgabe widmen konnte, nämlich Afrika zu stärken und seine Erfahrungen als Telekommunikationexperte, Ingenieur und Finanzfachmann einzubringen. Außerdem hatte er sich überlegt, da es nur noch wenige Jobs im traditionellen Investmentbanking gab, wollte er lieber versuchen, sein Langzeitziel zu verwirklichen, in eine Beteiligungsfirma einzusteigen.

In meinen Augen war das, als würde man sagen: *Ich kriege bei Old Navy keinen Job als Verkäufer, also versuche ich es einfach bei Brooks Brothers.* Anfangs war ich genau der gleichen Ansicht. Ich unterstützte ihn rückhaltlos dabei, seinen Traumjob in einer Beteiligungsfirma zu finden. Aber nach etlichen Monaten erfolgloser Suche gelangte ich mehr und mehr zu der Überzeugung, er solle doch einfach irgendeinen gut bezahlten Job annehmen, bei dem er nicht gleich seine Seele verkaufen musste. »In der Not frisst der Teufel Fliegen«, dachte ich mir. Kojo schien eher der Ansicht zu sein, man solle nach den Sternen greifen, denn selbst wenn man einen verfehlt, waren noch Millionen anderer da. Ich wollte keine dieser Ehefrauen sein, die böswillig die hochfliegenden Träume ihrer Männer zerschmetterten, aber ich drängte auf eine etwas pragmatischere Lösung. Schließlich hatten wir für eine Familie zu sorgen. Ich wollte, dass er glücklich war, aber das erschien mir wie ein Luxus, den wir uns angesichts unseres stetig schrumpfenden Bankkontos nicht leisten konnten. Meine unterschwellige Botschaft an Kojo lautete also: *Du stellst dein eigenes Glück über die Versorgung unserer Familie.* Woraufhin er überhaupt nicht mehr mit mir über seine Jobsuche redete.

Die dritte Botschaft, mit der Kojo noch weiter von mir wegtrieb, betraf die Haushaltsführung. Als er seinen Job verloren hatte, übernahm ich zuhause ganz selbstverständlich auch weiterhin so viele Verpflichtungen wie zuvor, damit er sich ganz auf die Arbeitssuche konzentrieren konnte. Das Erlebnis mit der Reinigung hatte mich gelehrt, dass ich mit Freude delegieren konnte, aber ich machte im Haushalt immer noch deutlich mehr als mein Mann. Und dieser Zustand wurde für mich allmählich unerträglich.

Anders als 2006, als ich auf Arbeitssuche gewesen war und mich noch den ganzen Tag um Kofi gekümmert hatte, hatten wir nun Lucinda, die tagsüber auf unseren Sohn aufpasste. Und obwohl Kojo zuhause war, koordinierte ich den Großteil ihrer Aufgaben vom Büro aus. Nachdem ich vier Monate lang Kofi morgens in Lucindas Obhut gegeben hatte, um dann ins Büro zu hetzen, bevor Kojo auch nur die Augen aufgeschlagen hatte, empfand ich die Situation zunehmend als mehr denn unfair. Und obwohl Kojo inzwischen mehr Haushaltsarbeiten übernahm als vor seiner Arbeitslosigkeit, fiel es mir immer schwerer, mit Freude zu delegieren. Meine alte Verbitterung hob wieder ihr hässliches Haupt. Ich versuchte, uns nicht miteinander zu vergleichen, aber wenn ich abends nach der Arbeit müde nach Hause kam und den Abwasch sah, der sich in der Spüle stapelte, schoss es mir unweigerlich durch den Kopf: *Hätte ich keinen Job und müsste mich nicht einmal um Kofi kümmern, dann hätte ich nicht nur schon längst eine neue Stelle, sondern man könnte bei uns vom Boden essen!*

Wenn sich nicht bald etwas änderte, würden wir es uns auch mit meinem höheren Gehalt nicht mehr lange leisten können, Lucinda zu halten. Wir versuchten Geld zu sparen, wo es nur ging. Aber ganz gleich, wie viele Lebensmittel-Rabattgutscheine ich auch ausschnitt, nichts würde uns finanziell mehr entlasten, als Lucindas Gehalt nicht mehr zahlen zu müssen. Die Aussicht, sie zu verlieren, machte mir eine Heidenangst, weil meine Erwartungen an Kojo immer noch gegen null gingen. Ich konnte mir nicht vorstellen, dass er genauso gut wie Lucinda den Haushalt führen und sich um Kofi kümmern könnte. Meine Botschaft an Kojo war: *Du kriegst das sowieso nicht auf die Reihe.*

Und meine unterschwelligen Botschaften trafen ihr Ziel treffsicherer, als ich glaubte.

Der Sozialpsychologe Claude Steele hat sich damit befasst, wie in Stereotypen begründete negative Botschaften unser Verhalten beeinflussen. In seinem Buch aus dem Jahr 2011, *Whistling Vivaldi*, beschreibt Steele ein Experiment, bei dem eine Gruppe asiatischer Frauen eine Matheprüfung absolvieren sollte.[1] Die meisten von uns kennen sicher die beiden vollkommen gegenläufigen Stereotypien, die hier zum Tragen kommen: Zum einen die Annahme, alle Asiaten seien Mathe-Asse, zum anderen, alle Frauen seien schlecht in Mathe (oder zumindest schlechter als Männer). Ob es also Auswirkungen auf das Prüfungsergebnis haben könnte, asiatischen Frauen vor Beginn des Tests mit einem dieser Vorurteile zu konfrontieren? Wie sich herausstellen sollte, eindeutig ja. Wenn man den Frauen vor dem Test Anweisungen gab, bei denen ihre ethnische Herkunft betont wurde (die mit sehr guten Ergebnissen assoziiert wird), waren sie besonders gut. Gab man ihnen Anweisungen, die das Geschlecht hervorhoben (und damit die negativen Assoziationen mit schlechten Matheleistungen), schnitten sie schlechter ab. Die kulturellen Kodes in diesen unterschwelligen Botschaften hatten eine enorme Auswirkung auf die unterbewussten Glaubenssätze der Probanden und damit auch auf ihre tatsächliche Leistung.

Ganz ähnlich kann das, was Frauen den Männern in ihrem Leben zutrauen und was nicht – und die Botschaften, die sie ihnen bezüglich dieser Annahmen vermitteln –, deren Verhalten beeinflussen. Fehlt uns das Vertrauen in die Fähigkeiten unseres Ehepartners oder vermitteln wir ihm dieses nicht, erhöht das die Wahrscheinlichkeit, dass unsere Annahmen sich als selbsterfüllende Prophezeiungen bewahrheiten. Ebenso steigt die Gefahr, dass der Partner uns dieses mangelnde Vertrauen übelnimmt. Genau das passierte Kojo und mir. Je mehr ich an Kojos Eignung zur effektiven Haushaltsführung zweifelte, desto geringer war seine Motivation, es überhaupt zu versuchen.

Ende April wurde das alles beherrschende Gefühl, dass Kojo die Jobsuche schleifen ließ und mir nicht mal ein paar Haushaltspflichten abnahm, geradezu erdrückend – für uns beide. Ich war zunehmend frustriert, und Kojo interpretierte meine unterschwelligen Botschaften vor allem als eins: *Sie glaubt einfach nicht an mich.* Damals verstand ich die Verbindung zwischen dem, was ich meinem Mann sandte, und seinem Verhalten noch nicht. Ich sah nur das Ergebnis: der Abwasch, die Dreckwäsche und die ungeöffnete Post, die sich höher stapelten denn je zuvor. Außerdem entfremdeten wir uns zusehends, körperlich wie emotional. Früher hatten wir eigentlich ständig miteinander geredet, aber irgendwann hörten wir sogar auf, uns zu fragen: »Wie war dein Tag?« Und unser Sexleben war nicht mehr existent.

Der einzige Lichtblick war Kofis zweiter Geburtstag. Ich geizte nicht und machte aus jeder Menge Buttermilch, Kakaopulver, Frischkäse und zwei Fläschchen roter Lebensmittelfarbe einen Red Velvet Cake. An diesem Abend waren wir glücklich. Es ist doch komisch, wie man manchmal glaubt, etwas ganz Bestimmtes zu wollen, und wenn man es dann bekommt, muss man einsehen, dass es nicht das ist, was man eigentlich braucht. Genau so ging es mir, als Kojo, gleich nachdem wir Kofi geholfen hatten, die Kerzen auszupusten, erklärte, er habe beschlossen, das nächstbeste Jobangebot anzunehmen. Ganz gleich, was es auch war. Er hätte es aufgegeben, nach den Sternen zu greifen, sagte er, und er würde sich mit dem zufriedengeben, was sich ihm bot. Er gestand, die Jobsuche gestalte sich schwieriger als gedacht, und bedankte sich bei mir für mein Engagement. Ich konnte seinen Gedanken nur zu gut nachvollziehen, aber es brach mir das Herz.

Also schlug ich Kojo vor, Lucinda zu entlassen und uns so noch ein bisschen Zeit zu erkaufen, damit er es weiter versuchen konnte. Ich wollte, dass er eine Stelle bekam, bei der er tun konnte, was ihm am wichtigsten war. Außerdem konnten Kojo und Kofi so viel mehr Zeit miteinander verbringen. Mit dem, was dann passierte, hätte ich nie gerechnet: Kojo schien sich ehrlich zu freuen. Zum ersten Mal beschlich mich der Gedanke, mein Mann könnte sich wirklich um unseren Sohn kümmern *wollen*, hatte das aber nie angesprochen, weil ich so vehement darauf bestand, wir bräuchten Lucinda, und weil ich ihm nie zu verstehen gegeben hatte, dass ich ihm das zutraute. Gemeinsam entschieden wir, Lucinda Ende der Woche unsere Entscheidung mitzuteilen.

Am Freitag bekam ich allerdings eine Nachricht, die unsere

Pläne gründlich durchkreuzen sollte. Ich brauchte alles an Selbstbeherrschung, um bis abends zu warten und es nicht gleich herauszuposaunen. Das wollte ich meinem Mann lieber persönlich sagen. Auf dem Weg nach Hause schrieb ich Kojo eine Nachricht. *Muss dir was erzählen. Verschieben wir das mit Lucinda auf nächste Woche.* Seine Antwort ließ nicht lange auf sich warten. *Okay. Habe auch Neuigkeiten!* Das Ausrufezeichen sagte mir, dass es was Gutes sein musste. Zuhause angekommen warf ich einen Blick auf das Betreuungstagebuch und übernahm dann Kofi von Lucinda, damit sie nach Hause gehen konnte. Kaum hatte sie die Tür hinter sich zugezogen, schaute ich Kojo an.

»Soll ich zuerst, oder willst du?«, fragte ich.

»Du zuerst.«

»Ich bin schwanger.«

»Echt?« Er sprang von der blauen Couch auf. Ich setzte Kofi auf den Boden, und Kojo gab mir einen Kuss auf die Stirn. Dann nahm er mich fest in die Arme und sagte: »Tja, na dann! Meine Jungs haben also noch nicht verlernt zu schwimmen!«

»Okay, jetzt du«, sagte ich lachend.

»Ich habe ein Stellenangebot.«

»Ich wusste es!«, quietschte ich. Mir war ganz schwindelig vor Aufregung.

»Aber das ist noch nicht alles«, erklärte er. »Es ist nämlich alles andere als ideal. Setz dich.«

Ich hob Kofi hoch und setzte ihn mir auf den Schoß. Kojo erklärte, er habe seinen Traumjob gefunden – eine Stelle bei einer Beteiligungsfirma, die in Afrika investierte – und dass er eine leitende Position im gerade neu zusammengestellten Team des Unternehmens übernehmen könnte. Die Sache hatte nur einen Haken: Unternehmenssitz war Dubai. Würde Kojo das Angebot annehmen, müsste er dorthin gehen.

Was die Sache gelinde gesagt ein wenig verkomplizierte. Unter keinen Umständen würde ich meinen wunderbaren Job aufgeben, um in ein Land zu ziehen, in dem knielange Röcke ein öffentliches Ärgernis darstellten. Im Grunde meines Herzens wusste ich schon, dass Kojo das Angebot annehmen und ich hierbleiben würde, und dass die Entfernung es uns nicht gerade leicht machen würde. Aber das war unsere freie Entscheidung. Sofort musste ich an Lucinda denken, die ihre Kinder in Barbados hatte zurücklassen müssen, um sich hier in den Staaten einen Job zu suchen. Ich dachte an die Familien von Militärangehörigen, die so oft unfreiwillig auseinandergerissen wurden, weil einer der Ehepartner am anderen Ende der Welt stationiert war, und die dabei überhaupt kein Mitspracherecht hatten. Aber in diesem Augenblick freute ich mich so für ihn und über unseren Familienzuwachs, dass die Sorge um die ganzen organisatorischen Probleme in den Hintergrund rückte.

»Das kriegen wir schon hin«, sagte ich bloß und meinte es auch so.

Kojo brachte Kofi ins Bett. Und dann taten wir, was alle Paare tun, wenn sie gerade erfahren haben, dass sie ein Baby erwarten und dass ihre finanzielle Zukunft gesichert ist: Wir liebten uns leidenschaftlich.

III.
Den Ball weiterspielen

10. KAPITEL

Na los, spiel ab!

Mit einem neuen Kind auf dem Weg und dem Umstand, dass Kojo bald auf einem anderen Kontinent leben würde, mussten wir uns ernsthaft mit dem Kleinkram in unserem Märchen befassen, sprich der Logistik. Wir meldeten Kofi zur Ganztagsbetreuung an (erheblich günstiger für ein Kind über zwei Jahre) und mussten Lucinda schweren Herzens kündigen, allerdings erst, nachdem ich zahllose E-Mails verschickt und Anrufe getätigt hatte, um ihr einen neuen Job zu besorgen. Da ihre neue Familie sie noch nicht gleich brauchte, sollte sie die nächsten zwei Monate bei uns bleiben und uns bei der Umstellung unterstützen. In Dubai gibt es eine große Ex-Pat-Gemeinde dort lebender US-Amerikaner, und mittels unserer guten Kontakte schafften wir es, für Kojo eine Wohnung zu organisieren und den lästigen Papierkram zu erledigen. Wir passten unseren Telefonvertrag entsprechend an und vereinbarten mit der Werkstatt einen Rundumservice fürs Auto. Letzteres hielt ich für überflüssig, da ich ohnehin meistens U-Bahn fuhr. Außerdem war der Wagen scheckheftgepflegt, erst sieben Jahre alt und gerade fünfzigtausend Meilen gelaufen. Aber Kojo bestand darauf. Er meinte, er wolle sich keine Sorgen machen müssen, weil seine schwangere Frau und sein zweijähriger Sohn in einem »verkehrsuntüchtigen« Wagen herumgurkten. Ich fand das ziemlich irrational. Unter den Zillionen Details, um die wir uns kümmern mussten, war allerdings eins, das uns beiden entging. Und dieses kleine Detail sollte alles verändern.

Stellen Sie sich vor, die auf Ihrem Küchentisch liegende ungeöffnete Briefpost der vergangenen drei Monate hat Mount-Everest-artige Höhen angenommen. Und immer, wenn Sie daran vorbeigehen, ruft er nach Ihnen, aber Sie überhören sein inständiges Flehen, das Bitten und Betteln, und machen einfach weiter wie gehabt, als würde er nicht immer weiterwachsen und mit jedem Tag höher und bedrohlicher werden. So erging es mir im Sommer 2008.

In der Nacht, bevor Kojo und ich einander die großen Neuigkeiten verkündeten, hatten wir uns darauf geeinigt, dass Kojo sich zukünftig um die Post kümmern sollte. Eine klitzekleine Aufgabe, die er übernehmen konnte, um mir etwas von meiner To-Do-Liste abzunehmen. Loslassen, check. Am nächsten Tag nahm er die Umschläge aus dem Briefkasten und legte sie auf die Arbeitsplatte in der Küche. Sicher mit der festen Absicht, sie später zu öffnen. Aber später sollte nie kommen. Jeden Tag holte er die Post herein und legte sie zu dem bereits vorhandenen Stapel auf der Arbeitsplatte. Jeden Tag widerstand ich dem Drang, den stetig wachsenden Berg anzusprechen, weil ich mit Freude delegiert hatte und nicht wieder mikromanagen wollte. Stattdessen redete ich mir ein, Kojo habe bestimmt eine gewisse Strategie, eine ausgeklügelte Vorgehensweise, bei der er auf einen Schlag eine kritische Masse an Post abarbeiten wollte.

Vier Wochen lang stapelten sich die Umschläge in der Küche. Es dauerte nicht lange, bis es uns kaum noch auffiel. Wir hatten dringendere Dinge zu erledigen. Kojos erster Aufenthalt in Dubai sollte einen Monat dauern. Daraus wurden unversehens zwei. In seiner Abwesenheit beschloss ich, den Briefberg einfach weiterwachsen zu lassen. Nicht, weil ich bewusst ein Exempel statuieren wollte. Aber der abrupte Wechsel vom arbeitslosen Ehemann auf der Couch zu einem, der am anderen Ende der Welt lebte, während ich mit einem Vollzeitjob, einem zweijährigen Kind und meiner ständigen Morgenübelkeit kämpfte, ließ das Postproblem eher belanglos erscheinen. Außerdem, wenn ich mich darauf besann, was mir am wichtigsten war und wie ich das am besten erreichen konnte, dann war es mit nichts zu rechtfertigen, die Post durchzusehen. Das wäre einfach eine Zeitverschwendung, und wenn mir eins lieb und teuer war, dann meine Zeit.

Im Laufe des ersten Monats stellte mein häuslicher Kontrollzwang meine Strategie vom komparativen Nutzen jeden Tag aufs Neue in Frage. Eine kleine Stimme in meinem Kopf wisperte: *Tiffany, das ist einfach unverantwortlich. In dem rosa Umschlag ist bestimmt eine Einladung zu einer Geburtstagsfeier, und wer auch immer da keine Antwort von dir bekommt, wird dich für den unhöflichsten Menschen der Welt halten. In dem Umschlag mit den fetten Lettern ist sicher der Bußgeldbescheid wegen Falschparkens, und wenn du den Umschlag nicht aufmachst und bezahlst, dann kommen sie dich holen und sperren dich ein, und das wäre der Ruin für deine Familie und deine gesamte Karriere. Du kannst nur hoffen, dass du keinen unangemeldeten Besuch bekommst. Sonst müsstet ihr euch draußen vor der Haustür unterhalten, sonst würden die Leute ja sehen, dass sich bei dir die Post bis unter die Decke stapelt. Du machst dir nur unnötig das Leben schwer, Kojo bringt dieses Chaos ganz bestimmt nicht wieder in Ordnung. Mach's doch einfach selbst, dann hast du es hinter dir.*

Manchmal schrie die Stimme so laut, dass ich kurz davor war, einen der Umschläge aufzureißen. Doch dann drehte ich »Don't Stop the Music« von Rihanna ganz laut auf, während ich das ganze Haus staubsaugte, um diese ewig nörgelnde, nervige Stimme in meinem Kopf zu übertönen.

Aber im Laufe der Zeit passierte etwas Verblüffendes. Je höher der Berg sich türmte, desto weniger fühlte ich mich dafür verantwortlich. Statt mich als schreckliche, verantwortungslose Hausfrau runterzumachen, fing mein HKZ an, Ausreden für mich zu erfinden. *Süße, der Stapel ist so hoch, das kann unmöglich deiner sein. Nie im Leben hättest du den so unkontrolliert wuchern lassen.* Außerdem sollte sich keiner meiner Albträume bewahrheiten. Ich bekam weder böse Blicke noch wütende Mails, weil ich irgendwelche Geburtstage verpasst hatte, noch stand unvermittelt jemand in Uniform vor der Tür und verlas mir meine Rechte. Im Gegenteil, eines Abends kam eine Mutter aus der Nachbarschaft vorbei, die sich meine Passiermühle zum Babybreimachen ausleihen wollte, und weil ich Kofi gerade badete, musste ich sie wohl oder übel hereinlassen. Eben wollte ich mich schon wegen der Unordnung entschuldigen, da strahlte sie mich an und meinte: »Ach du lieber Himmel! Ist das eure Post? Und ich hatte immer Komplexe und habe mich gefragt, wie du es bloß schaffst, immer so verdammt perfekt zu sein. Nicht böse sein, aber das freut mich gerade ungemein!« Ich schämte mich furchtbar, aber sie grinste von einem Ohr zum anderen. Die Welt war nicht untergegangen, und mein Unbehagen beim Anblick des lawinengefährdeten Postbergs begann sich langsam zu verflüchtigen.

Eines Abends, nachdem Lucinda mir Kofi in den Arm gedrückt hatte, bot sie freundlich an, sich darum zu kümmern.

»Das mit der Post ist ein bisschen aus dem Ruder gelaufen, meinen Sie nicht?«, fragte sie sehr taktvoll.

»Welche Post denn? Ich weiß gar nicht, was Sie meinen«, entgegnete ich grinsend.

Ich brachte es kaum heraus, ohne laut zu kichern. Dieser Mount Everest in unserer Küche war einfach aberwitzig. Ich erklärte Lucinda, das sei inzwischen eine derartige Herkulesaufgabe, dass ich sie Kojo überlassen würde, der jeden Tag nach Hause kommen musste. Außerdem wusste ich, dass Kojo großen Wert auf seine Privatsphäre legte und es nicht wollen würde, dass jemand Fremdes seine Post durchsah. Klingt verrückt, aber für mich war es ungeheuer befreiend, an einen Punkt zu gelangen, wo mich der Gedanke an den Postberg nicht wie ein böser Spuk überallhin verfolgte. Er verfolgte mich überhaupt nicht.

Vor ein paar Monaten hatte ich gelernt, mit Freude zu delegieren – meine Bitten an Kojo so zu verpacken, dass sie eine positive Botschaft vermittelten und er freudig und freiwillig mit anpackte – aber am Ende fühlte ich mich immer noch allein dafür verantwortlich, dass alles erledigt wurde. Ich hatte mich noch nicht von der Überzeugung befreit, dass das zu meinen Aufgaben gehörte. Bis jetzt. Erst als ich mir selbst erfolgreich eingeredet hatte, nicht mehr für die Post zuständig zu sein, konnte ich mich von dem allgegenwärtigen Druck befreien, etwas gegen den einsturzgefährdeten Stapel in der Küche unternehmen zu müssen. Ich hatte einen ersten Vorgeschmack bekommen, wie es sich anfühlte, wirklich loszulassen.

Als Kojo nach Hause kam und feststellte, dass ihn auf der

Arbeitsplatte in der Küche die Post von drei Monaten erwartete, schien ihn dieser Anblick ein wenig aus der Fassung zu bringen.

»Das ist aber eine Menge Post«, murmelte er.

»Ich weiß«, entgegnete ich fröhlich. »Während du weg warst, hatte ich eine Menge um die Ohren. Aber ich wusste, du würdest dich wie versprochen darum kümmern.«

Und in diesem Moment vertauschten sich mit einem Schlag unsere Zuständigkeitsbereiche.

Nicht damals, vor drei Monaten, als er sich bereiterklärt hatte, das mit der Post zu übernehmen. Nein, erst jetzt, als er zum allerersten Mal die ganze Post wirklich *sah* und auch er sich nichts sehnlicher wünschte, als dass sie möglichst schnell verschwinden möge. So weit hatte es nur kommen können, weil ich mich nicht mehr zuständig gefühlt und mir der Poststapel deshalb nichts ausgemacht hatte – und weil ich mich ein bisschen (okay, ganz schön viel) in Geduld geübt hatte.

Die nächsten beiden Tage war in der Wohnung ständig das vernehmliche Surren des Reißwolfs zu hören, während Kojo jeden einzelnen Brief in dem Riesenstapel abarbeitete. All die ungeöffnete Post sollte im Nachhinein doch noch einige unangenehme Folgen haben: unbezahlte Rechnungen, mehr als eine verpasste Geburtstagsparty und ein unbezahlter Bußgeldbescheid wegen Falschparkens, der an ein Inkassobüro weitergegeben worden war. Nachdem er die gesamte Post durchgesehen hatte, verbrachte Kojo die restliche Woche damit, die unschönen Konsequenzen aus der Welt zu schaffen. Bis heute kann es gelegentlich vorkommen, dass sich bei uns zuhause die Post stapelt, aber nie wieder in dem hochgebirgsartigen Ausmaß wie damals in diesem Sommer.

Der postalische Zwischenfall war ein Wendepunkt in

unserer Beziehung, weil ich zum ersten Mal merkte, dass auch Kojo eine Toleranzgrenze für Unordnung hatte – seine Hemmschwelle lag bloß deutlich höher als meine. Ich lernte auch, dass es nur so weit hatte kommen können, weil diese Aufgabe, selbst nachdem ich sie mit Freude delegiert und Kojo sie übernommen hatte, eigentlich immer noch in meinen Zuständigkeitsbereich gefallen war. Und es sollte nicht das einzige Mal bleiben. Ich musste mich darauf gefasst machen, dass Kojo höchstwahrscheinlich immer mal wieder den Ball fallen lassen würde, aber dass ich ihn unter keinen Umständen auffangen durfte, außer in akuten Notfällen. Nichts, was diese Umschläge enthielten, war ein Notfall. In einer Situation, in der es um Leben oder Tod ging, würde kein Mensch mich noch per Schneckenpost benachrichtigen. Ich musste einfach darauf vertrauen, dass Kojo mit der Zeit den Ball am Boden liegen sehen und ihn wieder aufheben würde.

* * *

Verstehen Sie mich nicht falsch: Den Ball nicht gleich entgegenzunehmen erfordert Mut und Durchhaltevermögen, vor allem am Anfang. Ich bin mir sicher, als der Sozialreformer und Autor Frederick Douglass sagte: »Ohne Anstrengung kein Fortschritt«, da hatte er nicht drei Monate ungeöffneter Briefpost im Sinn, aber das müssen wir alle womöglich aushalten, um das Hamsterrad unseres Lebens ein für alle Mal zu stoppen. Die Alternative ist um ein Vielfaches frustrierender, wie leider viel zu viele Frauen aus eigener Erfahrung wissen. Kürzlich war ich bei einer Konferenz mit einer ganzen Reihe hochkarätiger, sehr erfolgreicher Karrierefrauen. Eine davon amerikanische Botschafterin. Nachdem wir über globale Krisenherde und Konflikte gesprochen hatten, kamen wir zum Heimischen zurück, zu Haushalt und Aufgabenteilung und der Rolle unserer Ehemänner. Die Botschafterin war die Erste: »Wenn ich eine Socke auf der Treppe sehe, bücke ich mich und hebe sie auf. Er geht einfach vorbei. Er sieht sie nicht mal. Also mache ich im Grunde genommen die ganze Hausarbeit, weil ich ständig seine sprichwörtlichen Socken einsammele.«

Die anderen anwesenden Frauen stimmten ihr lautstark zu. »Mein Mann sieht die Socke, geht aber trotzdem dran vorbei, weil er weiß, dass ich sie aufhebe.« Also stellte ich eine Frage: »Was wäre denn, wenn die Socke einfach liegenbleiben würde? Wenn ihr genauso vorbeilaufen würdet wie er?« Worauf eine andere rief: »Die Socken würden sich bis unter die Decke türmen! Sockenberge überall! Das würde ich nicht aushalten. Und selbst wenn, er weiß genau, dass ich sie irgendwann doch aufhebe, also juckt es ihn nicht.« Tatsächlich gibt es Studien, die diese Schlussfolgerung belegen.

Die Männer all dieser Frauen zählen darauf, dass ihre Partnerinnen sich zuhause mehr einbringen als sie. In anderen Worten: Männer glauben, dass Frauen die Socken auf der Treppe mehr stören als sie, weshalb sie gar keine Motivation haben, sie aufzuheben. 2013 ließ die Ökonomin Irene van Staveren Männer und Frauen im Rahmen einer wissenschaftlichen Studie ein Spiel spielen, in dem die vorgefassten Meinungen der Probanden auf den Prüfstand kommen sollten, welches Geschlecht sie generell für uneigennütziger hielten. Die Teilnehmer bekamen jeweils einen gewissen Geldbetrag – sagen wir zehn Dollar –, dann erklärten die Wissenschaftler ihnen, dass der Betrag, den sie in einen gemeinschaftlichen Topf einzahlten, verdoppelt und anschließend an alle Teilnehmer ausbezahlt werden würde. Was sie nicht in den Gemeinschaftstopf einzahlten, durften sie behalten. Natürlich lag es auf der Hand, dass es für alle Beteiligten das Beste gewesen wäre, den gesamten Betrag in den Gemeinschaftstopf zu werfen, zum Wohl der Allgemeinheit. Womit sich der Gewinn aller Beteiligten verdoppelt hätte. Aber niemand wollte sich übervorteilen lassen und sein gesamtes Geld einzahlen, das dann verdoppelt und mit den weniger spendablen Mitspielern geteilt werden würde. Die würden sich nämlich dann ins Fäustchen lachen, weil sie einen Teil des Geldes für sich behalten hatten. Interessanterweise nahmen alle Männer an, Frauen würden mehr in den Gemeinschaftstopf einzahlen. Sie hielten Frauen durch die Bank für uneigennütziger.[1]

Tatsächlich zahlen wir Frauen mehr in den Gemeinschaftstopf ein, aber mit dem Ergebnis, dass wir am Ende verbittert, angespannt und gestresst sind und uns ständig auf die Zunge beißen müssen.

Wenn ich aus der Postgeschichte eine Lehre gezogen habe, dann die: Weil ich weniger uneigennützig agiert habe, habe ich Kojo die Chance gegeben, seinerseits uneigennütziger zu sein. Und den Postberg immer weiter wachsen zu lassen war *die* Gelegenheit für mich, ihm gegenüber meine Glaubwürdigkeit zu erhöhen. In einer Untersuchung waren sich 30 Prozent der befragten Männer so sicher, dass die Frauen, mit denen sie zusammenlebten, von ihrer Forderung abrücken würden, mehr Hausarbeiten zu übernehmen, wenn sie die ihnen zugewiesenen Aufgaben absichtlich halbherzig und schlampig erledigten, und die frustrierten Frauen sie beim nächsten Mal erst gar nicht um Hilfe bitten, sondern es gleich selber machen würden. Und es funktionierte. Ein Viertel der Männer, die ihre Aufgaben absichtlich vergeigten, wurde nie wieder gefragt, ihren Frauen zu helfen, und 64 Prozent wurden nur noch gelegentlich darum gebeten.[2] Diese geradezu geniale Strategie erinnerte mich an eins meiner Lieblingsgedichte von Shel Silverstein:

Sollst du das Geschirr abtrocknen
(öder als die weiße Wand)
Sollst du das Geschirr abtrocknen
(lieber barfuß durch den Sand)
Sollst du das Geschirr abtrocknen
Und dir fällt was aus der Hand
Wirst du sicher bald nicht mehr
Das Geschirr abtrocknen müssen

Ich wollte, dass Kojo begriff, wenn ich ihm eine Aufgabe übertrug, dann meinte ich das wirklich ernst und vertraute darauf, dass er sich darum kümmerte.

Um sicherzustellen, dass eine Aufgabe, die mit Freude delegiert wurde, auch tatsächlich vom anderen übernommen wird, braucht man anfangs eine Engelsgeduld. Kurzfristig gesehen war ich wirklich in großer Versuchung gewesen, die Umschläge allesamt aufzureißen, aber mein beinahe übermenschliches Durchhaltevermögen sorgte dafür, dass Kojo sich langfristig um die Post kümmerte. Sich in Geduld zu üben kann in unserer hektischen Nur-noch-eben-ganz-schnell-Zeit eine Herausforderung sein. Wir sind auf sofortige Bedürfnisbefriedigung programmiert, und unsere Erwartung an »sofort« wird auch zusehends rasanter, wie die Forscherin Narayan Janakiraman feststellte.[3] 2011 leitete Janakiraman eine Studie mit dem Titel »The Psychology of Decisions to Abandon Waits for Service«, die sich mit der Entscheidung von Kunden befasste, nach einer gewissen Wartezeit die Schlange für den Kundenservice wieder zu verlassen.[4] Janakiraman stellte die Hypothese auf, in dieser Situation beeinflussten zwei gegensätzliche psychologische Kräfte, wie lange Menschen willens waren, in der Schlange zu warten. Auf der einen Schulter sitzt die Stimme des »nutzlosen Wartens«, die einem das Gefühl vermittelt, nur seine Zeit zu vergeuden. Auf der anderen Schulter sitzt die Stimme der »Erledigungsentschlossenheit«, die den Menschen drängt, weiter zu warten, und eine Belohnung für die bereits mit Warten verbrachte Zeit verspricht. Janakiraman fand heraus, dass Menschen die Warteschlange im Allgemeinen aufgrund dieser beiden gegeneinander wirkenden Kräfte meist nach einiger Zeit wieder verlassen.

Um zuhause den Ball weiterzuspielen, muss unsere Stimme der »Erledigungsentschlossenheit« lauter sein. Im Gegensatz zu Janakiramans Testpersonen dürfen wir die Warteschlange unter keinen Umständen verlassen. Geduld ist nicht nur eine Tugend; sie ist die erfolgversprechendste Strategie zur Durchsetzung der eigenen Interessen. Eine Aufgabe unerledigt zu lassen zeigt überdeutlich, was zu tun ist und von wem. Je mehr Zeit verstreicht, desto höher die Wahrscheinlichkeit, dass andere ihren Teil tun, und das nicht nur zuhause. Wie oft habe ich in einem Hörsaal voller Männer gesessen, die mit halbgaren Ideen die ganze Diskussion beherrschten, nur weil sie schon die Hand gehoben hatten, bevor sie sich überhaupt überlegt hatten, was sie sagen wollten. Diese Dynamik ließ beispielsweise an der Harvard Business School ein derartig krasses Geschlechtergefälle entstehen, dass die Professoren aufgefordert wurden, nur noch schriftliche Fragen und Anmerkungen von Studenten zuzulassen, die in eine Box geworfen und dann vom Dozenten blind herausgezogen wurden.

Zuhause verhalten wir Frauen uns oft wie übereifrige Musterschüler; wir heben die Hand, ohne darüber nachzudenken, was wir eigentlich damit erreichen wollen. Eine der einfachsten Methoden, im Klassenraum eine größere Gleichheit herzustellen, ist die, länger zu warten, bevor man die Schüler aufruft.[5] Und ganz ähnlich ist es auch zuhause: Frauen können für eine gerechtere Arbeitsteilung sorgen, wenn sie sich länger gedulden, bevor sie die Aufgabe selbst erledigen.

Den Titel eines Songs von Dan Hicks, »How Can I Miss You When You Won't Go Away?« – »Wie kannst du mir fehlen, wenn du nie weggehst?« – kann man, etwas angepasst, sehr gut auf dieses kleine Geduldsspiel übertragen: »Wie soll ich die Wäsche waschen, wenn sie immer sauber ist?« In anderen Worten, weniger von uns selbst und mehr von unseren Partnern zu erwarten bedeutet nicht nur, loszulassen und die Verantwortung abzugeben, sondern auch der Versuchung zu widerstehen, alles selbst zu machen. Auch auf die Gefahr hin, dass einiges unerledigt liegenbleibt.

11. KAPITEL

Klare Verhältnisse schaffen

Als Kojo nach den zwei Monaten das erste Mal aus Dubai zurückkam, hatten wir beide uns gerade erst daran gewöhnt, dass er im Ausland arbeitete und nie zuhause war. Der Zwischenfall mit dem Postberg war für mich wie ein Befreiungsschlag: Plötzlich musste ich mir keine Sorgen mehr machen, alles alleine erledigen zu müssen. Ich hatte einen Vorgeschmack darauf bekommen, wie es sein könnte, würde ich zuhause noch mehr Verantwortung abgeben – und es gefiel mir. Von da an gab es für mich kein Zurück mehr. In fünf Tagen würde Kojo wieder nach Dubai fliegen, und wir brauchten ein neues System. Eins, bei dem er seinen Teil zu einer durchstrukturierteren und unkomplizierteren Haushaltsführung beitragen konnte.

Eines Nachmittags war ich bei einem beruflichen Meeting zum Start eines neuen Projekts. Vorne am Whiteboard stehend versuchte ich das rege Brainstorming zu kanalisieren, bei dem sämtliche Ideen gesammelt werden sollten, was alles getan werden musste, um unser erklärtes Ziel zu erreichen. Als schließlich keine neuen Punkte mehr zu der umfangreichen Liste dazukamen, fing ich an, die Aufgaben auf die einzelnen Teilnehmer zu verteilen. Und dabei fiel es mir plötzlich wie Schuppen von den Augen: dass ausgerechnet die Frauen, die im Beruf als erfolgreiche Managerinnen Karriere machen, zuhause sämtliche bewährte Lösungsstrategien und Vorgehensweisen über Bord werfen. Ja, zuhause taten Frauen häufig *das genaue Gegenteil* von dem, was sie beruflich zu erfolgreichen Führungskräften machte.

Hier ein gutes Beispiel für einen großen Fauxpas: Gute Manager machen ihre Erwartungen immer von vorneherein ganz klar. Sie vermitteln ihre Vision und ihre Vorstellungen, dann lassen sie ihrem Team sämtliche Freiheiten, eigene Pläne zu entwickeln und umzusetzen, um das festgesetzte Ziel zu erreichen.[1] Erfolgreiche Manager wissen, wenn Menschen sich über die ihnen zugedachten Rollen und Verantwortlichkeiten von Anfang an im Klaren sind, erreichen sie ihre Ziele rascher und effektiver. Zuhause allerdings gehen wir davon aus, dass unsere Ehepartner unsere Ziele und Visionen ohnehin kennen, und warten dann seelenruhig ab, bis sie es mal wieder vergeigt haben, um ihnen dann mitzuteilen, dass sie leider das angestrebte Ziel verfehlt haben. Ich finde es sehr einleuchtend, dass diese Ereignisabfolge für jeden demotivierend sein muss, der es wirklich gut gemeint und sich ehrlich Mühe gegeben hat, die ihm zugeteilte Aufgabe zu erledigen.

Und da traf es mich wie ein Blitz aus heiterem Himmel: *Warum mache ich es zuhause nicht genauso, mit Brainstorming und Whiteboard?*

An diesem Abend saß ich im Schneidersitz mit dem Laptop im Schoß auf dem Bett und öffnete eine neue Excel-Tabelle. In die erste Spalte kam jede nur erdenkliche Aufgabe, die mir gerade einfiel. Alles, was im Haushalt so anstand.

Zum ersten Mal brachte ich so eine vollumfängliche Liste zu Papier. Ich gab mir große Mühe, an alles zu denken, was Kojo machte und ich nicht. Ich wollte, dass die Liste so vollständig wie möglich war. Folgendes stand schließlich in der ersten Spalte:

Sämtliche Böden staubsaugen/fegen
Staubwischen im Wohnzimmer, einschließlich Elektronik
    und Fensterbänke
Küchenboden wischen/schrubben
Küchenspüle putzen
Toiletten putzen
Badewanne und Kacheln der Duschwände schrubben
Badezimmerspiegel putzen
Waschbecken und Ablage im Bad putzen
Badteppiche waschen
Abstauben im Schlafzimmer
Betten frisch beziehen
Küchentisch und Arbeitsflächen abwischen
Nach den Mahlzeiten Teppich unter Hochstuhl saugen
Herd saubermachen
Kofis Zimmer aufräumen
Kofis Anziehsachen waschen, trocknen, auffalten und
    wegräumen
Anziehsachen der Erwachsenen waschen, trocknen,
    auffalten und wegräumen
Morgens: Spülmaschine ausräumen
Abends: Spülmaschine einräumen und Töpfe spülen
Müll und Wertstoffe rausbringen
Einkäufe machen
Großeinkäufe machen

Sonntags Essen für die Woche vorbereiten

Abendessen kochen

Pausenbrot einpacken

Frühstück machen

Rechnungen bezahlen

Überblick über Ausgaben behalten

Finanzplanung

Steuererklärung

Post sortieren

Kleidung und Verschiedenes inventarisieren und ggf.
nachkaufen

Verbindung zur Kindertagesbetreuung halten

Babysitter koordinieren

Haare schneiden

Kofis Arzttermine machen

Kofi abends baden

Auto den Vorschriften entsprechend umparken

Auto warten

Auto waschen

Angelegenheiten bzgl. Haus in Seattle regeln

Geschenke für Freunde und Familie besorgen

Familienkalender führen

Auf Einladungen zu Familienfeiern antworten

Als Nächstes legte ich drei weitere Spalten an. Ganz oben in
die erste schrieb ich *Tiffany*. Dann löschte ich meinen Namen
wieder und tippte stattdessen *Kojo*. Ich hatte die Nase voll davon, in diesem Haushalt die Hauptverantwortliche zu sein.
Von jetzt an würde Kojos Name immer an erster Stelle stehen.
Oben in die nächste Spalte tippte ich *Tiffany*. Und in die dritte
und letzte Spalte schrieb ich *Niemand*. Damals war mir nicht

klar, dass diese letzte Spalte sich bald schon als die wichtigste erweisen sollte.

Als Nächstes markierte ich in meiner Tabelle sämtliche Aufgaben mit einem X, die derzeit in meinen Zuständigkeitsbereich fielen. Ich war gerade halb damit durch, ziemlich oft X zu tippen, als mir aufging, dass es vermutlich keine gute Strategie wäre, meinem Mann schwarz auf weiß eine lange Liste sämtlicher Haushaltstätigkeiten unter die Nase zu reiben, aus der eindeutig hervorging, wie viel mehr davon ich übernahm. So was hätte ich meinem Team bei der Arbeit nie angetan. *Die einzelnen Felder sollten am besten einfach leer sein, wenn ich Kojo die Tabelle zeige*, überlegte ich. Schließlich ging es bei dieser Übung darum, dass wir zusammen eine Lösung für das Problem fanden – gemeinsam, als Team.

Mit dem Laptop unter dem Arm tappte ich also aus dem Schlafzimmer rüber ins Wohnzimmer und kuschelte mich neben Kojo auf die blaue Couch. Den Laptop platzierte ich auf einem Kissen, gleich neben der Fernbedienung. Er legte den Arm um mich. Als auf dem Bildschirm Brian Williams' »Making a Difference«-Bericht bei den Abendnachrichten gerade zu Ende ging, hatte ich mir die ultimative Mit-Freude-delegieren-Rede zurechtgelegt.

Hey, Babe, ich habe da so eine Idee. Willst du sie hören?
(Auf ein Ja warten.)
Weißt du noch, wie lange du dich mit der Post herumgeschlagen hast? Ich habe mir etwas überlegt, das verhindern soll, dass uns die Dinge derart über den Kopf wachsen. Wir beide wissen, was uns am wichtigsten ist, und darunter fällt ganz sicher nicht, sich wegen irgendwelcher Hausarbeiten zu stressen. In ein paar Tagen fliegst du zurück nach Dubai, und ich dachte mir, bevor du wieder weg bist, sollten wir uns was überlegen, damit

wir beide ganz genau wissen, wer für welche Aufgaben zuständig ist. Dann können wir unseren jeweiligen Verantwortungsbereich so verwalten, wie es für uns am besten ist. Und stehen uns nicht gegenseitig auf den Füßen.

Ich hatte Kojo bei dem Wort *Post*.

Ich legte den Laptop auf meinen Schoß, klappte ihn auf und zeigte Kojo die Liste. Er fand sie super, fand aber, dass noch einiges fehlte. Ich konnte mir beim besten Willen nicht vorstellen, was er meinte, schließlich war ich diejenige, die unseren gesamten Haushalt managte, aber ich beschloss, ihn erstmal gewähren zu lassen.

»Okay, was fehlt denn noch?«, fragte ich.

»Na ja, wer wechselt zum Beispiel den Brita Filter am Kühlschrank?« Ich konnte mir ein schmallippiges Lächeln nicht verkneifen. *Ernsthaft? Eine popelige Kleinigkeit, und er findet sie erwähnenswert?* Aber diese Übung war wichtig, und weil er wirklich bei der Sache war, spielte ich einfach mit.

»Entschuldige, Liebling. Daran hatte ich wirklich nicht gedacht.« Ich fügte der Tabelle eine neue Reihe hinzu und tippte *Brita Filter austauschen* hinein.

Aber Kojo war noch nicht fertig. »Und wer bucht all unsere Flüge und kümmert sich darum, dass wir unsere Vielflieger-Meilen bestmöglich nutzen?« Okay, wo er Recht hatte … Ich wüsste beim besten Willen nicht, wie meine Vielfliegernummer lautet, und die hatten wir beide für etliche verschiedene Fluggesellschaften. Also fügte ich noch eine Reihe hinzu und tippte *Flüge buchen* hinein. Kojo gluckste leise. Dann nahm er mir den Laptop aus den Händen und stellte ihn sich auf den Schoß. Er löschte *Flüge buchen* und tippte stattdessen *Reiseplanung und -koordination*. Dann schaute er mich an.

»Babe, wenn wir aus dem Flieger steigen, wer hat da schon

den Leihwagen gemietet und das Hotel gebucht und für alles das beste Angebot rausgesucht?«

»Okay, schon gut«, brummte ich. »Du machst das.« Aber er kam jetzt erst richtig in Fahrt. Er fügte eine neue Zeile hinzu und tippte *Botaniker* hinein.

»Was?«, rief ich ungläubig. Wieder sah er mich an.

»Das letzte Mal, dass du eine Pflanze gegossen hast, war 1996, noch vor unserer Hochzeit. Es war ein Kaktus, und er ist eingegangen. Seitdem kümmere ich mich um alles, was grünt und gedeiht.«

»Aber um den grünenden Schimmel, der auf den vergammelten Lebensmitteln im Kühlschrank wächst, kümmerst du dich nicht«, konterte ich.

»Du hast noch nie irgendwas in diesem Haus repariert, das kaputtgegangen ist.«

»Du merkst es ja nicht mal, wenn was kaputtgeht!«

»Stimmt, aber wenn du es merkst, dann sagst du es mir, damit ich es repariere, und das mache ich dann auch. Oder ich sage Lionel Bescheid. Also, wer kümmert sich hier um kaputte Sachen?« Das war ein Slam Dunk, wie ihn LeBron James nicht besser hinbekommen hätte. Vor allem, weil ich erst kurz überlegen musste, wer dieser Lionel sein sollte. Unser Hausmeister nämlich. Ich wusste nicht mal, wie er hieß. Ganz still saß ich auf der Couch und sah zu, wie Kojo mehrere neue Zeilen hinzufügte:

Technologie-Experte (»Wann hast du je ein Handy oder einen Laptop eingerichtet?«)

Finanzanlagen-Manager (»Weißt du überhaupt, wie viel Geld in unserer Rentenanlage steckt?«)

Mathelehrer (»Du redest mit Kofi und liest ihm Geschichten vor, aber wer macht mit ihm Matheaufgaben? Und nur mal so nebenbei, die muss man erst mal im Internet suchen und runterladen.«)

»Aber das ist nicht fair«, protestierte ich. »Das sind doch alles keine Sachen, die du jeden Tag machen musst.«

Wieder schaute er mich an, fügte eine neue Zeile hinzu und tippte *Nachtdienst für Kofi.*

»Ach, ich bitte dich«, schnaufte ich entnervt. »Kofi schläft doch längst durch.«

»Nein, *du* schläfst durch, und zwar meinetwegen.« Sofort musste ich an die vielen Cocktailpartys denken, bei denen ich ganz beiläufig erwähnt hatte, wie wunderbar mein Sohn bereits durchschlief.

»Und warum hast du mir nie erzählt, dass Kofi die ganze Nacht wach ist?«

»Damit du noch einen Grund hast, dir unnötig Sorgen zu machen? Ganz bestimmt nicht.«

Es war das vierte Viertel, nur noch ein paar Sekunden Spielzeit auf der Uhr, und ich lag zweistellig zurück. Ich versuchte mit einem letzten Wurf noch einen Korb zu machen. »Die Liste sollte sämtliche Aufgaben auflisten, also aus Verben bestehen, nicht aus Tätigkeitsbezeichnungen«, erklärte ich. Mein Mann lachte bloß und machte unbeirrt weiter.

Und so füllten Kojo und ich gemeinsam unsere erste Excel-Haushaltsmanagement-Tabelle aus. Es sollte der Beginn einer neuen Zeitrechnung sein. Wenn man mich vor dieser kleinen Übung gefragt hätte, wie viel Prozent aller anfallenden Hausarbeiten und der Kinderbetreuung mein Mann übernahm, hätte ich wohl milde lächelnd gesagt: »Er ist großartig«, und dabei insgeheim die Augen verdreht und gedacht: *5 Prozent, wenn's hochkommt.* Nachdem ich sämtliche Dinge, die mir eingefallen waren, und die neuen Punkte, die Kojo hinzugefügt hatte, zusammengezählt hatte, kam ich auf etwa 30 Prozent. Eine schwindelerregend hohe Zahl, vor allem in Anbetracht der Tatsache, dass ich davon ausgegangen war, er würde zuhause eigentlich kaum einen Finger rühren. Es öffnete mir wirklich die Augen.

Unserer Management-Excel-Liste verpassten wir rasch einen Spitznamen: MEL.

Es dauerte nicht lange, bis MEL sich als ein unverzichtbarer Freund und Helfer erweisen sollte, um die Verantwortlichkeiten bei uns zuhause auszuhandeln und aufzuteilen. Anfangs verteilten wir die Aufgaben meist nach dem Anwesenheitsprinzip: *Muss man persönlich vor Ort sein, um xy zu erledigen, oder geht das auch online?* Da Kojo den größten Teil der Zeit im Ausland war, kümmerte er sich um alles, was mittels moderner Kommunikationstechnik zu erledigen war oder bei dem man nur gelegentlich selbst vor Ort sein musste, wie beispielsweise die Wartung unseres Wagens und Kofis regelmäßige Gesundheitschecks beim Arzt. Später würden wir die Aufgaben nach anderen Kriterien aufteilen, wie beispielsweise Arbeitszeiten, Talent und Interesse.

Der aufschlussreichste Teil unserer MEL-Übung war allerdings die Entscheidung, bei welchen Punkten ein X in der *Niemand*-Spalte gemacht werden sollte. Diese Spalte stand für die Erkenntnis, dass es in unserem Haushalt immer mehr zu tun gab, als wir beide gemeinsam schaffen konnten. Wir würden aufhören, darüber zu spekulieren, was der andere machte – oder in unseren Augen machen sollte – oder nicht, und wir würden einander nicht die Schuld dafür geben, wenn mal etwas liegenblieb. Manches würde einfach auf der Strecke bleiben, und wir würden uns nicht darüber aufregen. Was machte es schon, wenn der Wagen drei Monate lang nicht gewaschen und im Wohnzimmer nicht abgestaubt wurde und die Anziehsachen nicht aufgefaltet wurden. Saubere Socken und Unterwäsche holte ich nicht aus dem Schrank, sondern angelte sie einfach aus den frisch gewaschenen Sachen im Wäschekorb. Sollte jemand fragen, ob er uns irgendwie helfen konnte, hatten wir eine Liste zur Hand, aber ansonsten ignorierten Kojo und ich so was einfach. Das konnten wir regeln, wenn er in drei Monaten zurückkam.

Loszulassen ist kein statischer, einmaliger Vorgang; viele Feinheiten bilden sich erst mit der Zeit heraus. Mit MEL haben wir ein einheitliches, flexibles System, mit dessen Hilfe wir unsere Erwartungen aneinander immer wieder neu anpassen und verhandeln können. Wer was macht, hat sich im Laufe unserer Partnerschaft gewandelt, je nach Praktikabilität, Prioritäten und Höhen und Tiefen unserer beruflichen Karriere. Meistens brachte ich beispielsweise die Kinder morgens in die Schule, einfach weil ich da war. Aber als Kojo dann den Arbeitsplatz wechselte, war er plötzlich viel mehr zuhause als ich, also änderten wir MEL dementsprechend ab, und für das nächste Jahr war Kojo dafür zuständig, die Kinder zur Schule zu bringen. In dieser Zeit kochte er auch viel öfter als sonst, hauptsächlich weil er das ghanaische Essen liebte und ein großartiger Koch war. Aber als er alle Hände voll damit zu tun hatte, einen neuen Fonds aufzulegen, stand ich wieder häufiger in der Küche. Und als ich gerade in einer großen beruflichen Umstellung steckte, der größten meiner bisherigen Laufbahn, ging Kojo hin und machte in jede Zeile von MEL ein X unter seinen Namen und meinte: »Ich kümmere mich um alles, bis du das hinter dir hast.« Es war einfach unglaublich!

Indem MEL die Spannungen unausgesprochener, unrealistischer Erwartungen innerhalb der Beziehung auflöst, kann dieses unspektakuläre Instrument dazu beitragen, Paaren, die wenig Zeit und viel um die Ohren haben, eine Möglichkeit an die Hand zu geben, die häuslichen Pflichten besser aufzuteilen und gemeinsam zu meistern. Wie Jessica DeGroot, Gründerin und Vorsitzende des Third Path Institute, feststellt: »Paare, die sich die Haushaltspflichten teilen, tun das mit Bedacht. Sie setzen sich zusammen und überlegen gemeinsam, was jeder Einzelne möchte.«[2] Dabei ist es wichtig, die jeweiligen Interessen und Unterschiede des Partners zu erkennen, zu verstehen und anzuerkennen, um ein effektives Teamwork zu ermöglichen. Es zu schätzen, wie der andere arbeitet, statt sich darüber zu beklagen, dass er es anders macht als wir selbst, hilft uns, sowohl unsere Erwartungen wie auch unser eigenes Verhalten zum Wohle der Partnerschaft anzupassen.

* * *

Mein Freund Brian und sein Partner Mark sind ein gutes Beispiel dafür. Brian kenne ich schon seit Jahren, und als wir uns kennenlernten, war ich schwer beeindruckt, weil er so ordentlich und durchorganisiert wirkte. Brian ist ein hohes Tier bei einem Plattenlabel, und sein Hamsterrad dreht sich unter anderem um einen zehnjährigen Sohn und eine dreizehnjährige Tochter sowie der Organisation der Palliativpflege im Hospiz für seinen unheilbar kranken Vater. Letzteres war besonders schwer für ihn, da die Beziehung zu seinem Vater sehr angespannt war, seit Brian sich vor seiner Familie geoutet hatte. Brians Partner Mark, ein Softwareentwickler, war ihm zwar ein emotionaler Rückhalt, aber keine große Hilfe bei den tausend alltäglichen Dingen, die es im Haushalt zu erledigen galt. Trotz langer Arbeitszeiten war Brian eindeutig der Hauptverantwortliche für die Kinderbetreuung, und er managte auch den Haushalt. Er ging zu den Elternabenden in der Schule, brachte die Kinder zum Sport und kämmte und flocht seiner Tochter sogar die langen, lockigen Haare. Wenn Brian und Mark Freunde oder Kollegen zum Essen einluden, begrüßte Brian die Gäste an der Haustür und sorgte dafür, dass alle immer ein volles Weinglas in der Hand hatten. War ich früher die Königin der Häuslichkeit, dann war Brian der ungekrönte König.

Im Gegensatz zu mir wurde Brian allerdings nicht von gesellschaftlichen Konventionen und sozio-kulturellen Erwartungen in den häuslichen Kontrollzwang getrieben. Er stand unter einem ganz anderen Druck: Die Kinder stammten aus seiner vorherigen Beziehung. Mark hatte sich zwar wunderbar mit ihnen arrangiert, als er und Brian sich kennenlernten, aber Mark war immer Single ohne Anhang gewesen. Einmal erzählte Brian mir, in seiner vorigen Beziehung hätten sie sich die Haushaltsführung geteilt, aber als er und seine Ex sich getrennt hatten, hatte Brian das alleinige Sorgerecht für die Kinder bekommen. Und nun, wo er mit Mark zusammen war, war er de facto allein dafür verantwortlich, das heimische Schiff auf Kurs zu halten. Er fragte sich sogar, ob es überhaupt fair sei, Mark um Mithilfe zu bitten. »Ich weiß, wie es so weit kommen konnte«, beklagte er sich einmal. »Ich weiß nur nicht, wie ich Mark dazu bringen soll, mehr zu machen.« Und ich konnte bloß tief seufzen und mitfühlend den Kopf schütteln. *Oh ja. Das konnte ich nur zu gut nachempfinden.*

Monate später traf ich mich in meiner Lieblingsweinbar in Harlem mit Brian und war ganz elektrisiert, als ich hörte, was er zu berichten hatte. Bei ein paar Gläsern Manuel Manzaneque erzählte er, wie er sich einen der Unterschiede zwischen ihm und Mark zunutze gemacht hatte, um zuhause mehr Unterstützung zu bekommen. Anders als Brian war Mark nämlich äußerst ehrgeizig, und zwar so sehr, dass er keine Haushaltsarbeiten übernehmen wollte, von denen er annahm, Brian könne sie besser erledigen als er. Eines Samstagmorgens hatte Brian allerdings zu seinem Vater gemusst, weshalb Mark sich um die Kinder kümmerte. Er machte Pfannkuchen zum Frühstück, und die Kinder waren völlig hin und weg. Besser noch, sie versicherten Mark, seine Pfannkuchen schmeckten viel leckerer als die von Brian. Mehr brauchte es nicht. Mark wurde zum Pfannkuchenbeauftragten. Und als sich irgendwann abzeichnete, dass Brian einfach zwei linke Hände hatte und keine große Hilfe war bei den wissenschaftlichen Schulprojekten der Kinder, stürzte Mark sich förmlich darauf und half Brians Tochter bei ihrem Forschungsprojekt. Für Brian waren die Pfannkuchen-Geschichte und die Schulprojekte wahre Aha-Momente: »Zu wissen, wie motiviert Mark bei der Sache ist, wenn er das machen kann, was ihm besonders liegt, hilft mir, auch mal einen Schritt zurückzutreten und ihn machen zu lassen«, erklärte Brian dankbar. Herauszufinden, wo Mark besonders motiviert war, hatte ihm geholfen, an bestimmten Punkten loszulassen. Und die Moral von der Geschicht': Statt Unterschiede als Problem zu betrachten – »Wärst du doch bloß so wie ich« –, können wir sie als Ausgangspunkt für die notwendigen Diskussionen nutzen, um mehr über die Wünsche und den Antrieb unserer Partner zu erfahren und neue Möglichkeiten zu entdecken, wie wir uns gegenseitig unterstützen können.

Was die Herangehensweise an solche Gespräche angeht, können wir übrigens eine Menge von gleichgeschlechtlichen Paaren lernen. Eine in Zusammenarbeit mit PwC vom Families and Work Institute durchgeführte Studie aus dem Jahr 2015 hat ergeben, dass homosexuelle Paare die Haushaltsführung wesentlich effektiver aufteilen als heterosexuelle Paare.[3] Warum? Weil die meisten gleichgeschlechtlichen Paare automatisch in vorgegebene Geschlechterrollen verfallen – so wie Kojo und ich, vor unserer gemeinschaftlichen Erfindung von MEL. Wohingegen homosexuelle Paare, bei denen beide Partner berufstätig sind, die anfallenden Aufgaben mit einer viel höheren Wahrscheinlichkeit nach Können, Begabung und Interesse untereinander aufteilen. Weshalb alle Beteiligten viel eher das gute Gefühl haben, sich optimal einbringen zu können.

Wenn man als Paar aus dieser Perspektive heraus agiert, ist die Einführung von einer Art MEL eigentlich ein Kinderspiel, und die Aufteilung der verschiedenen Aufgabenbereiche wird eine der leichtesten Übungen. Ein angenehmer Nebeneffekt von MEL ist außerdem, dass man nun jemanden hat, dem man den Schwarzen Peter zuschieben kann, wenn mal etwas schiefgeht, und dass man die kleinen Pleiten und Pannen des Lebens nicht mehr allzu ernst nehmen muss. Immer, wenn sich ein neuer Punkt ergibt, den MEL noch nicht auflistet, und um den sich folglich auch niemand kümmert, schauen Kojo und ich uns an und sagen – nur halb im Scherz – »Wir sollten wohl mal ein ernstes Wörtchen mit MEL reden, was? Er lässt in letzter Zeit ein bisschen nach, der Gute!«

12. KAPITEL

Teamgeist

Es war im Herbst 2008, Kojo war längst wieder in Dubai, und wir bildeten in der gemeinsamen Haushaltsführung so ein eingespieltes Team, dass ich langsam begann, die positiven Auswirkungen von Kojos Engagement auch in anderen Lebensbereichen zu spüren. MEL, unsere Tabelle, die unsere jeweiligen Zuständigkeiten auflistete, funktionierte hervorragend. Wir wussten ganz genau, was wir voneinander zu erwarten und was wir jeweils dazu beizutragen hatten, damit zuhause alles reibungslos lief. Wir waren gleichberechtigte Partner geworden: Zwei Vollzeit berufstätige Menschen, die sich Haushalt und Kinderbetreuung gerecht teilten. Und das Grandioseste daran war, das alles hatten wir geschafft, obwohl Kojo auf einem anderen Kontinent lebte.

Diese neue Realität einer funktionierenden Arbeitsteilung zuhause löste allmählich das alte Märchen vom nutzlosen Ehemann ab. Ich hatte inzwischen eingesehen, dass meine Verbitterung über Kojos Verhalten ganz überwiegend vollkommen unbegründet gewesen war. Er war nie ein miserabler Ehemann gewesen. Ganz im Gegenteil, er hatte immer versucht, alles richtig zu machen – indem er sich bemühte, den kulturellen Erwartungen gerecht zu werden, als Mann die Brötchen zu verdienen und seine Familie zu ernähren. In ihrem Essay »The Politics of Resentment« schreibt die Psychologin Marlia E. Banning, dass Verbitterung »auf einer grundlegenden Unfähigkeit fußt, die ursprüngliche Verletzung direkt anzusprechen oder dementsprechend zu handeln. Stattdessen richten sich die negativ befrachteten Gefühle auf ein anderes menschliches Ziel.«[1] Ich hatte Kojo wie meinen ärgsten Feind behandelt, dabei hatten wir in Wirklichkeit einen gemeinsamen Gegner: Jene kulturellen Standards, die mir das Gefühl vermittelten, alles allein schaffen zu müssen, kombiniert mit den Bedingungen und dem Wertesystem der Arbeitswelt, die immer noch auf den idealen männlichen Arbeitnehmer zugeschnitten sind.

Tatsache ist, nur weil unsere Männer das Geschirr in der Spüle stehen lassen und wir es dann abwaschen müssen, macht sie das nicht automatisch zu den Vollpfosten der Nation oder zu Neandertalern. Ihr ganzes Leben lang haben sie dieselben Botschaften bezüglich spezifischer Geschlechterrollen eingetrichtert bekommen wie wir. Eine Studie von Robin Ely und ihren Kollegen von der Harvard Business School aus dem Jahr 2014 beleuchtet die Folgen der sozialen Konditionierung von Männern in Bezug auf Genderrollen. 60 Prozent der befragten Männer der Generation X und der Babyboomer gaben an, sie gingen davon aus, nach ihrem Studienabschluss würde ihre Karriere Vorrang haben vor der ihrer Partnerin.[2] Was im Umkehrschluss bedeutet, diese Männer gehen implizit davon aus, dass ihre gegenwärtigen oder zukünftigen Ehefrauen die Haushaltsführung übernehmen werden, ganz gleich, ob sie Vollzeit arbeiten oder nicht. Und wenn ein

Mann anders denkt oder agiert, ist das gleich eine Schlagzeile wert. Als Max Schireson seinen Chefposten beim Softwareunternehmen MongoDB an den Haken hängte, um mehr Zeit für die Familie zu haben, war das ein aufsehenerregender Schritt. Ebenso wie seine Ansicht, dass seine Frau, Doktorin und Professorin, nicht den Löwenanteil der Verantwortung für den Haushalt tragen sollte. »Ich bin ihr ewig dankbar, weil sie es irgendwie geschafft hat, meiner irren Herumreiserei zum Trotz unsere Familie zusammen und den Haushalt am Laufen zu halten«, schrieb er in einem Blog-Post, in dem er seine Entscheidung verkündete. »Ich sollte ihre Engelsgeduld nicht weiter auf die Probe stellen.«[3]

Die meisten Männer sind allerdings nicht wie Max Schireson. Ganz im Gegenteil, viele erwarten selbst im Büro von ihren Kolleginnen, dass diese die »Frauenarbeiten« übernehmen. Die Autorin und Juraprofessorin Joan Williams beschreibt diesen Zustand als »Bürohausarbeit«, bei der Frauen unbeliebte und belanglose Aufgaben aufgebürdet werden, wie beispielsweise die Planung von Firmenfeiern oder die Arbeit in Inklusions-/Diversitätsausschüssen. Allesamt Rollen, die Frauen von anderen wettbewerbsorientierteren, karrierefördernderen Gelegenheiten fernhalten.[4]

Aber sowie die überkommene Vorstellung, Hausarbeit sei Frauensache, sich bei uns zuhause langsam auflöste, verschwand auch meine alte Verbitterung. Ich hatte den Stein ins Rollen gebracht, etwas an der Dynamik in unserer Beziehung zu verändern, also war es nur logisch, dass ich auch weiterhin die treibende Kraft war. Aber es gab keinen Zweifel daran, dass wir beide inzwischen ein Team waren. Und das gerade noch rechtzeitig, denn der kleine Akrobat in meinem Bauch machte sich immer unmissverständlicher bemerkbar, und uns beiden war klar, dass uns mit einem zweiten Kind eine ganze Menge neuer alltäglicher Aufgaben und Verpflichtungen erwartete.

* * *

Als ich irgendwann im November meine Sorge äußerte, Kojo könne womöglich die Geburt seines zweiten Kindes verpassen, weil er noch in Dubai war, schlug mein Gynäkologe vor, doch einfach einen geplanten Kaiserschnitt für die Woche vor dem errechneten Termin zu vereinbaren. Ich hatte ja keine Ahnung gehabt, dass es so etwas gab! Sollte das etwa heißen, ich konnte selbst bestimmen, wann mein Kind auf die Welt kam? Das war Musik in den Ohren einer Frau mit HKZ (wenn auch auf dem Weg der Besserung). Sofort vereinbarte ich einen Termin.

Die Schwangerschaft war bisher vollkommen unkompliziert und reibungslos verlaufen, weshalb Kojo, als ich ihm von meinem genialen Plan berichtete, nachdrücklich erklärte, er halte einen geplanten Kaiserschnitt für keine gute Idee. Er bat mich, mir das noch einmal zu überlegen und versprach: »Ich werde bei der Geburt dabei sein. Du kannst dich darauf verlassen.« Ich wusste beim besten Willen nicht, wie er mir so was versprechen konnte, wo doch schon der Flug von Dubai nach New York allein mindestens vierzehn Stunden dauerte. Und Babys kommen meistens, wann sie wollen. Trotzdem sagte ich den Termin wieder ab und dachte bei mir, das ist die ultimative Übung im Loslassen. Und das Unglaublichste daran war, ich machte mir deswegen überhaupt keine Gedanken mehr – bis der errechnete Geburtstermin, der 26. Februar, plötzlich immer näher rückte.

Wie viele andere ehrgeizige Frauen hatte auch ich mir vorgenommen weiterzuarbeiten, bis das Baby kam. Was dann dazu führte, dass ich Ende Februar hektisch noch mal bei sämtlichen Spendern nachzuhaken versuchte, bevor ich dann für drei Monate von der Bildfläche verschwand. Während eines meiner letzten Telefongespräche musste ich die Managerin des Stiftungsprogramms zweimal in die Warteschleife schicken, um ein paar leichte Wehen zu veratmen. Woraufhin ich mir dann überlegte, es gut sein zu lassen und lieber keine weiteren Telefonate mehr zu führen.

Panik stieg in mir auf. *Ob Kojo es noch rechtzeitig schaffen würde?*

Mein Blick ging zu dem Strauß mit den noch geschlossenen Rosenknospen, der am selben Tag gekommen war, zusammen mit einem kleinen Kärtchen, auf dem stand: »Verlass dich auf mich.« Aber Kojos Flug von Dubai ging erst in drei Tagen. Mitten im Büro ging ich runter auf Hände und Knie in die Yoga-Katzenposition, um den Wehenschmerz etwas zu lindern und meine Nervosität wegzuatmen. Klar war es mal vorgekommen, dass Kojo etwas nicht gemacht hatte, was er machen wollte, aber noch nie hatte er sein Wort gebrochen. Ich musste daran denken, wie er mir das letzte Mal hoch und heilig ein Versprechen gegeben hatte; das war vor genau einem Jahr gewesen.

* * *

Irgendwann um den Valentinstag 2008, als ich gerade erst angefangen hatte, mit Freude zu delegieren, wurde ich gefragt, ob ich im Vorstand von Harlem4Kids mitarbeiten wolle, einer gemeinnützigen Organisation zur musikalischen und literarischen Frühförderung von Kindern in Harlem.

Ich war hin und weg von Harlem4Kids. Als wir nach New York gezogen waren, war mein Sohn gerade zwei Monate alt, und eine Nachbarin hatte Kofi und mir empfohlen, an dem Samstagsprogramm teilzunehmen, damit ich andere Mütter kennenlernen konnte. Die Freundschaften, die ich dort geschlossen habe, halten bis heute, und die Gemeinschaft um Harlem4Kids sollte mir helfen, zwei meiner wichtigsten Ziele zu verwirklichen: Frauen und Mädchen zu fördern und meine Kinder zu verantwortungsbewussten Menschen zu erziehen. Da die meisten Kinder von ihren Müttern zum wöchentlichen Geschichtenvorlesen gebracht wurden, war das eine gute Gelegenheit, diesen Frauen dabei zu helfen, jene Netzwerke aufzubauen, die sie brauchten, um ihr ganzes Potential zu entfalten. Ich hatte schon vor langer Zeit beschlossen, meine Kinder vor allem zu erziehen, indem ich ihnen ein gutes Vorbild war – ich wollte meinen Kindern die Werte vorleben, die ich ihnen zu vermitteln versuchte. Durch mein Engagement für einen gemeinnützigen Verein konnte mein Sohn miterleben, wie seine Mutter sich in eine Gemeinschaft einbrachte, statt nur große Worte zu machen.

Meine Eltern hatten mir beigebracht, wie wichtig es ist, sich für andere zu engagieren, aber bis dahin hatte ich nicht das Gefühl, etwas für Harlem zu tun. Ich ging zur Arbeit, ging abends zum Netzwerken zu Veranstaltungen und Events und kümmerte mich um meinen Haushalt. Das Hamsterrad meines Lebens drehte sich viel zu schnell, als dass noch irgendein sinnvolles gemeinnütziges Projekt hineingepasst hätte. In Seattle und Boston war ich in der Alumni-Vereinigung meiner Studentinnen-Verbindung Delta Sigma Theta aktiv gewesen, die sich immer schon sozial engagiert hatte. Aber dann hatte ich ein Kind bekommen und war nach New York gezogen, und die Teilnahme an den Treffen, zu denen ich sonst regelmäßig gegangen war, wurde ein Ding der Unmöglichkeit. Ich hatte ein schrecklich schlechtes Gewissen, weil ich nicht mehr bei Delta aktiv war.

Aufbau und Struktur des Vorstands von Harlem4Kids machten es mir zum Glück leicht, mich einzubringen. Sämtliche Mitglieder des Vorstands waren berufstätige Mütter mit Kindern, die entweder selbst an einem der Programme teilnahmen oder früher teilgenommen hatten. Sie alle wussten nur zu gut um die Schwierigkeiten, Beruf und Familie unter einen Hut zu bekommen, geschweige denn, auch noch ein Ehrenamt zu bekleiden. Weshalb die Termine der Vorstandstreffen so gelegt wurden, dass möglichst alle daran teilnehmen konnten. Die Treffen fanden einmal im Monat bei einem der Mitglieder zuhause statt, also gleich hier in der Nachbarschaft. Die Tagesordnung war der einzige formelle Teil der ganzen Veranstaltung. Selbst die Kleiderordnung war zwanglos – niemand guckte einen schief an, wenn man mal in Yoga-Hose und T-Shirt kam. Aber der alles entscheidende Punkt war, dass ich sogar Kofi mitbringen konnte, wenn es gar nicht anders ging.

Das Engagement im Vorstand von Harlem4Kids war also wie für mich gemacht. Es gab nur einen Haken an der ganzen Sache: Sonntags bereitete ich immer das Essen für die ganze Woche vor. Weil ich von Montag bis Freitag nicht viel Zeit zum Kochen hatte, musste ich vorplanen, um meiner Familie jeden Abend ein gesundes, schmackhaftes, frisches Abendessen vorsetzen zu können. Ich kaufte also ein, wusch, putzte, schnippelte und kochte vor, dann packte ich alles in servierfertige Portionen ab und fror sie ein. So brauchte ich abends nur rasch Reis oder ein bisschen Brokkoli zu kochen. Essen zu bestellen mochte ich nicht, hauptsächlich, weil es so unverschämt teuer war. Und wenn ich selbst kochte, wusste ich wenigstens, was drin war, und konnte sicher sein, dass es schmeckte. Weil ich so versessen war auf günstiges, nahrhaftes Essen, dauerte es nach unserem Umzug nach New York ganze drei Jahre, bis ich das erste Mal Essen nach Hause bestellte – vollkommen unvorstellbar für die meisten New Yorker. Allein der Gedanke, wegen der Harlem4Kids-Treffen sonntags nicht mehr vorkochen zu können, war Grund genug, das Angebot abzulehnen.

Aber warum, so fragen Sie sich jetzt vielleicht, überließ ich die Essensvorbereitung nicht einfach Kojo? Er half doch bereits bei anderen Haushaltspflichten wie dem Wäschewaschen oder der Aufarbeitung der Böden in unserem Haus in Seattle. Aber das Essen für die ganze Woche zu planen und vorzubereiten – das traute ich ihm einfach nicht zu. Das größte Hindernis, das mich davon abhielt, Kojo die Zügel in die Hand zu drücken, war meine Befürchtung, dass er einfach unfähig war, im Voraus zu planen. Unfair? Vielleicht. Aber ich hatte aus Erfahrung gelernt. Es war durchaus nicht ungewöhnlich, dass eine Gala oder ein anderer formeller Anlass bereits Monate im Voraus in unserem Kalender stand und Kojo trotzdem bis zum großen Abend wartete, um mich dann ratlos zu fragen: »Was soll ich eigentlich anziehen?« Während ich mir wochenlang Gedanken gemacht hatte und mein Kleid gereinigt und gebügelt im Schrank hing!

Kojo war meiner Meinung nach ganz gut darin, kleinere oder regelmäßig wiederkehrende Aufgaben zu übernehmen. Aber die Vorstellung, dass er für eine ganze Woche einkaufte und die Mahlzeiten plante und vorbereitete, war einfach vollkommen absurd. Und weil ich der festen Überzeugung war, ihn damit heillos zu überfordern, kam es mir erst gar nicht in den Sinn, ihn darum zu bitten.

Ein paar Tage, nachdem ich gefragt worden war, ob ich im Vorstand mitarbeiten wolle, waren Kojo und ich bei einem etwas verspäteten Valentinstag-Date. An dem Feiertag selbst hatten wir wegen eines beruflichen Termins nicht zusammen ausgehen können. Es war nichts Außergewöhnliches· (damals war er noch vorübergehend ohne Arbeit), aber wir genossen unseren heiß ersehnten gemeinsamen freien Abend in dem kleinen karibischen Restaurant um die Ecke. Solche Verabredungen waren für uns seltene Gelegenheiten, ganz in Ruhe miteinander zu reden, und Kojo erzählte mir von seiner Jobsuche, während ich ihm berichtete, was bei mir im Büro los war. Beim Kirsch-Hibiskus-Kuchen angekommen, erwähnte ich auch, dass ich eingeladen worden war, im Vorstand von Harlem4Kids mitzuarbeiten. Kojo wunderte sich, wieso ich das so beiläufig erzählte. »Warum hast du das denn nicht gleich gesagt? Das ist echt cool, Babe. Ich bin stolz auf dich.«

Er ging ganz selbstverständlich davon aus, dass ich Ja gesagt hatte. Schnell korrigierte ich diesen Irrtum. Auf gar keinen Fall konnte ich sonntags neben dem Vorkochen noch eine weitere Verpflichtung übernehmen.

Kojo war vollkommen verdattert.

»Aber du liebst Harlem4Kids«, wendete er ein. »Und Vorstandsarbeit bei einem gemeinnützigen Verein macht sich immer gut im Lebenslauf. Du kannst nicht Nein sagen. Wie wäre es, wenn ich sonntags das Essen vorbereite? Ist doch kein Ding.«

Ich gluckste. Er wirkte gekränkt.

»Was denn? Meinst du, das schaffe ich nicht?«

»Na ja, das hieße ja, du müsstest dir vorher überlegen,

was wir essen werden, müsstest sämtliche Zutaten besorgen und dann alles so weit vorbereiten, dass man es abends bloß noch aufzuwärmen braucht. Das erfordert eine Menge, na ja, Planung.«

Ich sagte das so leichthin, mit etwas Skepsis in der Stimme. Ich konnte ja nicht ahnen, dass Kojo seine ganze Männlichkeit bündeln würde, um sich dieser Herausforderung zu stellen.

»Machen wir einen Deal«, schlug er vor. »Du sagst Harlem-4Kids zu, und ich kümmere mich an den Sonntagen, an denen die Vorstandstreffen stattfinden, um das Essen. *Versprochen.*«

Widerstrebend ließ ich mich umstimmen, erwartete aber insgeheim, dass dieser kleine Feldversuch im Desaster endete. Genau genommen hatte ich mir gerade noch mehr Arbeit aufgehalst – die Vorstandssitzungen *und* das Vorkochen –, weil ich mir beim besten Willen nicht vorstellen konnte, dass Kojo das wirklich hinbekommen würde.

Als ich drei Wochen später nach meiner ersten Vorstandssitzung nach Hause kam, sah zunächst alles danach aus, als sollten sich meine schlimmsten Befürchtungen bewahrheiten. Kojo saß wie gewöhnlich gemütlich auf seinem Stammplatz auf der blauen Couch. Die Küche sah aus wie geleckt; für mich ein untrügliches Zeichen, dass er keinen Fuß hineingesetzt hatte. Doch dann erschnupperte ich das Aroma von Tomaten mit geschmortem Ingwer, Knoblauch und Zwiebeln, das noch schwer in der Luft hing. Schnurstracks steuerte ich auf den Kühlschrank zu und öffnete misstrauisch die Tür, fast als fürchtete ich, drinnen womöglich einen Dieb zu überraschen.

Nichts.

»Guck in den Gefrierschrank«, rief Kojo selbstzufrieden in die Küche. Ich grinste. Im Gefrierfach warteten sieben perfekt abgepackte und ordentlich aufgestapelte Portionen Hühner-ragout.

»Dann essen wir also jeden Abend dasselbe?«

»Genau!«, entgegnete er begeistert.

Also gut. Ich hätte es zwar nicht so gemacht, aber Kojo hatte all meine Erwartungen übertroffen. Ich musste daran denken, wie Kojo reagiert hatte, als ich ihm erzählte, dass Harlem4Kids mich im Vorstand haben wollte. Seine Antwort von damals erschien mir sehr passend für diesen Anlass. Ich ging ins Wohnzimmer, kuschelte mich auf der blauen Couch an ihn und flüsterte ihm ins Ohr:

»Warum hast du das denn nicht gleich gesagt? Das ist echt cool, Babe. Ich bin stolz auf dich.«

* * *

Damals hatte Kojo sein Versprechen gehalten, und er würde es auch jetzt wieder halten. Irgendwie schienen er und das Baby eine heimliche Absprache getroffen zu haben, damit Kojo genug Zeit blieb, von Dubai nach Hause zu kommen. Einen Monat nach Präsident Barack Obamas Amtseinführung und zwei Wochen vor der Geburt unseres Kindes am 4. März 2009 war er wieder in New York. Bei beiden Schwangerschaften hatte ich die Ärzte gebeten, mir das Geschlecht meiner Kinder nicht zu verraten. Leicht fiel mir das nicht, aber ich wollte meine ungeborenen Kinder vor mir selbst schützen. Hätte ich das Geschlecht vorher gewusst, hätte ich viel zu viel Zeit gehabt, mir ihr zukünftiges Leben auszumalen, noch bevor sie ihren ersten Atemzug getan hatten. Die neunmonatige Wartezeit betrachtete ich als mein erstes mütterliches Opfer. Wobei ich gestehen muss, mein Bauchgefühl sagte mir ganz eindeutig, dass es wieder ein Junge werden würde. Als Kojo dann im Kreißsaal verkündete, wir hätten ein Mädchen bekommen, wurde ich panisch.

»Aber ich kann gar keine Cornrows flechten!«, heulte ich, noch bevor ich sie das erste Mal gesehen hatte.

Ich sah nur meine Mutter, wie sie vor Stolz über das ganze Gesicht strahlte, wenn irgendein Fremder ihr ein Kompliment machte, was für eine hübsche Frisur ihre Tochter hatte. Doch dann würde ich es eben lernen. Unsere Tochter würde auch hübsch aussehen.

Der erste Name, den wir ihr gaben, war Ekua, in Ghana ein traditioneller Name für Mädchen, die an einem Mittwoch geboren wurden. Ich fragte Kojo, ob er einverstanden sei, mit der Tradition zu brechen, dass der Vater den Namen des Kindes aussucht, weil ich ihr ihren zweiten Namen geben wollte. Er sagte sofort Ja.

Ich entschied mich für Amala, was so viel wie *Hoffnung* bedeutet.

13. KAPITEL

Manchmal braucht es ein ganzes Dorf

In jenem Jahr, in dem Kojo in Dubai war, gab es außer MEL noch einen weiteren Grund, warum es mir gefühlt so gut ging: Toyia Taylor. Toyia ist die Freundin, die mich damals auf dem College zu jener schicksalhaften Halloweenparty eingeladen hatte, auf der Kojo das erste Mal ein Auge auf mich warf. Sie war einige Jahre vor mir und Kojo nach New York gezogen, und sie war Kofis Patentante. Toyia war einer der wenigen Menschen in unserem Leben, die unsere Entscheidung, auf zwei verschiedenen Kontinenten zu leben, nicht guthieß. Aber sie liebte uns trotzdem und war immer für uns da, wenn wir sie brauchten. Toyias Art, uns unter die Arme zu greifen, war einmalig und unglaublich: Trotz ihres trubeligen Lebens als Künstlerin und Pädagogin räumte sie ihr mietpreisgebundenes Apartment in Brooklyn, um bei uns einzuziehen, während Kojo weg war. Ein ganzes Jahr wohnte sie bei uns. Damit sie wenigstens ein bisschen Privatsphäre hatte, bekam sie Kofis Zimmer und Kofi schlief bei mir im Schlafzimmer (als Ekua kam, waren wir dann zu dritt). Es war ein bisschen eng für uns alle, aber Toyia sollte sich schnell als unverzichtbar erweisen. Sie bekam sogar eine eigene MEL-Spalte. Im Putzen war sie unschlagbar, beim Kochen genauso, und sie kümmerte sich um Kofi, wenn ich Überstunden machte oder auf Geschäftsreise war.

Toyia war aber nicht die Einzige, die uns half. Meine großartige Schwiegermutter Irene kam manchmal für mehrere Wochen aus Ghana zu Besuch, manchmal sogar ohne große Vorankündigung. Und mehr als einmal fuhr einer von Kojos Freunden am Wochenende mit mir zu Costco, um den großen Wocheneinkauf zu erledigen. Meine Freundin und Nachbarin Michelle half mir, Kofis Babysachen zu sortieren, bevor das neue Baby kam, und ich lernte auch endlich unseren Hausmeister Lionel kennen. Selbst unser Vermieter, der in Kalifornien lebte, hielt mich auf dem Laufenden, wenn etwas an der Wohnung zu machen war, und sprang ein, um anfallende Reparaturen zu koordinieren, wenn weder Lionel noch Kojo zur Stelle waren.

Immer, wenn ich gefragt wurde, wie ich es schaffte, meinen Job, zwei Kinder und den Haushalt unter einen Hut zu bekommen, während Kojo in Dubai war, verwies ich gerne und nachdrücklich auf meine unermüdlichen Helferlein. Worauf die Antwort meistens lautete: »Das ist ja toll. Ihr habt wirklich ganz großes Glück.« Aber die viele Hilfe, die Kojo und ich von Außenstehenden bekamen, beruhte weniger auf Glück und mehr auf nackter Notwendigkeit. Viele der Dinge, bei denen diese Menschen uns unter die Arme griffen – Putzen, Kinderbetreuung, Kochen, Reparaturen und Einkaufen –, so hofften wir, würden wir später bezahlten Hilfen übertragen können. Aber jetzt waren wir noch nicht so weit, jemanden anstellen zu können, der uns diese Arbeiten abnahm. Weshalb wir die Unterstützung, die wir von Familie und Freunden erfuhren, nicht nur dringend brauchten, sondern auch sehr zu schätzen wussten.

Es ist eine unleugbare Tatsache, dass das Hamsterrad des Lebens sich für zwei Gutverdiener etwas weniger rasant dreht. 2013 und 2014 befragte Laura Vanderkam über einhundert Mütter mit einem mindestens sechsstelligen Jahresgehalt, wie sie sich ihre Zeit einteilten.[1] Im Gegensatz zur landläufigen Meinung fand sie heraus, dass für Frauen in Führungspositionen die Vereinbarkeit von Familie und Beruf häufig leichter zu erreichen war, weil sie sich bezahlte Haushaltshilfen und Tagesmütter leisten konnten. Außerdem erlaubte ihre gehobene Stellung diesen Frauen, wenn nötig, ein höheres Maß an zeitlicher Flexibilität.

Der Haken an der Sache ist nur, um in eine solche gehobene Führungsposition zu kommen, müssen Frauen erst mal das mittlere Management durchlaufen, und das ohne die Privilegien, die ein höheres Gehalt und größere Unabhängigkeit am Arbeitsplatz mit sich bringen. In dieser Zeit ist eine wirklich gleichberechtigte Partnerschaft nahezu unabdingbar, ebenso wie das sprichwörtliche Dorf im Hintergrund, das Frauen dabei unterstützt, ihre Ziele zu verwirklichen. Für Paare ist es wichtig zu verstehen, dass man – um dieses Dorf um sich herum aufzubauen, das den Ball aufnimmt, wenn man ihn selbst nicht mehr halten kann –, auf die Menschen zugehen muss: Wir müssen lernen, um Hilfe zu bitten und unsere Bedürfnisse zu kommunizieren. Wenn wir das tun, werden wir vielleicht feststellen, dass wir oft von vollkommen unerwarteter Stelle Hilfe bekommen.

* * *

Cecile und Rhonda sprachen mich nach einem Vortrag an, den ich bei einer Frauenkonferenz gehalten hatte. In meiner Grundsatzrede hatte ich Madeleine Albright zitiert, die einmal gesagt hat: »In der Hölle gibt es einen besonderen Ort für Frauen, die anderen Frauen Hilfe verweigern.« Cecile und Rhonda waren da ganz ihrer Meinung, und sie wollten mir unbedingt ihre Geschichte erzählen.

Nachdem die beiden sich in ihrer Kirchengemeinde kennengelernt hatten, hieß es sechs Monate lang: »Wir sollten unbedingt mal zusammen Mittag essen.« Beide waren voll berufstätige Mütter mit jeweils einem Sohn, und es war gar nicht so einfach, einen gemeinsamen Termin zu finden. Als es schließlich doch klappte, konnten beide es kaum fassen, wie lange es gedauert hatte. Bei Hühnchensalat von Subway redeten sie über ihr Leben und stellten jede Menge Gemeinsamkeiten fest. Angefangen dabei, dass sie jede einzelne Folge von *Sex and the City* auswendig kannten, bis hin zu ihrem Mädchentraum, später mal Modedesignerin zu werden. Cecile war inzwischen Krankenschwester, und Rhonda leitete ein Programm, das Wohnungslose in Übergangswohnungen unterbrachte. Beide waren geschieden. Keine von beiden bereute die Entscheidung, die kaputte Ehe hinter sich gelassen zu haben, aber sie klagten sich ihr Leid, wie schwierig es war, die Söhne ganz allein großzuziehen. An dem Tag, als sie sich das erste Mal zum Mittagessen trafen, war Cecile ganz besonders gestresst. Eigentlich wollte sie unter allen Umständen verhindern, dass ihr zwölfjähriger Sohn Malik das Zuhause, in dem er aufgewachsen war, verlassen musste. Aber ohne das Einkommen ihres Exmanns war es nur mit ihrem Schwesterngehalt nicht leicht, die Kreditraten für das Haus aufzubringen. Rhonda hingegen spielte gerade mit dem Gedanken, sich eine andere Wohnung zu suchen, damit ihr elfjähriger Sohn Justin es nicht so weit zur Schule hatte. Dann könnte er allein nach Hause laufen, ohne dass sie eigens dafür einen Babysitter engagieren musste.

»Auf welche Schule geht Justin denn?«, erkundigte Cecile sich interessiert.

»Hamilton.«

Cecile klappte die Kinnlade herunter. »Das ist gerade mal sieben Blocks von uns entfernt.«

Gläubig, wie sie beide waren, bestand für sie kein Zweifel: Das konnte kein Zufall sein. Dieses Mittagessen bei Subway war der Beginn einer Freundschaft und einer gleichberechtigten Partnerschaft. Rhonda und Justin zogen zu Cecile und Malik in ihr geräumiges Haus, was so gut funktionierte, dass sie sogar mit dem Gedanken spielten, eine WG-Initiative für alleinstehende Mütter ins Leben zu rufen. Beide Familien führen ihr eigenes Leben, aber die beiden teilen sich die Mietkosten und gewisse Aufgaben wie Kochen und Kinderbetreuung, und alle profitieren von diesem Arrangement. So sehr, dass Cecile jedes Mal, wenn Rhonda eine Verabredung mit einem Mann hatte, ihr scherzhaft nachrief: »Viel Spaß, aber komm nicht auf dumme Gedanken und heirate den Kerl!«

Wie man an Cecile und Rhonda sehr schön sehen kann, braucht es für eine gleichberechtigte Partnerschaft nicht unbedingt ein Ehepaar, und das Dorf, das man um sich schart, kann auch sehr unkonventionell sein. Vor allem für alleinstehende Frauen ist es von essentieller Bedeutung, Menschen um sich zu haben, die ihnen unter die Arme greifen, damit sich das Hamsterrad ihres Lebens nicht endlos im Kreis dreht. Ja, einer der schönsten Nebeneffekte, wenn wir den Ball weitergeben wollen, ist der, dass wir dazu unvermeidlich ein Dorf um uns herum aufbauen müssen, um uns das erlauben zu können. Ein Dorf ist ein enger Kreis von Menschen, die sich anbieten oder die wir bitten können, uns zu helfen, uns und unsere Familie zu unterstützen. Einzelne Dorfmitglieder können so wichtig sein, dass sie eine eigene MEL-Spalte bekommen, und manchmal sogar ein eigenes Schlafzimmer. Für Kojo und mich ist das Dorf inzwischen unverzichtbar, denn auch wenn wir beide uns den Haushalt teilen, es gibt immer mehr zu tun, als wir jemals schaffen können.

Unser Dorf besteht im Grunde aus fünf verschiedenen Gruppen:

Die erste Gruppe sind *Familienmitglieder* – Menschen, denen unser Wohlergehen so am Herzen liegt, dass wir keine Angst zu haben brauchen, ihnen zur Last zu fallen, wenn wir sie um Hilfe bitten. Wir wissen, dass sie uns gerne helfen, und dafür lieben und schätzen wir sie über alles. Wobei nicht jedes Mitglied unserer biologischen Verwandtschaft in diese Kategorie fällt. Und nicht jeder, den wir als Familienmitglied betrachten, ist ein Blutsverwandter. Zu unserer Familie gehören meine Schwestern aus der Studentinnen-Verbindung, die Patentanten und -onkel unserer Kinder sowie Mitglieder unserer Kirchengemeinde, die zum Teil schon geholfen haben, mich großzuziehen. Manche würden diese Menschen vielleicht als gute Freunde oder Freunde der Familie bezeichnen, für uns gehören sie einfach zur Familie. Manche Menschen haben das Glück, so nahe bei ihrer Ursprungsfamilie zu leben, dass die ihnen eine unglaubliche Unterstützung sein kann. Aber in Anbetracht der Tatsache, dass es im Jahr 2013 nur 29 Prozent[2] aller Paare wichtig war, in der Nähe von Eltern und sonstiger Verwandtschaft zu wohnen, müssen wir den Familienbegriff für uns neu definieren.

Die zweite Gruppe unserer Dorfgemeinschaft sind die *Nachbarn*. Lebt man in der Nachbarschaft, in der man selbst oder der Partner aufgewachsen ist, sind diese Menschen einfach da. Da aber viele nicht mehr ihn ihrem Heimatort leben, muss man diese Personengruppe meist neu rekrutieren. Damit begann ich in unserer Nachbarschaft, als Kofi etwa sechs Jahre alt war. Unser Nachbar hatte Kofi korrigiert, als der ihn »Mr. Harding« genannt hatte, und ihm gesagt, er soll ihn einfach nur beim Vornamen nennen. Kojo und ich mochten Mr. Harding sehr und wussten, dass er nur unser Bestes wollte. Also klopfte ich ein paar Stunden später an seine Haustür. Zunächst bedankte ich mich dafür, dass er so ein toller Nachbar war, und erklärte ihm dann, es gebe eine einfache Möglichkeit, wie er unsere Familie ein bisschen unterstützen könne. »Würden Sie bitte weiter darauf bestehen, dass Kofi Sie ›Mr. Harding‹ nennt?«, bat ich ihn. »Das wäre für ihn ein Zeichen, dass Sie eine Respektsperson sind, auf die man hören muss. Ich bin nicht immer da, wenn es darauf ankommt, und sein Dad auch nicht. Wir müssen uns darauf verlassen können, dass auch andere Menschen ein Auge auf ihn haben. Und das soll er auch wissen. Sie weiterhin ›Mr. Harding‹ zu nennen, wird ihn daran erinnern, auf Sie zu hören und Sie zu respektieren, sollten Sie ihn mal tadeln oder loben. Wären Sie so nett? Das wäre uns wirklich eine große Hilfe.«

Mr. Harding sagte sofort zu und erklärte, er fühle sich geehrt, eine so verantwortungsvolle Aufgabe übertragen zu bekommen. Er war auch vorher schon ein sehr netter Nachbar gewesen, aber nach diesem Gespräch war er immer für uns da und half uns, wo er nur konnte. Einmal hatte ich die Fahrräder der Kinder aus dem Schuppen geholt, nur um dann am Straßenrand festzustellen, dass sämtliche Reifen platt waren.

Unmöglich, beide Räder zum Fahrradladen zu schleppen und gleichzeitig die Kinder an der Hand zu halten, also erklärte ich ihnen schweren Herzens, dass wir unsere kleine Radtour verschieben mussten. Die beiden standen auf dem Bürgersteig und heulten Rotz und Wasser, da eilte Mr. Harding wie ein Superheld zu unserer Rettung herbei und trug die Räder für uns bis zum Fahrradladen, um dort die Reifen aufzupumpen. Ich dankte ihm überschwänglich dafür, dass er so ein unverzichtbares Mitglied unserer kleinen Dorfgemeinschaft war.

Die dritte Gruppe des Dorfs sind *die unbezahlten Vollzeitmamas*. Oft auch als Heimchen am Herd verschrien sind diese Frauen so viel mehr. Sie verbringen einen Großteil ihrer Zeit außer Haus, um die Kinder herumzuchauffieren, und schuften genauso hart wie berufstätige Frauen – es bezahlt sie nur niemand dafür. Der Krieg der Mütter ist längst Schnee von gestern, denn wir brauchen uns gegenseitig. Diese Frauen sind die Dorfmitglieder, die wir heimlich unter dem Konferenztisch anschreiben können, wenn das Meeting mal wieder länger dauert als gedacht, damit sie unsere Kinder mitnehmen, wenn sie ihre eigenen abholen. Immer haben sie wertvolle Tipps, in welcher Schulklasse wir unsere Kinder am besten unterzubringen versuchen sollten, und sind bei medizinischen Notfällen unverzichtbar, weil sie immer dann einspringen, wenn man morgens eine wichtige Präsentation hat, die man unmöglich verschieben kann, und das Kind mit Grippe krank im Bett liegt.

Unbezahlte Vollzeitmamas wissen normalerweise auch eine ganze Menge über die frühkindlichen Entwicklungsphasen. Ich kann mir kaum vorstellen, dass sie mehr Zeit zum Lesen haben als berufstätige Mütter, also könnte es daran liegen, dass sie deutlich mehr Zeit mit ihren Kindern verbringen als wir. So oder so, sie sind Gold wert. Diese Unterhaltung habe ich neulich mit einer von ihnen geführt, nachdem ich meine Kinder drei Tage am Stück nicht gesehen hatte, weil ich kaum noch wusste, wo mir der Kopf stand wegen der Arbeit und des Abgabetermins für dieses Buch:

Am Sonntag um 7:46 schrieb <Cheryl>:

gestern toller Tag mit den Kids!

schwimmen

basteln, malen

spielen

Kunst gucken

Staffellauf mit anderen Kindern im Park…
nach Hause und mit den Rollschuhen durchs ganze Haus…
altmodische Rollschuhe wohlgemerkt

Chicken Nuggets, Fritten und Film

finde es so toll, dass Ekua sich hier bei uns wie zuhause fühlt… sie spielt mit allen und fühlt sich anscheinend pudelwohl

hab deine Kinder echt sehr gern… gehören schon fast zur Familie – immer wieder eine Freude, sie hier zu haben.

Lucy ist Kofi um den Hals gefallen und hat ihm gesagt, wie lieb sie ihn hat!

Am Sonntag um 9:38 schrieb <Tiffany>:

Musste weinen, als ich deine Nachricht gelesen habe. War gestern noch bis drei Uhr auf und habe an meinem Projekt gearbeitet. Und das nach 48 Stunden auf einer Konferenz in Baltimore. Während der Zugfahrten habe ich wie irre an dem Skript für eine neue Videoserie zur Karriereförderung getippt, die Levo produzieren will. Gleich morgen geht es los. Und nachdem ich so glücklich war, die Rohversion meines Buchmanuskripts fertig zu haben, bekam ich gestern von einem meiner Erstleser die Rückmeldung, dass ein ganzer Abschnitt einfach gar nicht funktioniert. Also muss ich drei Kapitel komplett umschreiben, bevor ich meiner Lektorin das Manuskript gebe, womit ich überhaupt nicht gerechnet habe, und der Abgabetermin rückt unaufhaltsam näher. Zu behaupten, ich sei gestresst, wäre eine schamlose Untertreibung.

Meistens habe ich das Gefühl, ich bin eigentlich ganz okay, wie ich bin, und als Ehefrau, Mutter und Mensch ganz cool. Aber gestern hatte ich auf einmal ein schrecklich schlechtes Gewissen, weil ich die Kinder in letzter Zeit kaum gesehen habe. Und dann habe ich deine Nachricht gelesen und war einfach nur unendlich dankbar. Da hatte ich mir in schillernden Farben ausgemalt, wie die armen kleinen Mäuse mich heulend vermissen, dabei hatten sie gestern einen Heidenspaß! Und sind in den allerbesten Händen. DANKE.

Am Sonntag um 9:48 schrieb <Cheryl>:

bist ein Rockstar ... Rockstarmamas helfe ich immer gerne ... so wie du und Susie und Amy ...

bin mir nicht sicher, ob ich als Vorbild tauge, aber du ganz bestimmt ...

und meine Kinder sind immer ganz glücklich, wenn Freunde zu Besuch sind.

man braucht wirklich ein ganzes Dorf, wie Kojo jetzt sagen würde ... und eure Familie gehört dazu.

sie haben dich sicher ganz doll lieb, aber glaub nur nicht, du würdest hier vermisst!

Die Vollzeitmamas in meinem Dorf haben mir geholfen, zahllose Krisen abzuwenden, und ich kann ihnen gar nicht genug dafür danken. Aber ich gebe mir große Mühe, sie bei ihrer Gemeindearbeit zu unterstützen, da sie sich häufig ehrenamtlich engagieren. Oft laden wir ihre Kinder am Wochenende zum Übernachten ein, um sie ein bisschen zu entlasten. Eine von ihnen erzählte mir kürzlich, sie wolle wieder in ihren Beruf zurückkehren, und fragte mich, ob ich vielleicht jemanden im Marketing kenne. Ihre Frage klang, als bäte sie mich um einen riesigen Gefallen. »Soll das ein Witz sein?«, sagte ich. »Aber klar doch!« Was diese Frauen alles für mich tun, ermöglicht es mir erst, Karriere zu machen und mich zu vernetzen. Meine Adresskartei ist ihre Adresskartei. Noch am selben Tag schickte ich eine ganze Reihe E-Mails für sie raus.

Die vierte Gruppe unseres Dorfs sind die *Babysitter*. Sie sind die einzigen bezahlten Dorfmitglieder. Kojo und ich sind schnell dahintergekommen, dass man am besten einen ganzen Pool an Sittern hat, und zwar einen möglichst heterogenen, weil man oft sehr kurzfristig einen braucht. College-Studenten sind super, aber am besten sind wir bisher mit Schauspielern und Musikern gefahren, die babysitten, um sich ein bisschen was nebenbei zu verdienen. Eine unserer Sitterinnen war beispielsweise gerade zwischen zwei Broadway-Engagements und hatte zuletzt die Mary Poppins gespielt und gesungen. Sie brachte Kofi und Ekua alle Lieder aus dem Musical bei. Es war zauberhaft. Inzwischen gibt es auch Plattformen wie Care.com (Betreut.de) oder UrbanSitter.com für alle, die keine echte Mary Poppins an der Hand haben. Wir haben auch schon darauf zurückgegriffen, wenn wir ganz kurzfristig einen Babysitter brauchten. Im Laufe der Jahre haben wir ein paar grundlegende Regeln für den Umgang mit Babysittern erstellt, die sie zu vollwertigen Mitgliedern unserer Dorfgemeinschaft machen:

1. Bei der Bezahlung unserer Sitter legen wir stets eine handschriftliche Notiz dazu, in der wir betonen, wie sehr wir sie und ihre Arbeit schätzen. Zwei Zeilen genügen. Wirklich.

2. Wir vergewissern uns, dass unsere Sitter gut nach Hause kommen. Wir zahlen das Bahnticket oder das Taxi, und wenn es sehr spät geworden ist, rufen wir ihnen per Uber einen Fahrer oder bringen sie persönlich nach Hause. Wenn sie zu Fuß gehen, bitten wir sie, uns kurz Bescheid zu sagen, damit wir wissen, dass sie gut zuhause angekommen sind.

3. Wir respektieren ihr Vorrecht; sollten sie uns mal an jemand anderen verweisen, fragen wir sie auch in Zukunft immer zuerst an.

4. Wir versorgen sie mit Essen. Sie sollen wissen, dass sie sich bei uns wie zuhause fühlen und sich in der Küche jederzeit an allem bedienen können. Und wenn sie durch Allergien oder ihre Ernährungsform bedingt bei uns nichts finden, bestellen wir ihnen etwas.

5. Wir sind nach Leibeskräften bemüht, sie zu unterstützen. Soll heißen, wenn wir irgendwo von einem Jobgesuch hören, das zu ihnen und ihren Qualifikationen passt (nicht vergessen, Babysitten ist nur ihr Nebenjob), stellen wir den Kontakt her. Auf diese Weise haben wir schon einige großartige Babysitter verloren, aber sie sind gerade deswegen immer treue Mitglieder unserer Dorfgemeinschaft geblieben.

Die fünfte Gruppe, die in keinem Dorf fehlen sollte, sind *die Experten* – Freunde und Bekannte mit speziellem Fachwissen. Das erleichtert anstehende Arbeiten und vereinfacht die Problemlösung. Zum Beispiel ist es ratsam, in der Dorfgemeinschaft einen Mechaniker zu haben oder jemanden, der sich besonders gut mit Autos auskennt. Es kann sich auch als hilfreich erweisen, einen Kinderarzt und andere Mediziner im Bekanntenkreis zu haben, genauso wie einen Anwalt und einen Reiseverkehrsspezialisten. Als Bekannte, wohlgemerkt, nicht als Geschäftspartner. Diese Experten können die Eltern von Klassenkameraden der Kinder sein oder ehemalige Kommilitonen aus Collegezeiten, mit denen man in Kontakt geblieben ist. Kojo und ich hätten es uns lange nicht leisten können, Klienten unserer Dorf-Experten zu sein, und weil wir keine zahlenden Kunden waren, haben wir peinlich genau darauf geachtet, sie nicht zu sehr zu strapazieren und nicht zu viel ihrer Zeit in Anspruch zu nehmen. Die erste Frage, die wir unseren Experten meist stellten, lautete: »Was würdest du tun, wenn...?« oder »Wenn man X braucht, wo würde man da am besten suchen?« Da wir davon ausgehen, dass unsere Experten sich auf ihrem jeweiligen Fachgebiet ungleich besser auskennen als wir, ist der beste Weg zum Erfolg, das zu tun, was sie tun würden. Meine Schwester hat mal zu mir gesagt: »Tiffany, du bist so eine Langweilerin. Immer guckst du dir alles von anderen ab, statt es auf eigene Faust zu versuchen.« Meine Antwort? Warum Zeit darauf verschwenden, selbst meine Lektion zu lernen, wenn es Menschen gibt, die ihre im Schweiße ihres Angesichts erworbenen Kenntnisse gerne mit mir teilen?

Wichtig ist, dass Experten nicht unbedingt auf ein bestimmtes Wissensgebiet spezialisiert sein müssen; manche sind auch Experten für persönliche Themen. So sind zwei unserer wertvollsten Spezialisten beispielsweise ein Paar, das seit beinahe fünfzig Jahren miteinander verheiratet ist. Wir respektieren die beiden ungemein, einzeln wie auch als Paar, und sie haben uns mehr als einmal unbezahlbare Beziehungsratschläge gegeben.

Als vielbeschäftigte berufstätige Eltern sind Kojo und ich oft auf die Gunst und das Wohlwollen unseres Dorfs angewiesen. Einmal ließ es sich beispielsweise nicht verhindern, dass wir beide beruflich verreisen mussten. Ich sollte bei der Einführungsveranstaltung von MAKERS in Kalifornien sprechen, während Kojo nach Lagos musste. Sonst organisieren wir es eigentlich so, dass abends immer einer von uns bei den Kindern ist, aber diesmal war es unvermeidlich, gleichzeitig zu verreisen. Am letzten Tag meiner Konferenz fegte ein Schnee-sturm über New York, und sämtliche Flüge wurden gestri-chen. Mein schlimmster Albtraum. Wir hatten alles akribisch genau geplant, damit die Kinder nur eine Nacht ohne uns verbringen mussten. Unsere Babysitterin sollte bei den Kin-dern übernachten und sie am nächsten Morgen in die Schule bringen, aber sie hatte noch einen anderen Job, zu dem sie anschließend musste, und es war auch niemand da, der ein-springen und eins der Kinder hätte abholen können, wäre an dem Tag in der Schule irgendetwas passiert. Ich wusste natür-lich, dass ich eine meiner Vollzeitmütter anklingeln konnte, aber ich betete inständig, das würde nicht nötig sein, und ver-traute darauf, rechtzeitig zuhause zu sein, um die Kinder von der Schule abzuholen.

Als ich dann von dem Schneesturm erfuhr, wurde ich leicht panisch und schickte sofort eine E-Mail an meine Dorf-gemeinschaft raus. Natürlich hatte ich vorher Bescheid gesagt, dass Kojo und ich nicht in der Stadt sein würden, und zwar genau für den Fall, dass sich so eine Notlage ergeben würde. Sofort boten sie ihre Hilfe an und versicherten, Kojo und Ekua seien überall herzlich willkommen. Am Ende war es Cheryl, eine der Vollzeitmamas, die die Kinder von der Schule abholte und mit nach Hause nahm, wo unsere Kinder gemeinsam eine spontane Pyjamaparty feierten. Ich muss gestehen, frü-her einmal hätte die HKZ-Mutti in mir sich tausend Gedan-ken gemacht, meiner Tochter würden am nächsten Morgen in der Schule die krisseligen Haare zu Berge stehen, weil die weiße Mami nicht wusste, wie man sie richtig kämmte, oder mein Sohn würde seinen Förderunterricht nach der Schule verpassen, weil es einfach zu viel von meiner Freundin ver-langt war, ihn bei den ganzen Kindern, die sie jetzt zu bändigen hatte, auch noch eigens dorthin zu bringen. Außerdem hatten meine Kinder auch keine frischen Anziehsachen für die Schule dabei, und wer weiß, ob sie auch alle Hausaufgaben gemacht hatten – aber das war *damals*.

Statt mich also für den Rest der Reise vollkommen verrückt zu machen mit Dingen, an denen ich ohnehin nichts ändern konnte, beschloss ich lieber, die angenehmen Seiten meines unerwarteten Aufenthalts zu genießen: Ich hatte vierundzwanzig Stunden Zeit zum Nichtstun, niemanden, um den ich mich kümmern musste, und ich saß in einem Fünf-Sterne-Resort fest. Ehe mein Dorf zu meiner Rettung geeilt war, hatte ich mich vollkommen kirre gemacht wegen der Flugverspätung und mich selbst gegeißelt, was für eine schlechte, verantwortungslose Mutter ich doch sei, dass ich die grandiose Aussicht keines Blickes gewürdigt hatte. Das Meerespanorama war einfach überwältigend. Ich buchte eine Massage, und danach saß ich stundenlang im Spa-Bereich und hing stillvergnügt und zufrieden meinen Tagträumen nach. Es erinnerte mich an die Zeit als junges Mädchen, als ich ganze Nachmittage auf meiner Emily-Erdbeer-Decke im Garten hinter dem Haus liegen und an einem Gedicht schreiben konnte, und erst meine Mutter mich aus meiner kleinen Welt riss, wenn sie mich hereinrief, weil es Zeit zum Abendessen war. Nach dem Spa saß ich den ganzen Abend mit meiner lieben Freundin Jennifer vor dem Kamin, und wir lachten und tranken Wein und aßen ein köstliches Menü mit unendlich vielen Gängen.

Am nächsten Morgen joggte ich zum Aufwachen am Strand entlang und spielte Fangen mit den Wellen. Alle paar Schritte kam der Pazifik mir entgegen, um sich dann spielerisch wieder zurückzuziehen. Ich atmete ein. Ich atmete aus. Alles war klar. Nach dem Laufen machte ich vor der Kulisse eines atemberaubenden Sonnenaufgangs eine kleine Yoga-Session. Als ich in New York landete, war ich eine bessere Ehefrau und Mutter und wusste noch einmal ganz neu zu schätzen, was es hieß, den Ball weiterzuspielen.

IV.

Gleichberechtigte Partnerschaft

14. KAPITEL

Gut ist gut genug

Ich hasse den Wasserhahn in meiner Küche. Er sieht aus wie ein Relikt aus den Siebzigern, aber kein bisschen cool oder retro oder schick. Und doch liebe ich diesen grässlich-hässlichen Wasserhahn irgendwie auch. Jeden Tag erinnert er mich daran, wie weit ich gekommen bin und was ich gewonnen habe, seit ich meinen HKZ den Abfluss hinuntergespült habe.

Lassen Sie mich das kurz erklären.

Eines Morgens packte ich gerade in aller Eile die Pausenbrote für die Kinder ein, die ich beinahe vergessen hätte, weil ich bis zwei Uhr nachts wach gewesen war, um mich auf ein wichtiges Meeting vorzubereiten (zu dem ich jetzt zu spät kommen würde, wenn ich mich nicht beeilte), als mir auffiel, dass der Wasserhahn tropfte. Mir war klar, dass ich in den nächsten ein, zwei Wochen keine Zeit finden würde, mich selbst darum zu kümmern, also schickte ich, nachdem ich die Pausenbrotdosen der Kinder gepackt hatte, eine Nachricht an Kojo: *Wasserhahn in der Küche leckt. Bitte reparieren.*

Wobei ich keinen Gedanken daran verschwendete, dass Kojo gerade in Dubai war. Wir hatten MEL zusammen erstellt, und ich war mir sicher, er würde sich irgendwas einfallen lassen. Und das tat er auch. Als ich abends nach Hause kam, begrüßte mich in der Küche ein funkelnagelneuer und grässlich unmoderner Wasserhahn. Irks. Ich hatte mir etwas Klassisch-Zeitloses vorgestellt, schlicht und elegant – etwas das Gwyneth Paltrows gestrengem prüfendem Blick standhalten würde. Sofort überlegte ich, meine Termine irgendwie zu verlegen, damit ich das Ding gleich am nächsten Tag austauschen lassen konnte.

Aber am Ende siegte mein gesunder Menschenverstand. Ich hatte Kojo Bescheid gesagt, eben weil ich zu viel um die Ohren hatte, um mich selbst darum zu kümmern. Und in der Zeile *Reparatur- und Wartungsmanagement* stand ein *X* neben seinem Namen. Ich konnte mich glücklich schätzen, dass ich einen Ehemann hatte, der meine Sieben-Wort-Anfrage sogar von der anderen Seite des Atlantiks erledigte. Ein hässlicher Wasserhahn war ein angemessener Preis für eine unbezahlbare Steigerung der Lebensqualität.

In jedem Haushalt gibt es leckende Wasserhähne – wortwörtliche wie metaphorische. Frauen müssen lernen, anderen Menschen zuzutrauen, dass sie Probleme lösen, auch wenn sie es vielleicht ganz anders machen, als sie selbst es tun würden. Wir sollten uns ein Beispiel an Prinzessin Elsa aus *Die Eiskönigin* nehmen und einfach loslassen. Gelingt uns das, haben wir viel zu gewinnen, und unser Familienleben kann sich von Grund auf verändern.

Die Einsicht, zu der ich gelangt bin, als ich Kojo die Verantwortung für den tropfenden Wasserhahn übertrug, war auch deshalb so wichtig, weil es bei der gemeinsamen Haushaltsführung meistens so lief, dass ich Kojo erklärte, wie man etwas machte. Selten war es mal anders herum. So, wie im Berufsleben die Männer dominieren, dominieren zuhause die Frauen, ganz besonders die, die unter HKZ leiden. Und da es zuhause keine Personalabteilung gibt, die auf diese Ungleichbehandlung hinweist, bekam Kojo gleich mehrfach die Pistole auf die Brust gesetzt. Es gab nur *meine* Art, etwas zu tun; alles andere kam gar nicht erst in Betracht. Aber als ich schließlich anfing, mich darauf einzulassen, mir von ihm helfen zu lassen – und ihn alles so machen zu lassen, wie er es für richtig hielt –, entdeckte ich ganz neue und ungeahnte Vorteile. Wie beispielsweise, dass Kojo die Sachen von der Reinigung nach Hause liefern ließ. Zwei Jahre lang hatte ich mich immer abhetzen müssen, um rechtzeitig in der Reinigung zu sein und unsere Sachen abzuholen. Kojo hatte keinen Tag gebraucht, um herauszufinden, dass man sich die Sachen zu einer vereinbarten Zeit nach Hause liefern lassen konnte. Ich war gar nicht erst auf die Idee gekommen, mich danach zu erkundigen! Immer, wenn ich etwas Neues von Kojo lernte, das meine eingefahrene Routine zuhause veränderte, stellte das den Status Quo auf den Kopf. Und jeder dieser Umbrüche war eine kleine Erinnerung daran, dass Vielfalt, wenn man sie nutzt, um Probleme auf neue Art und Weise zu lösen, etwas ganz Großartiges ist.

Als ich wieder einmal einen Babysitter suchte, stolperte ich zufällig über ein weiteres Beispiel für Kojos Innnovationsgeist die Organisation unseres Familienlebens betreffend. Ich war eben von einer Geschäftsreise zurückgekommen, und mein Flieger rollte gerade zum Gate, als er mich anrief und mich bat, ihm die Namen und Telefonnummern unserer sämtlichen Babysitter weiterzuleiten. Weil wir beide ständig auf Reisen waren, hatte ich einen umfangreichen Pool angelegt, aus dem wir schöpfen konnten, wenn wir abends oder am

Wochenende eine Kinderbetreuung brauchten. Ich war erstaunt und äußerst angetan, dass Kojo unbedingt den Sitter suchen wollte, weil er das sonst immer mir überließ. Er erklärte, einer seiner Klienten sei unerwartet in der Stadt, und ich müsse ihn an dem Abend zum Essen begleiten. In Anbetracht der Tatsache, dass ich gerade erst nach New York zurückgekommen war, fand ich die Aussicht, in ein enges, kneifendes Kleid zu schlüpfen und ein liebreizendes Lächeln aufzusetzen, um ihm bei einem Geschäftsabschluss zu helfen, nicht unbedingt verlockend. Kojo wusste, dass ich viel lieber zuhause bei den Kindern bleiben würde, die ich seit zwei Tagen nicht gesehen hatte. Indem er sich um den Babysitter kümmerte, wollte er mir wohl ein bisschen entgegenkommen.

»So kurzfristig klappt das nie«, erklärte ich mit der allergrößten Überzeugung und angelte das Handgepäck aus der Aufbewahrung über dem Gang.

Wurde ich kurzfristig zu einem Abendtermin eingeladen, sagte ich meist umgehend ab. Einen Babysitter zu bekommen dauerte mindestens einen ganzen Tag, und die Zeit hatte ich nicht. Aber dreißig Minuten nach unserem Gespräch schrieb Kojo mir den Namen des Sitters, der abends auf unsere Kinder aufpassen würde.

Irgendwann hatte Kojo kapiert, dass ich mich abends leichter aus dem Haus locken ließ, wenn er sich um den Babysitter kümmerte. Und irgendwann verstand ich dann auch, dass es kein einmaliger Glücksgriff gewesen war, als er innerhalb einer halben Stunde einen Babysitter aufgetrieben hatte. Ich fragte mich, wie er das immer anstellte, wie er etwas, wofür ich oft genug zwei Tage brauchte, in nicht mal einer halben Stunde erledigen konnte. Suchte ich einen Babysitter, schickte ich demjenigen, von dem ich glaubte, dass es seinen Arbeits-

oder Studienzeiten entsprechend am besten passen könnte, und der in meiner Rotation als Nächstes an der Reihe war, eine Mail. Dann wartete ich auf die Antwort. Konnte der potentielle Sitter den Job übernehmen, buchte ich ihn. Konnte er es nicht, machte ich mit dem nächsten Sitter auf meiner Liste weiter. In meinen Augen war das die entgegenkommendste und fairste Methode für alle Beteiligten.

Als Kojo mir seine Vorgehensweise erklärte, verschlug es mir die Sprache. Brauchte er einen Babysitter, schrieb er eine Rundmail, die er zeitgleich und offen an alle Babysitter verschickte. So sah jeder Sitter, dass zehn weitere Kollegen dieselbe Anfrage bekommen hatten. Wer den Job wollte, musste schnell reagieren, denn Kojo engagierte den Ersten, der sich zurückmeldete. Anfangs fand ich Kojos Methode einfach unverschämt und entschuldigte mich dafür sogar bei einer unserer Babysitterinnen, als wir uns zufällig in der Bank begegneten. Ihre Reaktion verblüffte mich. Sie fand es sogar gut, dass Kojo alle gleichzeitig anschrieb, weil sie, wenn sie keine Zeit hatte, kein schlechtes Gewissen zu haben brauchte und sich auch nicht in der Pflicht sah, explizit abzusagen. Schnell lernte ich seine Art der Akquise zu schätzen. Durch sie konnte ich mein Netzwerk effektiver nutzen, und die Aufgabe »Babysitter suchen« fraß viel weniger Zeit als früher. Und das Beste daran war, ich konnte einfach loslassen und meinen Mann machen lassen, weil er sich dabei offensichtlich wesentlich geschickter anstellte als ich. Kojo und ich wurden bei der Haushaltsführung immer mehr zu wirklich gleichberechtigten Partnern. Und unsere Familie profitierte von unseren unterschiedlichen Herangehensweisen.

* * *

Auch wenn es in den meisten Unternehmen noch viel mehr Frauen in den Führungsetagen braucht, sind viele Arbeitgeber der vorherrschenden Realität in unseren Haushalten um Lichtjahre voraus, was die Nutzung von Diversität zum eigenen Vorteil angeht. Diese Unternehmen haben längst verstanden, dass eine Vielfalt hinsichtlich Erfahrungen, Herkunft und Fähigkeiten ihrer Angestellten ungeheure Vorteile mit sich bringt. Eine Studie aus dem Jahr 2011 von *Forbes Insights* beleuchtet, welche wichtige Rolle Diversität und Inklusion der Mitarbeiter in den Bereichen Innovation und Kreativität spielt.[1] Und ein Artikel im *McKinsey Quarterly* zeigt eine eindeutige Verbindung auf zwischen der Diversität der Geschäftsführung und der finanziellen Performance und stellt fest, dass »bei Unternehmen, bei denen die Diversität des Vorstands im obersten Viertel liegt, Renditevorgaben [durchschnittliche Eigenkapitalrendite] in der Regel um 53 Prozent höher lagen als bei den Unternehmen im untersten Viertel«.[2] Eine weitere Studie von Wissenschaftlern der University of Michigan fand quantitative Belege dafür, dass eine heterogene Belegschaft einen vielfältigeren Pool an Problemlösern hervorbringt, die einzigartige strategische Ansätze mit einbringen.[3] 81 Prozent der Teilnehmer dieser Studie gaben an, in ihrem Unternehmen gebe es Programme zur Förderung von Gendergleichberechtigung und Diversität bei der Personalbeschaffung und -entwicklung.[4] Augenscheinlich kommen immer mehr Unternehmen zu der Überzeugung, dass Diversität eine wichtige Rolle spielt.

Barbara Annis, Gründerin und Geschäftsführerin der Gender Intelligence Group, hat es sich zur Lebensaufgabe gemacht, die Vorteile von Gender-Diversität am Arbeitsplatz nutzbar zu machen. Seit über dreißig Jahren unterstützt Annis Unternehmen dabei, »blinde Flecken« bezüglich Gender-ungleichbehandlung aufzudecken und aufzulösen, die sie als »irrige Annahmen von Männern und Frauen« bezeichnet, »die ›versehentliche‹ Fehlkommunikation und Missverständnisse bedingen und dazu beitragen, den Status Quo der Geschlechter innerhalb eines Unternehmens aufrechtzuerhalten«.[5]

Annis hat vier grundlegende »blinde Flecken« identifiziert, die bezeichnend sind für die Art und Weise, wie Männer und Frauen bei der Arbeit interagieren:

1. Der Irrglaube, Gleichheit bedeute Gleichmacherei, was dazu führt, dass man »irrige Annahmen macht bezüglich der Bedeutung und Motivation hinter dem Verhalten anderer«.
2. Männlich ausgelegte Unternehmensstrukturen, die seit der industriellen Revolution existieren und darauf ausgerichtet sind, männliche Qualitäten wie »Geschwindigkeit, Effizienz und klare Hierarchien« zu fördern.
3. Frauen darauf zu trimmen, sich wie Männer zu benehmen und wie Männer zu denken, was dazu führt, dass das Vorurteil aufrechterhalten wird, »die Leistung und der Arbeitsstil von Frauen sei weniger wert als der von Männern«.
4. Die Annahme, dass abschreckendem männlichem Verhalten (wie beispielsweise Kunden in gewisse Etablissements auszuführen) eine Absicht zugrunde liegt, während die allermeisten Männer »nur das tun, wovon sie glauben, es sei das Beste für das Unternehmen, ohne darüber nachzudenken, welche Auswirkungen ihr Verhalten auf weibliche Mitbeschäftigte hat«.[6]

Annis ist der Ansicht, dass Führungskräfte am Arbeitsplatz den Status Quo verändern und optimale Synergien und Produktivität erreichen können, wenn sie diese blinden Flecken nicht ausblenden. Ich weiß inzwischen aus eigener Erfahrung, dass das im häuslichen Umfeld nicht anders ist.

Beginnen wir mit dem ersten blinden Fleck, »Gleichheit bedeute Gleichmacherei« – wie beispielsweise: *Wenn er das Kind anzieht, muss er es genauso machen, wie ich das immer mache.* Der blinde Fleck führt darüber hinaus zu irrigen Annahmen bezüglich der Absichten unseres Ehepartners. *Ihm ist es ganz egal, wie das Kind aussieht.* Der »Gleichheit bedeute Gleichmacherei«-blinde-Fleck war auch der Grund, warum ich Kojo damals angebrüllt hatte, weil ich nicht verstehen konnte, warum er auf der blauen Couch saß und in aller Seelenruhe ein Basketballspiel anschaute, während unser Kind sich die Seele aus dem Leib schrie. Aus heutiger Sicht weiß ich, Kojo war so gelassen, weil er wusste, dass keinerlei Gefahr bestand und unser Sohn bei Lucinda in besten Händen war, einem geschätzten und vertrauenswürdigen Mitglied unserer Dorfgemeinschaft. Kojo ging mit dieser Situation einfach anders um als ich.

Der »Gleichheit bedeute Gleichmacherei«-Ansatz bedeutet auch, dass Frauen sich zuhause eine unglaubliche Mehrarbeit aufhalsen, weil sie ständig ihren Männern hinterherräumen und alles nacharbeiten müssen, damit es genauso ist, als hätten sie es selbst gemacht. Eine Studie aus Großbritannien hat gezeigt, dass Frauen im Schnitt drei Stunden in der Woche darauf verwenden, ihren Männern hinterherzuräumen und zu richten, was in ihren Augen »schlecht gemacht« ist.[7] Wie viel Zeit wir sparen würden, könnten wir diese Aufgabe einfach als erledigt abhaken, selbst wenn das Ergebnis ein anderes ist, als hätten wir es selbst gemacht.

Weiter zu Annis' zweitem blindem Fleck, den männlichen Organisationsstrukturen, die seit der industriellen Revolution existieren. Ungefähr genauso lange ist der Haushalt das Reich der Frau, oft zu Unrecht abgewertet, da Frauen meist ausgezeichnete Multitaskerinnen sind. Tatsächlich fällt es manchen Männern nicht leicht, all die Aufgaben, Ereignisse, Beziehungen und Tätigkeiten zu jonglieren, die Voraussetzung sind für jeden gut geführten Haushalt. Weshalb viele Frauen, wenn sie das Haus länger als vierundzwanzig Stunden verlassen, den Drang verspüren, detaillierte Anleitungen zu hinterlassen, was in ihrer Abwesenheit zu tun und zu lassen ist.

Einer der Gründe, warum in den meisten Haushalten weibliche Organisationsstrukturen dominieren, liegt darin, dass Frauen häufig als Erste mit den Informationen bezüglich anstehender Managementfragen versorgt werden. Was daran liegt, dass die meisten Interessensgruppen außerhalb des Familienunternehmens, darunter Kinderbetreuer und Gesundheitsdienstleister, Schulen und außerschulische Freizeitgestalter, zuerst die »Dame des Hauses« ansprechen, selbst wenn die Männer als erste Kontaktperson angegeben werden. Soziologen bezeichnen diese Form der weiblichen Kontrolle über Haushaltsführungsinformationen als »Maternal Gatekeeping«.[8] Für den Großteil meiner Ehe war ich die Königin aller Gatekeeping-Moms.

Eines Tages wurde ich unsanft und doch wunderbar aus meinem Wahn gerissen, als einer unserer neuen Babysitter statt nur mich zu kontaktieren auch Kojo direkt anschrieb. Jede ihrer Nachrichten ging zeitgleich sowohl an mich als auch an Kojo. Ich ließ ihr eine Einkaufsliste da, und sie schrieb uns: *Was für eine Sorte Äpfel*? Oder wenn ich sie bat, ein Geburtstagsgeschenk zu besorgen, fragte sie uns beide: *Wie viel darf es kosten?*

Ich hatte sie nicht darum gebeten, uns beide auf dem Laufenden zu halten, und anfangs machte mich das ganz kirre. Ich fand es vollkommen überflüssig, Kojo anzuschreiben, schließlich war ich diejenige, die ihre Fragen beantworten konnte, nicht er. Doch dann geschah etwas Verblüffendes – etwas, womit ich nicht gerechnet hätte. Ich kam aus einem Meeting oder einer Präsentation und fand auf meinem Handy eine ellenlange Unterhaltung zwischen der Babysitterin und Kojo. Manchmal beantwortete er ihre Fragen zwar nicht ganz korrekt (ich brauchte grüne Äpfel, keine roten), aber nach ein paar Wochen sah ich ein, dass die Welt von roten Äpfeln nicht unterging. Wichtiger noch, ich merkte, wie sehr es mich unter Druck gesetzt hatte, das Gefühl zu haben, auch während der Arbeit immer für den Babysitter erreichbar sein zu müssen. Oft wurde ich während eines Meetings von den Nachrichten abgelenkt, die auf meinem Display erschienen, und konnte mich nicht mehr auf die Diskussion am Konferenztisch konzentrieren. Aber als ich jetzt merkte, dass Kojo sich genauso um ihre Anfragen kümmerte, verflog meine innere Unruhe, und ich war viel konzentrierter bei der Sache. Weibliche Organisationsstrukturen und Haushaltsmanagementstrategien, die Frauen benachteiligen, bürden uns mehr Arbeit auf und verhindern, dass wir eine gleichberechtigte Partnerschaft mit unseren Männern führen.

Blinder Fleck Nummer drei: »Frauen darauf zu trimmen, sich wie Männer zu benehmen und wie Männer zu denken.« Es ist eine altbekannte Tatsache, dass es nicht dazu beiträgt, das Potential aller Geschlechter bestmöglich zu nutzen, wenn Frauen im beruflichen Umfeld männliche Verhaltensweisen nachahmen und übernehmen.[9] Trotzdem kenne ich viele Frauen, die ihre Männer im häuslichen Umfeld darauf trimmen wollen, sich wie Frauen zu benehmen und wie Frauen zu denken. Klar können wir voneinander lernen und einige nützliche Verhaltensweisen übernehmen, aber wir beschneiden das männliche Problemlösungspotential, wenn wir darauf bestehen, dass sie Aufgaben genauso angehen wie wir.

Von all meinen gescheiterten Versuchen, Kojo dazu zu bewegen, sich zuhause mehr einzubringen, schäme ich mich am meisten für mein Sticker-Belohnungsprogramm. Darum hat mich auch die Aufkleber-Methode von Felicia so beeindruckt, der Pädagogin, die zuhause so ein strenges Regiment führte. Meine Haushaltsführung gründete sich auf eine Kernidee: Man sollte tunlichst verhindern, dass Dinge sich ansammeln. In meiner Vorstellung war es so: Je länger man damit wartet, etwas zu tun, desto mehr Arbeit hatte man. Kojo sah das allerdings ganz anders. Er war der Ansicht, ob er sich jetzt darum kümmerte oder später, die Arbeit blieb die gleiche. Weshalb er überhaupt keine Eile hatte, irgendetwas zu erledigen. Seinem absolut logischen Ansatz zum Trotz versuchte ich ihn mit allen Mitteln dazu zu bewegen, *meinem* Zeitplan zu folgen. Ich schrieb also eine Liste mit den Dingen, die er erledigen sollte, wie beispielsweise die Wertstoffe wegzubringen oder die falsch eingekauften Frühstücksflocken im Supermarkt umzutauschen. Dann pappte ich die Liste an den Kühlschrank und klebte einen knallgelben Smiley auf jeden abgehakten Punkt, um den er sich an dem Tag gekümmert hatte, an dem *ich* ihn erledigt hätte. Irgendwann traf es mich wie ein Schlag ins Gesicht, wie irrwitzig diese ganze Geschichte eigentlich war, weil Kojo ganz beiläufig meinte: »Ich kriege dauernd irgendwelche Aufkleber und weiß nicht mal, warum.« Also erklärte ich ihm, dass ich einen Sticker neben jeden Punkt klebte, den er »rechtzeitig« erledigt hatte.

»Aber du schreibst nie dazu, bis wann es gemacht sein muss, woher soll ich also wissen, was du unter ›rechtzeitig‹ verstehst?« Kojo fand das sehr herablassend und überheblich, und als ich mich eines Nachmittags dabei ertappte, wie ich »neue Aufkleber besorgen« auf meine To-Do-Liste schrieb, ging mir auf, dass diese ganze Sache sich irgendwie selbst in den Schwanz biss. Das Sticker-Programm wurde nach drei Wochen sang- und klanglos wieder eingestellt.

Und zu guter Letzt der vierte blinde Fleck: Die Annahme, dass abschreckendem männlichem Verhalten eine Absicht zugrunde liegt. Auch zuhause ist es wichtig zu wissen, dass Frauen ihre Männer nicht aus Jux und Tollerei anblaffen. Genau wie Männer, deren abschreckendem Verhalten keine böse Absicht zugrunde liegt, sondern die einfach das tun, »wovon sie glauben, es sei das Beste für das Unternehmen«, wollen Frauen, die allmorgendlich dieselben Sätze wiederholen, jeden Tag noch etwas nachdrücklicher, nur sicherstellen, dass jeder zur richtigen Zeit am richtigen Ort ist, und das möglichst mit der richtigen Schultasche. Der spitze Unterton in unserer Stimme ist meistens nur der morgendliche Stress und nicht die böse Absicht, an der Familie herumzunörgeln.

Im Allgemeinen wirkt Kojo wesentlich weniger gestresst als ich, weil er, im Gegensatz zu mir, Probleme eher segmentieren kann und alles ganz simpel und getrennt voneinander hält. Was mir nur deshalb aufgefallen ist, weil unsere temporäre Fernbeziehung uns zwang, weniger spontan zu kommunizieren. Während Kojo in Dubai war, redeten wir hauptsächlich über Skype miteinander, und wir mussten regelmäßige

Termine vereinbaren, um in Kontakt zu bleiben. Weil unsere gemeinsame Zeit oft sehr begrenzt war, stellten wir eine Art Tagesordnung auf, um nichts Wichtiges zu vergessen. Kojos Liste war meist recht überschaubar und schnell abgehakt. Während bei mir häufig zunächst unscheinbare »kleine« Tagesordnungspunkte zu größeren Problembereichen führten, die wir unmöglich in einem einzigen Telefonat besprechen konnten. So schrieb ich beispielsweise »Windeln« auf die Liste, weil ich vorschlagen wollte, Kojo sollte sie online bestellen und gleich zu Kofis Kita schicken lassen, was dann dazu führte, dass ich meine Sorge äußerte, dass Kofi überhaupt noch Windeln trug. Was mit einer kleinen Notiz zum Windeleinkauf begann, entwickelte sich zu einer umfassenden Diskussion über den allgemeinen Entwicklungsstand unseres Sohnes.

»Meinst du, wir sollen versuchen ihm beizubringen, aufs Töpfchen zu gehen?«, fragte ich. »In Kofis Kita sind etliche Kinder schon trocken. Wie sollen wir das am besten angehen? Ich habe von einer Methode gehört, bei der man das Kind zuhause einfach ohne Windel herumlaufen lässt. Erscheint mir allerdings etwas extrem – und eine ziemliche Schweinerei!« Was dann wiederum zu einer Diskussion mit Kojo über unsere unterschiedlichen Erziehungsstile führte. Irgendwann unterbrach er mich schließlich und sagte so was wie: »Babe, ich dachte, wir wollten über Windeln reden.« Er denkt in Schlagwörtern, ich in ganzen Absätzen.

In seinem Video *Tale of Two Brains* verwendet Pastor und Comedian Mark Gungor eine humorvolle Metapher, um die unterschiedliche Denkweise von Männern und Frauen zu verdeutlichen.[10] Das männliche Gehirn, so erklärt er, sei voller Schachteln. Eine für das Auto, zum Beispiel, eine für die

Arbeit, eine für die Kinder, und dann die Lieblingsschachtel aller Männer – die Nichts-Schachtel. Ungeschriebenes Gesetz des männlichen Hirns: Keine der Schachteln darf je die andere berühren.

Frauen dagegen haben vollverdrahtete Hirne. Überall Drähte, die mit allen anderen Drähten verbunden sind. Das kann manchmal ein Segen sein, weil Frauen dadurch gleichzeitig verschiedene Sichtweisen einnehmen können und ihre »konnektive« Denkweise es ihnen ermöglicht, intuitiver zu handeln, die Gefühle anderer Menschen zu berücksichtigen und gleichzeitig konkrete Ziele nicht aus dem Auge zu verlieren, wie beispielsweise ein Team dazu anzuspornen, bei ungewissem Ausgang trotzdem das Beste zu geben, um ein gemeinsames Ziel zu erreichen.[11] Aber dieses »Alles-ist-mit-allem-verbunden« kann sich auch als Fluch erweisen, vor allem dann, wenn man ein Problem von anderen trennen muss – oder während eines spätabendlichen Skype-Gesprächs einfach nur über die Haushaltsführung reden will.

Ein vollverdrahtetes Hirn zu haben bedeutet für mich, dass es mir schwerfällt, mein Selbstwertgefühl als Mensch von der Leistung, die ich erbringe, zu trennen. Sosehr ich mich auch bemühe, meinen HKZ loszuwerden, gibt es immer noch einen kleinen Teil von mir, der der felsenfesten Überzeugung ist, dass man als Mutter nur so gut ist wie die akkurat gekämmten Haare der Kinder. Das ist bis heute so. Wenn die Haare meiner Tochter nicht ordentlich frisiert sind oder mein Sohn länger nicht beim Friseur war, erwarte ich eigentlich eine schriftliche Verwarnung, in der man mich als Rabenmutter bloßstellt. Um meiner selbst willen versuche ich, diese beiden Dinge in getrennten Schachteln zu verstauen. Dass Kojo das so leichtfällt, heißt für ihn, er steht deutlich weniger unter

Druck. Er käme nie auf den Gedanken, ein schlechter Vater zu sein, nur weil sein Sohn dringend zum Friseur müsste.

Das »Schachtelhirn« der Männer erklärt auch, warum Männer einfach genießen können, selbst in Situationen, in denen wir Frauen mit den Gedanken ganz woanders sind. Wie meine Freundinnen oft sagen: »Wie kann er auch nur an Sex denken, wo das ganze Haus aussieht wie ein Saustall?« Für Frauen besteht ein klarer Zusammenhang zwischen Sex und Hausarbeit. Der Draht verläuft in etwa so:

Ich brauche heute Abend ungefähr drei Stunden für die Hausarbeit und das Schlafzimmerschrankausräumen, damit die Handwerker morgen die neuen Fächer einbauen können. Ich gehe jetzt schon auf dem Zahnfleisch, und bis ich erst mal in der richtigen Stimmung bin und mich ein bisschen entspannt habe, ist noch weniger Zeit. Ich müsste mich erst mal ein bisschen hinsetzen (und ein Glas Wein trinken), dann ins Bad und duschen, weil ich heute Morgen in der Hektik vergessen habe, mir die Beine zu rasieren. Und wenn er mir nicht beim Schrankausräumen hilft (haha, ganz bestimmt), brauche ich für die ganze Sexvorbereitung plus den Akt selbst noch mal zwei Stunden, mindestens. Ich bin schon völlig fertig, wenn ich nur daran denke. Wir haben jetzt acht Uhr, und die Kinder sind noch nicht im Bett, und dem Handwerker kann ich für morgen früh nicht absagen – ich habe wochenlang auf den Termin gewartet. Den Handwerker kann ich nicht warten lassen, meinen Mann schon.

Während der Mann einfach nur gerne mit ihr ins Bett steigen würde, weil für ihn überhaupt kein erkennbarer Zusammenhang besteht zwischen Schrankausräumen und Sex. In seinem Kopf gibt es zwischen diesen beiden Dingen keinerlei Verdrahtung. Sex und Hausarbeit liegen in zwei strikt voneinander getrennten Schachteln.

Diese Unterschiede zu erkennen und uns unserer blinden Flecken bewusst zu werden, kann dazu beitragen, Spannungen abzubauen und potentiell konfliktbeladene Situationen in verbindende Momente zu verwandeln. Statt also die Augen zu verdrehen, wenn der Mann einen Annäherungsversuch macht, und anzunehmen, sein Verlangen nach Sex bedeute, ihm sei es egal, wie es uns gerade geht, können wir versuchen zu erklären, warum wir nicht in der Stimmung sind. Vielleicht versuchen wir sogar, mit Freude zu delegieren, um an dem Abend ein bisschen mehr Zeit zu haben für etwas, das uns als Paar näher zusammenbringt.

Die Neuverdrahtung könnte dann wie folgt aussehen:

»Liebling, machen wir doch einen Deal. Ich gehe jetzt erst mal schön heiß duschen. Es wäre ganz toll, wenn du in der Zwischenzeit den Schrank ausräumen könntest. Morgen kommt der Handwerker und baut neue Regalböden ein, und ich bin ein bisschen gestresst, weil vorher noch so viel zu tun ist. Wenn ich aus dem Bad komme und der Schrank ist leer, bin ich ganz Dein.«

Die meisten Männer würden daraufhin »Schrankausräumen« und »Sex« in eine Schachtel packen und sich umgehend an die Arbeit machen.

* * *

Allzu oft verhindern es unsere hochverdrahteten Frauenhirne, einfache Lösungen zu finden, weil das bedeuten würde, unsere Männer zu bitten, sich zuhause mehr zu engagieren. So war es auch bei Jackie, einer Frau, die ich durch Mocha Moms kennengelernt habe, einer internationalen Selbsthilfegruppe für farbige Mütter. Wir unterhielten uns gegen Ende ihres Mutterschutzes, nachdem sie gerade ihr erstes Kind bekommen hatte, und ihr war der Stress förmlich anzuhören. In den vorangegangenen vier Wochen hatte Jackie diverse Kitas besichtigt, und nur sechs Tage, bevor sie wieder am Schreibtisch sitzen sollte, hatte sie noch immer keine endgültige Entscheidung bezüglich der Tagesbetreuung getroffen. Keine der Einrichtungen, die sie besucht hatte, erschien ihr die richtige für ihre wunderbare kleine Tochter Olivia.

Der Arbeitgeber ihres Mannes (er war Instandhaltungsmechaniker) hatte erst kürzlich ein neues Programm eingeführt, das es Männern ermöglichte, zwölf Wochen Elternzeit zu nehmen. Henry würde seinen Job also nicht gefährden, wenn er zuhause blieb und sich um ihr gemeinsames Baby kümmerte. Allerdings war dieser Erziehungsurlaub unbezahlt. Glücklicherweise hatte Henry noch vier Wochen ungenutzten Urlaub, die er sich auf die Elternzeit anrechnen lassen konnte. Er würde also während des ersten Monats zuhause regulär bezahlt werden. Trotzdem erklärte mir Jackie sehr bestimmt, Henry würde nur bei ihrer Tochter zuhause bleiben, wenn wirklich alle Stricke reißen. Ihre erste Wahl wäre eine gute Tagesbetreuung. Die zweite, ihren Arbeitgeber um zwei zusätzliche Wochen Urlaub zu bitten. Dass ihr Mann bei ihrer Tochter zuhause blieb, war nur für den absoluten Katastrophenfall angedacht.

Diesen Gedankengang konnte ich überhaupt nicht nachvollziehen. Ich fragte Jackie, warum sie die gute Beziehung zu ihrem Chef riskieren wollte, und ihre Karriere dazu, obwohl Henry doch problemlos zuhause bleiben könnte. Worauf sie mir erklärte, die Familie sei mehr auf Henrys Gehalt angewiesen, und wenn er Elternzeit beantragen würde, wäre das riskanter, als wenn sie ihre verlängerte. Jackie war außerdem der Meinung, weil Männer so selten in Elternzeit gingen, könnte das Henrys gutes Standing bei seinen Vorgesetzten gefährden.

Aber bei genauerer Nachfrage stellte sich heraus, dass es einen anderen, wichtigeren Grund gab, weshalb sie sich sträubte, Henry die Betreuung von Olivia zu überlassen: Jackie glaubte nicht, dass Henry das hinbekommen würde. »Natürlich hat Henry schon mal Windeln gewechselt, und er kriegt es auch hin, Olivia zu füttern«, erklärte sie mir. »Aber wann was gemacht werden muss, davon hat er keine Ahnung. Am Ende kriegt sie noch einen Windelausschlag. Und er füttert sie nie rechtzeitig und bringt sie nie zu ihrer Zeit ins Bett. Er kennt ihren Tagesablauf überhaupt nicht.«

Ich konnte es Jackie so gut nachfühlen und musste augenblicklich an meine »Top Ten-Tipps für Reisen mit Kofi« denken. Aber jetzt erkannte ich die unbeabsichtigten Auswirkungen dieser negativen Erwartungshaltung dem Partner gegenüber. Wenn wir annehmen, dass Männer einfach nicht in der Lage sind, sich um ihre eigenen Kinder zu kümmern, dann verwehren wir ihnen alle Vorteile einer gleichberechtigten Teilhabe zuhause – Vorteile für sie, Vorteile für die Kinder und Vorteile für uns selbst. Jackies Entscheidung, lieber selbst die Elternzeit zu verlängern, statt ihren Mann gehen zu lassen, beraubte ihn der Möglichkeit, eine engere Bindung zu seiner kleinen Tochter aufzubauen. Außerdem konnte es ihrer Karriere schaden. Es ist ein Szenario, bei dem alle Beteiligten nur verlieren können, denn Studien haben gezeigt, dass Männer, die früh die Gelegenheit bekommen, eine stabile Beziehung zu ihren Kindern zu entwickeln, sich auch später mehr engagieren.[12]

Eine geringe Erwartungshaltung führt auch dazu, dass

Frauen die Karriere ihrer Ehemänner über ihre eigene stellen und damit die finanzielle Zukunft der ganzen Familie einzig und allein in die Hände des Mannes legen. Pamela Stone, die Autorin von *Opting Out! Why Women Really Quit Their Careers and Head Home*, stellt die Logik hinter den Entscheidungen der Frauen in Frage, die ihre eigene Karriere aufgeben, um als Hausfrau und Mutter zuhause zu bleiben, obwohl sie beruflich immer von ihren Männern unterstützt wurden. Stone beschreibt die Frauen als »Ko-Konspiratorinnen bei der Bevorzugung der beruflichen Laufbahn ihrer Ehemänner«. Stone zufolge legen Frauen häufig größeren Wert auf den beruflichen Erfolg ihrer Ehepartner als auf den eigenen, unter anderem »aus sozio-kulturellen, gesellschaftlichen, finanziellen und vor allem zeitlichen Gründen. Dass die Karriere des Mannes an erster Stelle steht, war der unterschwellige und unausgesprochene ›Grund‹ für die Frauen, ihren Beruf aufzugeben; aber die Karriere des Mannes steht eigentlich immer an erster Stelle, selbst wenn die Frau auch weiterhin arbeitet«.[13]

Selbst wenn es die praktischste und praktikabelste Lösung wäre, wenn die Männer in Haushalt und Familie mehr Verantwortung übernähmen, verwehren wir ihnen häufig die Gelegenheit, sich um ihre Kinder zu kümmern, weil wir sie zu reinen Geldverdienern degradieren. Schlimmer noch, häufig tun wir das, ohne sie überhaupt zu fragen, wie es ihnen mit dieser Rollenzuschreibung geht. Jackie hatte nie mit Henry darüber gesprochen, ob er gerne in Elternzeit gehen würde, um mehr Zeit mit Olivia zu verbringen. Als sie das Thema schließlich doch ansprach, war er hellauf begeistert! Jackie war angenehm überrascht, hegte aber insgeheim noch immer ihre Zweifel. Dass er so begeistert war von dem Vorschlag, hieß für sie noch lange nicht, dass er der Aufgabe auch gewachsen war, und sie zweifelte an seinen wahren Beweggründen. Mehrere Male hatte er, wenn er nach Hause gekommen war und Olivia und seine Frau geschlafen hatten, angemerkt, er würde auch gerne zuhause bleiben und zwischendurch mal ein Nickerchen machen. Jackie fragte sich also: *Glaubt er, Elternzeit wäre wie Urlaub?*

Ich versicherte Jackie, selbst wenn Henry diesem Irrglauben aufgesessen sein sollte, würde er schnell eines Besseren belehrt werden und das Kind schon irgendwie schaukeln. Vielleicht nicht so wie sie, aber Olivia würde dabei keinen Schaden nehmen. Ich erzählte ihr von dem Wendepunkt in meiner Ehe, als mich wie ein Blitz aus heiterem Himmel die Erkenntnis getroffen hatte, dass meine Art und Weise, Dinge zu tun, nicht die einzige war, und manchmal nicht mal die beste. Eines Morgens war ich wach geworden, und Kofi lag in seiner Babywippe, aus der er eigentlich längst herausgewachsen war. Seltsamer noch, die Wippe war mit Müllbeuteln ausgelegt, und Kofi hatte einen weiteren Beutel wie einen riesengroßen Plastiklatz um den Hals gebunden. Bis auf die Windel war mein Kind splitterfasernackt. Kojo, der gleich daneben am Rechner arbeitete, sah mein entsetztes Gesicht und erklärte mir, Kofi habe sich die ganze Nacht erbrochen, und um nicht unablässig Bettwäsche und Pyjamas waschen zu müssen, sei ihm die Idee mit den Müllbeuteln und der Wippe gekommen. Nicht in einer Million Jahren wäre mir diese Lösung eingefallen, aber ich musste zugeben, sie war einfach genial.

Es gibt den schönen Spruch: »Gut genug ist auch gut.« Vielleicht kann er uns Menschen mit HKZ helfen, uns nicht so schlecht zu fühlen, wenn gewisse Dinge nicht ganz perfekt gemacht werden. Wir tun gut daran, uns damit zufriedenzugeben, dass sie erledigt wurden, und sollten immer daran

denken, dass man mehr schaffen kann, wenn man hinsichtlich der perfekten Ausführung auch mal ein Auge zudrückt.
Wenn ich eins gelernt habe, als ich den Ball an meinen Mann
weiterspielte, dann das: »Gut« ist ein dehnbarer Begriff; für
den einen ist es »gut genug«, für den anderen »perfekt«. Und
als Kojo das nächste Mal aus Dubai nach Hause kam, war das
Erste, was er sagte, als er in die Küche kam und den gräss-
lichen Wasserhahn sah: »Cooler Wasserhahn, was?«

15. KAPITEL

In Dankbarkeit bestärken

Während ich darüber nachsann, wie ich Kojos und meine gleichberechtigte Partnerschaft noch weiter stärken könnte, musste ich oft an die Affirmationen meiner Mutter denken. Als Kind und als junges Mädchen hat sie mich oft angesehen und zu mir gesagt: »Tiffany, du bist so klug. Du bist so hübsch. Du wirst so sehr geliebt.« Unablässig wiederholte sie das, und als Teenager nervte mich das schrecklich. Damals ahnte ich es noch nicht, aber was sie mir da ständig vorsagte, nistete sich unbemerkt in meinem Unterbewusstsein ein. Und immer, wenn schwere Zeiten kommen oder ich an mir selbst zweifele, habe ich wieder die Worte meiner Mutter im Ohr, die mir neuen Mut zuflüstern. Einmal hat meine Mutter mir mitten in einem hitzigen Streitgespräch an den Kopf geworfen, sie hätte mich nicht mehr lieb. Ich habe es ihr keinen Moment geglaubt.

»Das stimmt nicht«, hatte ich gesagt. »Du bist bloß sauer auf mich.« Ich war mir ihrer bedingungslosen Liebe absolut sicher. Nach Jahren positiver Bestärkung vertraute ich blind darauf. Die Affirmationen meiner Mutter waren das größte Geschenk, das sie mir mitgegeben hat.

Eine Affirmation ist die Versicherung, dass etwas Positives existiert oder wahr ist, und sie kann so wirkmächtig sein, dass sie uns zu Großem und Gutem inspiriert. Umgekehrt kann das Fehlen einer solchen verheerenden Schaden anrichten: Studien haben gezeigt, dass fehlende Affirmationen zu einer emotionalen Deprivationsstörung führen können. Charakteristisch dafür sind mangelndes Kritikvermögen, Bindungsstörungen und ein gestörtes Selbstwertgefühl.[1] Affirmationen entfalten ihr Potential meist oft erst viel später, lange nachdem die bestärkenden Worte gesprochen wurden, indem sie unser Verhalten positiv beeinflussen. Ob wir selbst an uns glauben oder nicht, hat viel mit den Menschen zu tun, die an uns glauben. Große Führungspersönlichkeiten verstehen den Zusammenhang zwischen ihren Leuten und deren Leistung. Das zeigen schon die zahlreichen Drehbücher über Ghetto-Lehrer, denen es gelingt, ihre von der Gesellschaft längst aufgegebenen Schüler wieder auf Kurs zu bringen. Effektive Führungspersönlichkeiten motivieren andere mit Hilfe von Affirmationen und verhelfen ihnen damit nicht selten zu unerwarteten Höhenflügen.

Manchmal kann eine Affirmation auch ziemlich harsch rüberkommen. Nicht immer werden sie liebevoll vermittelt, und manchmal können sie sogar wehtun. Vor allem, wenn jemand versucht uns anzustacheln, damit wir unsere eigenen Erwartungen übertreffen und an unsere Grenzen und darüber hinaus gehen. Aber nur diejenigen, die wirklich an uns glauben, können auch viel von uns verlangen und uns motivieren, alles zu geben. Die verstorbene Trainerin der Frauenbasketballmannschaft der University of Tennessee, Pat Summitt, berühmt dafür, die meisten Rekordsiege aller Zeiten eingefahren zu haben (mehr noch als die Herrenmannschaft), war ein legendäres Beispiel für die Wirkgewalt eines affirmativen Führungsstils. Summitts Erfolg gründete sich genauso auf ihre konzentrierte, zielorientierte Führung wie darauf, dass sie ihre Spielerinnen auch scheitern und aus ihren eigenen Fehlern lernen ließ. Wobei das für die Spielerinnen nicht immer einfach war. Wie die ehemalige Aufbauspielerin der University of Tennessee, Michelle Marciniak, einmal über ihre Trainerin sagte: »Pat ist ein Champion – sie denkt wie ein Champion und hat mich mit unendlicher Leidenschaft und wilder Entschlossenheit gecoacht. Es war ihr egal, ob ich sie mochte oder einer Meinung mit ihr war. Für Pat zählte nur das Ergebnis.« Obwohl Coach Summitt ihre Affirmationen also nicht in flauschige Wattebällchen verpackt hat, *glaubten* die Spielerinnen trotzdem daran, die Meisterschaften gewinnen zu können, weil sie ihnen eingebläut hatte, dass sie es konnten.

Im Leben könnten wir manchmal auch so einen Trainer brauchen, der uns im Glauben an unser persönliches Potential bestärkt. Ich selbst hatte das große Glück, Marie Wilson, eine bekannte Persönlichkeit innerhalb der Frauenbewegung, zu meinen weisen Mentorinnen und Sponsorinnen zählen zu dürfen. Marie hat mich mit ihrer steten Unterstützung angespornt, mein Bestes für sie und die Organisation zu geben – auch wenn es nicht immer leicht war. Mehr als nur einmal kamen mir Selbstzweifel, oder ich machte Fehler und sorgte mich dann, Marie würde mich im hohen Bogen rauswerfen. Der berüchtigtste Vorfall war, als ich eine große Gelegenheit für das White House Project versaute, eine beträchtliche Spendensumme vom Versandriesen UPS zu erhalten. Monatelang hatten wir unsere guten Beziehungen zu UPS gepflegt und bereits die mündliche Zusage des Unternehmens für sein finanzielles Engagement in der Tasche. Nun brauchten wir nur noch den offiziellen Antrag einzureichen, den mein Team in Rekordzeit zusammengestellt hatte. Wir schickten ihn per Übernachtkurier, damit er rechtzeitig ankam, aber am nächsten Tag ließ unser Kontakt bei UPS nichts von sich hören. Nach mehreren Versuchen, uns zu vergewissern, dass unser Antrag angekommen war, erreichte ich ihn schließlich doch noch und musste mir dann anhören, ja, unser Antrag sei eingegangen – und zwar via FedEx. Man kann sich unschwer vorstellen, dass wir die Unternehmensspende nicht bekamen.

Für mich war das Schlimmste an der ganzen Sache, Marie erklären zu müssen, dass ich einen kapitalen Bock geschossen hatte. Es war furchtbar, sie so enttäuschen zu müssen. Als ich sie ein paar Tage später zu einer Veranstaltung begleitete, bei der sie die Eröffnungsrede halten sollte, fühlte ich mich immer noch mies. Und ich werde nie vergessen, wie Marie mich bezeichnete, als sie an diesem Abend ihre anwesenden Mitarbeiter einzeln erwähnte: als Superstar. Ich hatte einen unverzeihlichen Fehler gemacht, aber das änderte nichts daran, dass Marie mir felsenfest vertraute. Dass sie selbst im Angesicht meines Scheiterns weiter auf mich und meine Fähigkeiten zählte, beflügelte mich, unbeirrt weiterzumachen, an mich zu glauben und mich nicht von einem einzigen Fehlschlag verunsichern zu lassen.

Eines der besten Dinge an Affirmationen – in guten wie in schlechten Zeiten – ist, dass sie dem Gegenüber vermitteln: »Ich sehe dich, und ich erkenne deinen Wert.« Der Adressat solcher Affirmationen zu sein ist motivierend und selbstermächtigend. Ich als Frau, die beruflich vorankommen möchte, weiß nur zu gut, wie es sich anfühlt, am Arbeitsplatz unsichtbar zu sein. Einer Studie des Center for Talent Innovation aus dem Jahre 2015 zufolge wird die Förderung schwarzer

Frauen insbesondere dadurch erschwert, dass ihre Leistungen oft nicht anerkannt werden.[2] Anerkennung ist, für sich genommen, eine große Motivation.

Heute bin ich nicht nur im Job bemüht, Marie Wilsons leuchtendem Vorbild als affirmativer Führungspersönlichkeit zu folgen, sondern versuche darüber hinaus, diesen Ansatz auch zuhause in meiner gleichberechtigten Partnerschaft umzusetzen.

* * *

In der Dokumentation *American Promise* aus dem Jahr 2013 geht es unter anderem um Joe Brewster. Er lebt in einer gleichberechtigten Partnerschaft und ist ein hingebungsvoller Vater, der sich unerschütterlich starkmacht für den schulischen Erfolg seines Teenager-Sohns Idris. Leider wird Joes Ansatz einer affirmativen Führung von den negativen Bestärkungen torpediert, die er allen guten Vorsätzen zum Trotz ständig austeilt. »Du bist stinkfaul!«, herrscht er Idris an, womit er ihn eigentlich motivieren will, sich mehr anzustrengen. Was letztendlich nur dazu führt, dass die schulischen Leistungen des Teenagers weiter nachlassen.

Statt mit positiven Affirmationen wurde Idris mit negativen Bestärkungen bombardiert. Dies hat bei uns allen zur Folge, dass wir das Gefühl haben, unsere Leistungen werden übersehen oder unser Verhalten oder unsere Eigenschaften werden als negativ bewertet. Wenn man einem kleinen Mädchen mit klarer Stimme und Anführerqualitäten sagt, es sei »herrisch« – als wäre es falsch, wenn sie auf dem Spielplatz Mannschaften einteilt oder die Rollen beim Rollenspiel vergibt –, dann riskieren wir, es negativ zu bestärken. 2014 startete die Lean-In-Bewegung, die Mädchen unterstützen will, Träume und Ziele zu verwirklichen, genauso wie die amerikanischen Pfadfinderinnen mit ihrer »Ban Bossy«-Kampagne, die es sich zum Ziel gesetzt hat, Mädchen stark und selbstbewusst zu machen. Meine Mutter hatte dafür eine andere Methode. Als ich eines Tages weinend nach Hause kam, weil mir jemand gesagt hatte, ich solle nicht so »herrisch« sein, quietschte sie vor Freude und rief: »Ich finde es *wunderbar*, dass du so bist, wie du bist, Süße. Weiter so!«, bestärkte sie mich. Ob wir nun »herrisch« positiv neu besetzen oder das Wort einfach aus unserem Sprachschatz streichen, wichtig ist, dass wir gegen die negativen Botschaften vorgehen, denen Mädchen nur allzu oft ausgesetzt sind.

Allen positiven Affirmationen zum Trotz lernte ich allerdings schon recht früh, dass die Menschen drumherum sehr unterschiedlich darauf reagierten, ob der Junge von nebenan oder ich den Anführer unserer kleinen Nachbarschaftsgang gaben. Außerhalb der heimischen vier Wände wurde *mein* Verhalten häufig negativ bestärkt, wie damals in der fünften Klasse, als mein Sonntagslehrer mich rügte, weil ich mich gemeldet hatte, das Gebet anzuleiten, und das in einer gemischten Klasse. Als Tochter eines Pastors war ich es gewohnt vorzubeten, und doch sagte man mir, wenn Jungs dabei waren, solle ich ihnen die Führung überlassen. Wie Jessica Bennett es in ihrem Buch *Feminist Fight Club* so pointiert aufzeigt, erleben die meisten Mädchen später, wenn sie erwachsen sind, am Arbeitsplatz genau dasselbe Phänomen.[3]

Wenn ein Verhalten eher negativ als positiv bestärkt wird, fühlen wir uns entmachtet und entwertet. Ich habe von Frauen gehört, die sich genau so fühlen, wenn sie beispielsweise in einem Meeting etwas einbringen, aber niemand darauf eingeht, bis der Typ neben ihr genau dasselbe sagt, und plötzlich halten alle es für eine geniale Idee. Was dann passiert, ist Folgendes: Frauen ziehen sich zurück, äußern ihre Meinung weniger oft, und das Unternehmen, für das sie arbeiten, bringt sich um ihre potentiell wertvollen Beiträge. Ignoriert oder negativ bestärkt zu werden kann Auswirkungen haben darauf, wie sehr Frauen sich trauen, bei der Arbeit für sich selbst einzustehen, ob es nun um eine Beförderung geht oder darum, einen beruflichen Mentor um Hilfe zu bitten.[4] Es kann auch Auswirkungen darauf haben, ob Frauen sich mit ihren Ideen und Meinungen zurückhalten, aus Angst, für zu vorlaut oder geschwätzig gehalten zu werden.

In der Politik, wo es eigentlich in der Natur der Sache liegt, viel reden zu müssen, wissen sogar selbstbewusste Superfrauen, dass öffentliche Wortäußerungen ihr Kryptonit sein können. Eine von Victoria Brescoll von der Yale University durchgeführte Studie untersuchte die Beziehung zwischen Geschlecht, Macht und Redegewandtheit, gestützt auf Beobachtungen im US-amerikanischen Senat. Brescoll fand heraus, dass Männer in Machtpositionen mehr reden und Frauen weniger – aber nicht etwa, weil sie weniger zu sagen hätten. Frauen befürchten, wenn sie viel reden, könnte das negative Konsequenzen für sie haben. Brescolls Untersuchungsergebnisse legten nahe, dass »Frauen in Machtpositionen Grund haben zu der Annahme, dass es sich für sie rächt, viel zu reden: Weibliche Vorstandsmitglieder, die erheblich länger redeten als andere, wurden als signifikant weniger kompetent und weniger für eine Führungsposition geeignet eingestuft als männliche Vorstandsmitglieder, die genauso lange redeten wie sie.«[5] Das gilt für den Senat ebenso wie für die Führungsetagen großer Unternehmen. Negative Bestärkung beeinträchtigt unsere

Leistung und kann im Laufe der Zeit unseren Glauben an uns selbst untergraben.

Obwohl ich das unbeschreibliche Glück hatte, Fürsprecherinnen wie meine Mutter und Marie Wilson zu haben, muss ich mich doch, wie die meisten Frauen, von Zeit zu Zeit an meinen Selbstwert erinnern. Wir alle müssen unsere eigenen Fürsprecherinnen sein. Ich habe viele Frauen gecoacht, um ihre persönlichen Selbst-Affirmationen zu finden; Sätze, die positive Wahrheiten bekräftigen, wie beispielsweise »Ich bin kreativ« oder »Ich habe alles, was ich brauche, um erfolgreich zu sein.« Manche Frauen schreiben ihre Affirmationen auf Postkarten und schicken sie sich selbst. Andere drucken sie aus und schneiden sie in schmale Streifen wie Glückskekspapierchen, die sie dann in Handtaschen, Hosentaschen und Schubladen stecken, um sie immer um sich zu haben. Eine meiner Freundinnen, Chrissy Greer, ändert regelmäßig ihre Passwörter, die aus Akronymen ihrer Affirmationen bestehen. Nach einem Frühstück mit Chrissy, bei dem ich ihr erzählte, wie nervös ich wegen dieses Buchs war, regte sie an, ich solle alle meine Passwörter zu »IAAPW« ändern, was so viel heißen sollte wie »I Am A Phenomenal Writer«. (Aus Sicherheitsgründen habe ich sie inzwischen natürlich alle wieder geändert.)

Solche Selbst-Affirmationen können Frauen bestärken, sich und ihrem eigenen Erfolg höchste Priorität einzuräumen. Es ist eine Sache, die Zügel fallenzulassen, weil uns im Hamsterrad des Lebens schwindelig geworden ist, und eine ganz andere, die Zügel fallen zu lassen, weil wir wissen, dass wir es uns wert sind, ausgeschlafen, gesund und fit zu sein und Zeit zum Nachdenken und zur freien Entfaltung zu haben. Werden wir negativ bestärkt, verlieren wir unser Potential aus den Augen, und wir streben nicht danach, unsere Führungsposition auszubauen. Sich um eine Beförderung zu bemühen erscheint dann viel zu anstrengend. Unser Ehrgeiz geht ins Leere. Aber wenn wir von uns selbst und anderen positiv bestärkt werden, haben wir das Gefühl, die Unterstützung *verdient* zu haben, die wir brauchen, um über uns selbst hinauszuwachsen. Wenn wir unseren eigenen Selbstwert erkennen, werden wir nicht zögern, andere um Hilfe zu bitten; wir sind in der Lage, die Vorteile einer Zusammenarbeit zu sehen, nicht nur für uns selbst, sondern auch für den anderen, für unsere Organisation, für unsere Familien und für die ganze Welt. Wir sind uns sicher, die Investition wert zu sein.

* * *

Durch positive Verstärkung steigen Frauen mit höherer Wahrscheinlichkeit beruflich auf, und Männer können im häuslichen Umfeld ihr volles Potential entfalten. Als ich einer Freundin gegenüber erwähnte, dass ich an einem Buch schreibe, bestand sie darauf, ich müsse unbedingt mit einem Bekannten reden, der sich zuhause zu einem echten Supermann gemausert hatte. Karim hatte sich als Vater immer schon mehr um seine Kinder kümmern wollen. Er selbst war von Mutter und Großmutter großgezogen worden, und er hatte sich immer danach gesehnt, seinen Vater kennenzulernen. Doch nachdem Karims Wut auf ihn so weit verraucht gewesen war, dass er sich auf die Suche nach ihm hätte machen können, war er bereits verstorben. Karims schlimmste Angst war es, seine beiden Söhne könnten mit dem Gefühl aufwachsen, dass er nicht so für sie da war, wie er es sich gewünscht hatte, dass sein Vater für ihn da gewesen wäre.

Anfangs hatten Karim und seine Frau Lisa eine eher traditionelle Rollenverteilung. Sie kümmerte sich zuhause um die Kinder, während er als Mediziner Karriere machte. Als ihr jüngstes Kind zwei war, wollte Lisa wieder in ihren Beruf zurückkehren. Ich traf sie ein knappes Jahr, nachdem Lisa ihre neue Stelle angetreten hatte, als sie und Karim gerade die harte Zurück-ins-Berufsleben-Phase hinter sich hatten.

Lisa musste häufig an Abendveranstaltungen teilnehmen. Anfangs fiel es Karim schwer, seinen Kalender entsprechend anzupassen, damit ihre Termine nicht kollidierten. Ihre Essenskosten schossen durch die Decke, weil sie unter der Woche oft etwas bestellten, wenn keiner von ihnen Zeit hatte zu kochen. Außerdem blieb alles, was Lisa sonst tagsüber erledigt hatte, wie Wäschewaschen und Einkaufen, liegen, weshalb die Wochenenden für die ganze Familie immer stressiger wurden. Karim bewunderte seine Frau und gönnte ihr den beruflichen Erfolg. Und ihm war klar, dass er sich zuhause engagieren musste, damit Lisa mehr Zeit und Energie in ihre Karriere investieren konnte. Anfangs wuchs ihm das alles rasch über den Kopf. Nach einigen Monaten war er aber auf dem besten Weg, Lisa ein gleichberechtigter Partner zu werden. Sie hatten die Hausarbeiten gerecht zwischen sich aufgeteilt, und Karim war glücklich, mehr Zeit mit seinen Söhnen verbringen zu können. Was war der entscheidende Beweggrund gewesen für Karim, sich zuhause mehr einzubringen?

Lisas Dankbarkeit.

Karim fand schnell heraus, wie er das Verhalten seiner Jungs beeinflussen konnte – indem er das Gute mehr lobte, als er das Schlechte rügte. Gelegentlich kam ihm der Verdacht, dass Lisa bei ihm dieselbe Strategie anwandte, und er musste zugeben, dass es sich gut anfühlte. Karim erzählte liebevoll von den handschriftlichen und gesprochenen Nachrichten, die er von Lisa bekam. Weil er ihrer Taktik auf die Schliche gekommen war, fand er ihre Bemerkungen gelegentlich zum Brüllen komisch, weil sie sich oft sehr ins Zeug legen musste, um der Situation noch etwas Gutes abzugewinnen. Als Lisa eines Abends nach Hause kam, hatte ihr Jüngster sein ganzes Abendessen auf den Boden geworfen.

»Wow, danke, Schatz«, meinte Lisa ganz unironisch zu Karim. »Danke, dass du Noahs Food Art-Potential so förderst!«

Karim erzählte mir, je mehr Lisa ihn in seinen Bemühungen bestärkte und ihre Dankbarkeit für seinen Beitrag zum Ausdruck brachte, statt enttäuscht zu sein, wenn er etwas nicht genau so machte, wie sie es erwartet hatte, desto mehr fühlte er sich in seiner neuen Rolle wertgeschätzt und desto selbstsicherer wurde er.

Karims Erfolgsgeschichte ist auch in Anbetracht der jüngsten Forschungsergebnisse über die Auswirkungen positiver Gefühle interessant. Barbara Fredrickson zufolge, Sozialpsychologin und Untersuchungsleiterin am Positive Emotions and Psychophysiology Lab der University of North Carolina in Chapel Hill, lösen Affirmationen positive Gefühle aus, was wiederum unser Bewusstsein erweitert und unsere Kreativität, unsere Resilienz und den Glauben an das, was möglich ist, steigert.[6] Über den Tellerrand zu gucken war für Karim die Voraussetzung, um neue Fähigkeiten und Kenntnisse zu entdecken und zu erwerben.

Leider ist Lisas absichtsvoller und konsequenter Einsatz von Dankbarkeit als Motivation für ihren Mann und zur Stärkung ihrer gleichberechtigten Partnerschaft in den meisten Haushalten noch nicht die Norm. Allzu vielen Paaren entgeht, wie mangelnde Dankbarkeit ihre Partnerschaft schleichend untergräbt. Hilfe von außen zu holen kann helfen, doch *The Science of Clinical Psychology* zufolge vereinbaren Paare im Durchschnitt erst nach sechs unglücklichen gemeinsamen Jahren den ersten Beratungstermin. Der Therapeut erscheint dann »weniger wie ein Notarzt in der Ambulanz, der einen Bruch richten soll, den der Patient sich gerade erst zugezogen hat, sondern mehr wie ein Allgemeinmediziner, der einen Patienten behandeln muss, der sich schon vor Monaten das Bein gebrochen hat und dann weiter damit herumgehinkt ist, weshalb er sich jetzt nicht nur um den gebrochenen Knochen kümmern muss, sondern auch um die Schwellungen und Bluterguüsse, die Schmerzen in Hüfte und Fuß und die nachfolgende Infektion«.[7]

Damit es erst gar nicht so weit kommt, können Paare vorbeugen und schon früh in der Beziehung beginnen, zuträgliche Verhaltensmuster zu übernehmen. Für Kojo und mich bedeutete das herauszufinden, was uns am wichtigsten ist, wie wir unsere Stärken am besten einbringen können, MEL zu erfinden und uns Zeit zu nehmen, unsere Probleme und Ziele zu besprechen. All diese Faktoren zusammen sorgten dafür, dass wir uns einig waren und als Team zusammenarbeiteten. Aber noch wichtiger für unsere Partnerschaft war womöglich etwas anderes, nämlich dass wir beide uns regelmäßig sagten, wie dankbar wir einander waren, um uns gegenseitig positiv zu bestärken. Angenehmer Nebeneffekt: Dankbarkeit auszudrücken hat positive Auswirkungen sowohl auf das körperliche als auch auf das seelische Wohlbefinden, wie Studien belegen. In einer Studie fand man heraus, dass dankbare Menschen anderen eher Unterstützung anbieten, sich mehr bewegen und besser schlafen.[8] Kurz und gut, wenn wir bewusst unsere Dankbarkeit zeigen, können alle nur gewinnen.

Dankbarkeit ist eine besonders wirkungsvolle Form der Affirmation, weil sie eine Wertschätzung für das Gegenüber zum Ausdruck bringt[9] – und wir alle wollen uns wertgeschätzt fühlen. Wie dem auch sei, Dankbarkeit als Methode braucht Übung, weil unsere Gesellschaft als solche sie nicht unbedingt fördert, sondern vielmehr eine reflexartige Unzufriedenheit provoziert. Wer wollte nicht ein größeres Haus, eine schlankere Figur, ein schnelleres Auto. Man könnte immer noch besser, schneller, schlauer, reicher sein. Dankbarkeit dagegen – der Ausdruck der Wertschätzung für etwas oder jemanden oder eine Handlung, so wie er/sie/es *ist* – bestärkt uns darin, dass das, was wir im Moment haben, wer wir jetzt gerade sind und was wir können, genügen. In dieser Hinsicht ölt Dankbarkeit die Rädchen einer gleichberechtigten Partnerschaft, motiviert unsere Ehepartner, die Zügel aufzunehmen, wenn wir sie fallen lassen, und sämtliche erforderlichen Aufgaben zu meistern, damit wir uns frei entfalten können.

* * *

In Fante, Kojos Muttersprache, heißt »danke« *madasi*, und es ist das wichtigste Wort überhaupt. Dankbarkeit zu zeigen ist einer der Ecksteine der ghanaischen Kultur. Kojo und ich haben uns immer gegenseitig danke gesagt. Er bedankte sich, als ich ihm das erste Mal »Ich liebe dich« sagte. Den Moment werde ich nie vergessen. Das war nur ein paar Monate nach unserer ersten Verabredung im Red Robin. Damals bezeichnete er mich noch als eine Freundin, während er für mich längst *mein Freund* war. Es war an meinem Geburtstag, und er hatte mir gerade ein Geschenk überreicht – eine kleine Perlenkette aus Ghana. Diese schlichte kleine Geste stand in solch krassem Kontrast zu meinem letzten Geburtstag, als mein damaliger Freund mich zu einem Vierzehn-Gänge-Menü ausgeführt, mir rote Rosen mit Ballons geschickt und ein Video von sich gedreht hatte, in dem er »Roni« von Bobbi Brown für mich sang. Eine Woche später fand ich heraus, dass er mich betrog. Das schätzte ich an Kojo am meisten: dass bei ihm Worte und Taten übereinstimmten. Obwohl ich mich also als *seine* Freundin sah, war diese Kette genau das Geschenk, das ein Mann *einer* Freundin machen würde. Mir wurde fast schwindelig, so sehr himmelte ich ihn an, weil er ein derart untadeliger Gentleman war. Das »Ich liebe dich« blubberte mir versehentlich über die Lippen, als er mir gerade die Kette um den Hals legte. Ich hatte mit vielem gerechnet, aber nicht damit, dass er sich bei mir bedankte. »Danke, dass du mich liebst«, antwortete er. Und ich beschloss in diesem Augenblick: *Den werde ich mal heiraten.*

Zu Beginn unserer Ehe legte ich großen Wert darauf, Kojo in seiner Rolle als Geldverdiener und Versorger zu bestärken. Ich nannte ihn *meinen Löwen* und dankte ihm oft dafür, dass er so gut für mich sorgte – obwohl wir beide nur zu gut wussten, dass ich sehr wohl auch selbst dazu in der Lage war. Aber nach der Geburt unserer beiden Kinder drehte sich das Hamsterrad unseres Lebens mit Arbeit und Familie immer schneller, und die liebevollen Bestärkungen, die damals im College-Wohnheim unsere Liebe entzündet hatten, wurden zu einer fernen Erinnerung. Mein HKZ und meine eisenharte Entschlossenheit hatten beinahe alle Gefühle von Dankbarkeit erstickt, die mir sonst immer so heilig gewesen waren. Meine Dankbarkeitspraxis brauchte einen Neustart.

Nach Ekuas Geburt war ich vollkommen überwältigt von Kojos Hilfsbereitschaft. Auf tausend verschiedene Arten griff er mir unter die Arme, wie ich es mir nie hätte vorstellen können und was ich nur allzu oft übersah. Am meisten beeindruckten mich seine Findigkeit und seine Fähigkeit, in unserer Zeitzone zu arbeiten, obwohl er in Dubai und uns damit um neun Stunden voraus war. Als ich eines kalten Morgens aufwachte und feststellen musste, dass es draußen schneite und wir drinnen kein fließendes Wasser mehr hatten, rief ich ihn leicht panisch an. Ganz ruhig wies er mich an, einen Topf Schnee zu holen und auf dem Herd zu schmelzen. Bis das Wasser kochte, hatte Kojo bereits telefonisch in Erfahrung gebracht, dass die Wasserversorgung ab mittags wieder funktionieren sollte. »Du kommst so was von *nicht* aus einem Entwicklungsland«, zog er mich lachend auf, als ich mich endlich wieder beruhigt hatte.

Ein anderes Mal war Kofi so krank, dass ich nicht aus dem Haus konnte, also alarmierte Kojo einen Nachbarn, der keine Stunde später mit einer Elektrolytlösung für Kinder aus der Apotheke an der Tür klingelte. Wenn wir abends um sieben zusammen zu Abend aßen, saß Kojo via Skype mit am Tisch. Er war immer da, auch wenn es bei ihm vier Uhr morgens war. Ich konnte ihm zu jeder Tages- oder Nachtzeit eine Nachricht schicken und bekam innerhalb einer Stunde eine Antwort.

Und er war nicht nur kreativ und immer ansprechbar, sondern brachte auch Opfer, ohne zu klagen. Sosehr er mir und den Kindern auch fehlte, er vermisste uns genauso. Abends wartete Kojo oft, bis ich zuhause war, und nachdem wir uns ausgiebig unterhalten hatten, bat er mich dann, den Laptop mit ins Schlafzimmer zu nehmen, damit er den Kindern beim Schlafen zusehen konnte. Wenn ich dann nach einer Weile zurückkam, nachdem ich die Küche aufgeräumt und eine Ladung Wäsche gewaschen hatte, fand ich auf meinem Monitor Kojo, der tief und fest eingeschlafen war. Ich wusste, in nicht mal einer Stunde würde sein Wecker klingeln, und ich klappte den Laptop zu und krabbelte mit dem wohligen Gefühl ins Bett, noch gut sieben Stunden selig schlummern zu können.

Obwohl es mir manchmal Sorgen machte, dass Kojo zu wenig Schlaf bekam, war ich ihm doch sehr dankbar, dass er mir auf jede nur erdenkliche Art half, mich frei zu entfalten. Man würde annehmen, mit einem Ehemann auf der anderen Seite der Welt hätte man weniger Zeit und mehr Stress, aber tatsächlich war genau das Gegenteil der Fall. Seit Kojo in Dubai war, hatte ich mehr Zeit und fühlte mich weniger gestresst. Ja, auch die größere finanzielle Sicherheit trug zur Beruhigung meiner Nerven bei – aber es gab drei weitere gute Gründe, warum ich viel entspannter war.

Erstens, die geographische Entfernung zwang uns dazu, uns regelmäßig über den Stand der Dinge auszutauschen, was unsere Aufgaben oder andere MEL betreffende Details anging. Zusätzlich zu unseren allabendlichen Skype-Gesprächen arrangierten wir wöchentliche Besprechungen, um uns die Haushaltsführung betreffend auf den neuesten Stand zu bringen. Klarer denn je konnte ich sehen, dass ich Haushalt und Familie nicht allein stemmen musste. Kojo und ich waren ein eingespieltes Team.

Ein zweiter Grund, weshalb ich mich viel entspannter fühlte, war, dass wir weniger Zeit miteinander verbrachten. Natürlich fehlte Kojo mir, aber ich hatte ein schmutziges kleines Geheimnis: Seit Kojo weg war, hatte ich jeden Abend, nachdem ich Kofi und Ekua ins Bett gebracht und noch einige Sachen erledigt hatte, ein, zwei Stunden Zeit, um meine E-Mails zu beantworten, mit alten Freunden zu telefonieren oder sogar die angestaubte Yoga-DVD einzulegen. Als Strohwitwe hatte ich gelernt, was viele Paare längst wussten: Die Zeit, die man für sich allein hat, kann für die Beziehung genauso wertvoll sein wie die gemeinsame Zeit.

Der dritte Grund war, dass Kojos verlässliches Engagement bei der Haushaltsführung bei mir mentale Energien freisetzte. Es juckte mich nicht dauernd in den Fingern nachzuschauen, ob Kojo auch ja seinen Teil der Abmachung einhielt – denn das tat er.

Alle hielten mich für absolut fabelhaft (und ein bisschen verrückt), dass ich hier in New York die Stellung hielt, während Kojo sich auf einem anderen Kontinent befand. Selbst Kojo schien langsam zu merken, wie viel Zeit und Mühe es kostete, einen Haushalt zu führen. Früher war er gewissermaßen davon ausgegangen, ich sei Samantha aus *Verliebt in eine Hexe*, und bräuchte, während er im Büro war, nur mit dem Näschen zu wackeln und schon war alles wie von Zauberhand erledigt. Jetzt ging ihm allmählich auf, dass Hausarbeit keine Hexerei war – nur eine Menge akribischer Planung und harter Arbeit. Trotz des warmen Regens an Komplimenten von Umstehenden – angefangen bei »Du bist echt Superwoman«, bis hin zu »Ich weiß nicht, wie du das alles schaffst« – wusste ich nur zu genau, dass ich eben *nicht* alles schaffte. Und doch sagte ich nur selten ungeschminkt die Wahrheit: dass Kojo mir als gleichberechtigter Partner auch aus der Ferne den Rücken freihielt, als sei er persönlich anwesend. *Ich* kannte die Wahrheit und wusste, wie viel seine Unterstützung für mich und unsere Familie bedeutete.

Irgendwann überlegte ich mir, meine Dankbarkeit proaktiver auszudrücken. Ich wollte diesen Entschluss bewusst und bedeutsam umsetzen, also fragte ich ihn während einem unserer Skype-Gespräche: »Auf welche Art habe ich dir bisher meine Dankbarkeit gezeigt, die dir am meisten bedeutet hat?« Meine zweite Frage hatte lauten sollen: »Gibt es vielleicht noch *andere* Möglichkeiten, dir meine Dankbarkeit zu zeigen, die bedeutsam für dich wären?« Aber so weit kam es erst gar nicht.

Ich dachte, ich würde die Antwort auf meine erste Frage schon kennen, die da lautete: meine Briefe. Zu Beginn unserer Ehe, noch bevor Kinder und Karriere uns in den Schleudergang warfen, hatte ich mir angewöhnt, Kojo handschriftliche Briefe zu schreiben. Vor allem zu besonderen Gelegenheiten schilderte ich ihm darin, was er mir bedeutete und wie sehr er mein Leben verändert hatte. Das hatte ich mir von meinem Vater abgeschaut, der zeit seines Lebens ein unermüdlicher Briefeschreiber gewesen ist.

Als ich zuhause auszog, um aufs College zu gehen, hatte er mir in diesem Monat einen Brief geschrieben, wie stolz er auf mich sei und welch hohe Erwartungen er an mich hatte. Der Brief war gespickt mit Bibelzitaten und Lebensweisheiten. Im Laufe meiner Collegezeit sollte ich noch viele solcher Briefe bekommen. Wie die Affirmationen meiner Mutter wusste ich auch die Briefe damals nicht so recht zu schätzen, aber rückblickend waren sie ein unerschöpflicher Quell der Inspiration, Weisheit und Kraft. So sehr sogar, dass ich meinen Vater im August 1997, nur einen Monat nach Kojos und meiner Hochzeit, anrief und ihn fragte, ob er mir meinen Brief schon geschickt hätte. Ich hatte schon seit einer ganzen Weile keinen mehr bekommen. »Die brauchst du jetzt nicht mehr«, erklärte mein Vater daraufhin ganz nüchtern. »Das ist von nun an Kojos Job.« Mein Vater hatte den Staffelstab weitergereicht. Von diesem Tag an übernahm ich selbst die Brieftradition meines Vaters und führte sie weiter.

Für mich waren die Briefe an Kojo die bedeutsamste Art, meine Dankbarkeit zum Ausdruck zu bringen. Weshalb ich überhaupt nicht mit der Antwort gerechnet hatte, die ich auf meine Frage bekam. »Die scharfen Fotos von dir, die du mir immer schickst, wenn du mal wieder auf Geschäftsreise bist.« Offen gestanden war ich schockiert. *Bedeutsam* war nicht gerade das Wort, mit dem ich die leichtbekleideten Fotos beschreiben würde, die ich meinem Mann schickte, wenn ich beruflich verreiste. Das war bloß Spielerei. »Wie können denn scharfe Fotos ein *bedeutsamer* Ausdruck von Dankbarkeit sein?«, fragte ich ganz ungläubig. »Was ist denn zum Beispiel mit den Briefen, in denen ich dir mein Herz zu Füßen lege?« Eine lange Pause, dann: »Ach ja, die Briefe, die sind super, Babe.«

Ich wusste, dass er das nur sagte, damit ich mich nicht aufregte, wie das ABS im Auto, das aktiviert wird, um einen tödlichen Unfall zu vermeiden. Ich bohrte nicht weiter, aber dieser kleine Wortwechsel brachte mich zum Nachdenken: Wenn ich Kojo meine Dankbarkeit zeigen wollte, dann sollte ich das vielleicht auf seine Weise machen, nicht auf meine. Offensichtlich waren ihm andere Dinge wichtiger als mir. Ich liebte Worte, und für mich war der bedeutsamste Ausdruck meiner Dankbarkeit ein Brief. Aber für Kojo war es etwas ganz anderes. Um also meinen Dankbarkeitsentschluss umzusetzen, schickte ich meinem Mann einfach öfter ein paar freizügige Bilder, was wesentlich weniger Zeit in Anspruch nahm, als einen Brief zu schreiben. Mit der Kraft der positiven Bestärkung hatte ich mit Freude den Ball an Kojo weitergegeben. Er war nun im Spiel, und meine Dankbarkeit würde dafür sorgen, dass er es am Laufen hielt.

16. KAPITEL

Nicht dem Stereotyp aufsitzen

An einem warmen Sommerabend im Jahr 2011 hatte ich ein
paar Freundinnen, allesamt berufstätige Mütter, zu einem
Mädelsabend mit Cosmopolitans und netten Gesprächen
bei mir zuhause eingeladen. Kaum hatten wir uns mit Küss-
chen auf die Wangen und Hallo begrüßt, waren wir auch
schon tief in Diskussionen, froh um die Gelegenheit, ganz
frei von Mann, Kind und Karriere ein bisschen quatschen zu
können.

Mehrere meiner Freundinnen verkündeten zwar einerseits
begeistert, wie glücklich sie seien, mal einen freien Abend
zu haben, andererseits waren sie aber reichlich unentspannt,
weil die Kinder mit ihrem Vater allein zuhause waren. Eine
meinte lachend, sie habe vor, so viel zu trinken, dass es ihr
egal sei, wenn ihr Mann den Kindern heute Abend was von
McDonalds vorsetzte. Eine andere erklärte, sie sei wild entschlossen, sich zu entspannen, weil sie genau wüsste, was für
ein Chaos sie morgen früh in ihrer Küche erwarten würde.
Mir fiel dabei auf, dass zwar alle dankbar dafür waren, dass
ihre Männer an diesem Abend auf die Kinder aufpassten, aber

genauso fast ausnahmslos davon ausgingen, dass sie den Job eher schlecht als recht erledigen würden.

Was mich betrifft, ich konnte an diesem Abend nur deshalb die Gastgeberin spielen, weil Kojo Kofi und Ekua den Sommer über mit nach Ghana genommen hatte. »Du bist wirklich ein Glückspilz, Tiffany«, meinte eine der Anwesenden, »einen Mann zu haben, der dir drei Monate am Stück beide Kinder abnimmt!« Ich schämte mich zu sehr, um ihr zu sagen, dass ich Kojo nur vier Jahre zuvor nicht zugetraut hatte, eine kleine Flugreise mit unserem Sohn zu unternehmen.

Abends, nachdem meine Freundinnen gegangen waren und ich die leeren Gläser in die Spülmaschine geräumt hatte, ließ ich mich auf Kojos durchgesessenen Platz auf der blauen Couch fallen. Neben mir lag eine fast leere Tüte Tortilla Chips, und wie ich so an den Überresten knabberte, kam mir ein Gedanke: *Ich hätte ihnen die Wahrheit sagen sollen.*

Einen Mann zu haben, der die Kinder den ganzen Sommer über mit nach Ghana nahm, hatte rein gar nichts damit zu tun, ein Glückspilz zu sein, sondern vielmehr damit, dass es die praktischste Lösung für alle Beteiligten war – und mit jeder Menge Fortschritte meinerseits. Das Sommercamp für zwei Kinder in New York City zu bezahlen, war wesentlich teurer als zwei Flugtickets nach Ghana und zurück. Und da Kojo beruflich nach Ghana musste, hätte sich ohnehin einer von uns allein um die Kinder kümmern müssen. Während der Schulzeit war Kojo so oft verreist, dass ich mich gut sechs Monate im Jahr allein um die Kinder kümmerte. Weshalb es nur logisch war, dass wir für die Dauer der Sommerferien die Rollen tauschten. Klar vermisste ich die drei. Aber die Trennung war es wert, denn in Ghana machten Kofi und Ekua mit ihrem Vater in seiner Heimat unbezahlbare kulturelle Erfahrungen. Die Kinder mit nach Ghana zu nehmen war für Kojo einfach das Naheliegendste, was jeder vernünftige und mitdenkende Elternteil tun würde: Er übernahm seinen Teil unserer gemeinsamen Verpflichtungen.

Ich kannte die Gedankengänge meiner Freundinnen, weil ich mal genauso gedacht hatte. Nachdem ich jetzt allerdings seit fünfzehn Jahren mit Kojo verheiratet war, wusste ich zumindest eins ganz bestimmt: Mein Erfolg im Beruf und im Leben waren direkt verbunden mit den hochgesteckten Erwartungen, die ich an meinen Mann hatte. Je mehr ich ihm zuhause zutraute, desto mehr Kraft konnte ich außerhalb des Haushaltes investieren, und desto weniger Zeit verschwendete ich darauf, mir Gedanken darüber zu machen, ob die Kinder auch gut versorgt waren, wenn ich nicht da war. Meine hohen Erwartungen an Kojo innerhalb der Familie erwiesen sich darüber hinaus als eine sich selbst erfüllende Prophezeiung. Je mehr ich von ihm erwartete, desto stärker engagierte er sich.

Warum also hatte ich vor meinen Freundinnen nicht vollkommen hingerissen und begeistert die ultimative Lobhudelei auf meinen wunderbaren Ehemann angestimmt und stattdessen, wie um die ohnehin schon unterirdischen Erwartungen meiner Freundinnen zu bestätigen, Kojos Engagement heruntergespielt: »Ach, ich bitte euch, der hat in Ghana so viel Hilfe von seiner Familie. Es ist ja nicht, als müsste er die Kinder selbst baden und füttern und ihre Sachen waschen«, hatte ich gesagt.

Wie kam es, dass ich Kojo, ganz gleich, wie sehr er sich zuhause auch ins Zeug legte, die öffentliche Anerkennung standhaft verweigerte? Könnte es sein, dass ich zum Fortbestand eines größeren Problems beitrug? Ich musste einsehen, wäre ich ehrlicher zu meinen Freundinnen gewesen und hätte die Situation geschildert, wie sie wirklich war, dann hätte sich vielleicht ein konstruktives Gespräch ergeben, wie wir als Frauen es schaffen, das Stereotyp des unfähigen Ehemanns hinter uns zu lassen und eine wahrhaft gleichberechtigte Partnerschaft zu führen.

* * *

Am 23. Juni 2014 setzte sich Roger Trombley im Chipotle in Washington, D.C. mit vier anderen Menschen zum Essen an einen Tisch. Es war ein ganz gewöhnliches Mittagessen – bis auf die Tatsache, dass einer seiner Tischnachbarn der Präsident der Vereinigten Staaten war.

Roger, ein achtunddreißigjähriger Familienvater aus Ann Arbor, Michigan, war im Rahmen des White House Summit on Working Families zum Essen mit Präsident Barack Obama eingeladen worden. Roger ist Ingenieur bei Ford, zuständig für Fahrzeugsicherheit. Seine Frau Shimul Bhuva arbeitet ebenfalls als Ingenieurin bei Ford. Beide verfügen über flexible Arbeitszeiten, damit sie genug Zeit für Familie, Haushalt und Beruf haben. Zwei bis drei Tage die Woche arbeiten Roger und Shimul im Home Office, sodass ein Elternteil immer bei den Kindern ist. Die Artikel, die damals über die beiden erschienen, lobten vor allem Ford für die familienfreundliche Firmenpolitik, die es seinen Angestellten ermöglichte, von zuhause zu arbeiten. Es stimmt tatsächlich, dass Unternehmen, die ihren Angestellten flexible Arbeitsmodelle bieten, es sowohl Frauen als auch Männern ermöglichen, Familie und Beruf besser miteinander zu vereinbaren. Amerika braucht viel mehr Firmen, die diesem guten Beispiel folgen.

Doch nachdem ich Roger kennengelernt und mich mit ihm unterhalten hatte, fiel mir vor allem ein Aspekt der Beziehung mit seiner Frau auf: Es waren die Botschaften von Shimul, nicht die Angebote seines Arbeitgebers, die ihn motiviert hatten, sich zuhause stärker einzubringen. Anders als meine Freundinnen bei unserem Mädelsabend glaubte Rogers Frau daran, dass er alles *kann und hat*, was es zur Haushaltsführung und Kindererziehung braucht.

»Sie ist keine Gatekeeping-Mom«, erklärte er mir. »Sie lässt mich selber machen, sie lässt mich meine eigenen Entscheidungen fällen und meine eigenen Fehler begehen.« Was dazu führt, dass Roger seine Rolle zuhause sehr selbstbewusst ausfüllt. »An sich ist keine der Aufgaben allzu kompliziert«, sinnierte er. »Die meisten Männer haben bloß nicht die Erfahrung; sie wissen einfach nicht, was alles zu tun ist, weil die Frauen das meiste allein machen.«[1]

Unsere Kultur ist wirklich harsch zu Männern, wenn es um unsere unterirdische Erwartungshaltung geht, was sie im Haushalt und bei der Kindererziehung zu leisten im Stande sind. Während Frauen dem Stereotyp der perfekten Ehefrau und Mutter verfallen, mit dem makellosen Haus und den engelsgleichen Kindern, leiden die Männer unter einem ähnlich erdrückenden Vorurteil – das vom dummen Daddy.

Gerade in der Werbung wird dieser Stereotyp immer wieder gerne bedient. Es gibt beispielsweise einen Werbespot von Lowe's: Aus einem Hotelzimmer skypt eine Frau auf Geschäftsreise mit ihrem Mann und den drei Kindern zuhause. Ihr Mann, umgeben von zwei kleinen Jungs und einem Baby im Hochstühlchen, versichert der Frau ganz ruhig und gelassen, es sei alles in bester Ordnung. Die Kinder nicken brav dazu. Im Hintergrund sieht man eine frische, saubere gelbe

Wand. Nach dem üblichen »Ich liebe dich« und »Bye, bye« endet das Skype-Gespräch, und die Kamera fährt zurück und zeigt eine Panorama-Ansicht der Küche, in der ein höllisches Chaos herrscht und das Essen an den Wänden klebt. Der einzige Teil der Küche, der von dem Chaos verschont geblieben ist, ist das Fleckchen Wand hinter dem Mann und den drei Kindern. Die Farben verblassen, und die Stimme aus dem Off erklärt: »Endlich, eine abwaschbare Farbe, die sogar dem Scheuerschwamm widersteht. Valspar Reserve Farbe.«[2]

Und natürlich geht man davon aus, dass jede berufstätige Mutter diesen Witz versteht. Sie lacht über den nichtsnutzigen Ehemann, dem sie ohnehin eine lange To-Do-Liste dagelassen hat, bevor sie auf Geschäftsreise gegangen ist. Sie sitzt mit Gewissensbissen und sorgenvollem Gesicht im Flieger, wenn er abhebt, und fragt sich, ob ihr Mann den Kindern auch wirklich den Brokkoli vorsetzt, den sie in den Kühlschrank gestellt hat. Sie fragt tausend Mal am Tag nach und ist doch nie ganz überzeugt, dass er alles im Griff hat. Der Grund für ihre allgegenwärtige Nervosität ist, dass diese berufstätige Mami zwar beim Skypen fröhlich in die Kamera lächelt, ihren Mann im Grunde genommen aber für einen Versager hält.

In *Throwaway Dads: The Myths and Barriers That Keep Men from Being the Fathers They Want to Be* erläutern Ross Parke und Armin Brott das Konzept des »Framing« – die verzerrte Darstellung einer Version der Realität, um eine bestimmte Zielgruppe anzusprechen – eine Art »Schubladendenken«, um negative männliche Stereotype in den Medien und ganz besonders in der Werbung zu erklären. »In einer Welt, in der Frauen die ganz überwiegende Mehrzahl der Kaufentscheidungen innerhalb der Familie treffen«, bemerken Parke und Brott, »legen Werber natürlich mehr Wert da-

rauf, Frauen glücklich zu machen, als Männer nicht zu vergrätzen.«[3] Das Problem dabei: Wir mögen es zwar womöglich
witzig finden, den dummen Daddys beim Scheitern zuzuse-
hen, aber der Humor übertüncht eine Wahrheit, die überhaupt nicht lustig ist. Mit Lachen werden wir die ungleiche
Verteilung der Hausarbeit in diesem Land nicht korrigie-
ren können, und der Witz geht am Ende auf unsere Kosten,
Ladys. Eine niedrige Erwartungshaltung an Ehemänner und
Väter und die Vorstellung, dass unsere Kinder und unser Zuhause es nur knapp überleben würden, wenn wir sie mit den
Männern allein ließen, macht Frauen das Leben nur unnötig
schwer. Der Glaube an die Inkompetenz der Männer bedrückt
unsere Psyche, frisst Kraft und beeinflusst unsere Entscheidungen. Lieber machen wir die Hausarbeit selbst, oder, wenn
wir es uns leisten können, lassen sie machen, von Menschen,
die wir für fähiger halten als unsere eigenen Ehemänner. Und
wenn wir uns doch dazu überwinden, mal etwas zu delegieren, dann neigen wir dazu, alles haarklein kontrollieren zu
wollen. Kein Wunder, dass wir so viel Zeit und Energie darauf
verschwenden, uns zu sorgen, was zuhause passiert, wenn wir
gerade nicht da sind.

So ein Überengagement trägt dazu bei, dass Frauen immer
noch damit zu kämpfen haben, Kinder und Karriere unter
einen Hut zu bekommen. Berufstätige Frauen, die oft verreisen und keinen Partner zuhause haben, auf den sie sich
hundertprozentig verlassen können, müssen immer weit im
Voraus planen – die perfekt abgestimmten Outfits für die Kinder gebügelt auf den Kleiderbügel hängen, eins für jeden Tag,
an dem sie nicht zuhause sind; Klebenotizen in der Küche,
die erklären, wer wann wo hingebracht und abgeholt werden
muss; genaue Anweisungen zur Kontrolle der Hausaufgaben.

Diverse Studien belegen tatsächlich, dass »viele berufstätige Mütter versuchen, Zeit zu sparen, indem sie zuhause und bei der Arbeit multitasken. Für diese Frauen maximiert Multitasking die verfügbare Zeit und fungiert als Zeitmanagementstrategie, die es ihnen ermöglichen soll, mit der Doppelbelastung umzugehen, die mit Arbeit und Kindererziehung einhergeht«.[4] Aber Studien belegen auch, dass Multitasking die Produktivität um bis zu 40 Prozent reduzieren kann.[5] In Gedanken gehen wir dann während des Meetings unsere To-Do-Liste durch und können uns nicht mehr auf das Wesentliche konzentrieren. Das Ende vom Lied: mehr Arbeit für uns Frauen, sowohl im Beruf wie zuhause.

* * *

»Wie bekommst du nur deinen Mann dazu, dass er die Spielverabredungen der Kinder koordiniert?«

Die Frage wird mir so oft und dabei immer so ungläubig gestellt, dass ich am liebsten erwidern würde: »Ich zwinge ihn unter Waffengewalt dazu.« Stattdessen lächele ich nur und lache, um mir meinen Frust nicht anmerken zu lassen.

Als ich neulich meinen Sohn zur Schule gebracht habe, stellte mir eine andere Mutter genau diese Frage. Ich trug ein Kleid, einen Blazer und schwarze Lacklederpumps, sie eine Lululemon-Yoga-Hose und neonbunte Sneaker. Wir waren beide spät dran und in Eile, als sie mich ansprach, um eine Verabredung für den Nachmittag zu bestätigen, von der ich, wie dann offenkundig wurde, keinen Schimmer hatte.

Wie aufs Stichwort folgte darauf: »Mein Mann würde *nie im Leben* die Terminplanung für die Kinder übernehmen.«

Ich kann mich noch gut an die Zeiten erinnern, als ich genauso gedacht habe wie sie. »Hast du ihn denn mal darum gebeten?«, fragte ich.

Worauf sie nur die Augen verdrehte. »Das kann ich mir schenken. Mein Mann bekäme diesen lästigen Kleinkram nicht auf die Reihe, wenn sein Leben davon abhinge.«

»Was macht er denn beruflich?«

»Er ist Steueranwalt.«

Wieder musste ich lachen – aber diesmal kam es von Herzen.

»Mädel, wie ist er denn bitte Steueranwalt geworden, wenn er den lästigen Kleinkram nicht auf die Reihe kriegt?«

Da musste sie auch lachen. Wir verabredeten uns für den darauffolgenden Tag zum Mittagessen, und ich versprach, ihr das Geheimnis zu verraten, wie ich meinen Investmentbanker-Ehemann dazu gebracht hatte, die Spielverabredungen unserer Kinder zu koordinieren.

* * *

Wenn wir Frauen zuhause wirklich ein bisschen kürzertreten möchten, dann sollten wir unsere Männer nicht mehr als dumm, nutzlos oder egoistisch ansehen, sondern vielmehr als intelligent, fähig und großzügig und als Schlüssel zu einer positiven Veränderung in unserem Leben. Tun wir das, erhöht das drastisch die Wahrscheinlichkeit, dass sie uns als Ehemänner, Väter und Menschen nicht enttäuschen. Und wir entfalten dabei gleichzeitig unser eigenes Potential. Wohingegen wir mit der Aufrechterhaltung der Mär vom dummen Dad das Potential aller Beteiligten von der Wurzel an beschneiden. Uns gegen die Einsicht zu sperren, dass Männer durchaus in der Lage sind, ihren Teil der Haushaltspflichten zu übernehmen, führt dazu, dass wir unsere Männer nicht als gleichwertige Partner ermächtigen, die uns helfen können, unsere beruflichen Bestrebungen zu verwirklichen. Und am Ende schaden wir nur uns selbst.

Die psychologischen Dynamiken zu verstehen, die unsere Glaubenssätze bezüglich der Demarkationslinien häuslicher Verantwortlichkeiten definieren, kann uns helfen, eine Veränderung anzustoßen. In seinem beliebten TED-Talk *The Psychology of Your Future Self* erklärt der Psychologe Dan Gilbert, dass es uns leichter fällt, uns an Vergangenes zu erinnern, als uns Zukünftiges vorzustellen. Was wiederum unsere Entscheidungen beeinflusst. Würden wir beispielsweise heute zehn Jahre zurückblicken und uns fragen, wie sehr wir uns seitdem verändert haben, würden wir vermutlich antworten: »Gewaltig.« Aber wenn wir zehn Jahre in die Zukunft schauen und uns vorstellen sollen, wie sehr wir uns dann verändert haben werden, lautet unsere Antwort eher: »Kaum.« Was Gilbert damit sagen will, ist, dass wir dazu neigen, uns selbst als beständiger zu betrachten, als wir es tatsächlich sind. Unsere Vorstellungskraft reicht nicht aus, um uns auszumalen, wie wir uns weiterentwickeln werden, und wir tendieren dazu, unsere Ehepartner durch dieselbe statische Linse zu betrachten.[6] Wir denken: *Wenn mein Mann heute kein Planer ist, dann wird er morgen auch keiner sein.*

Heute weiß ich, wie sehr uns diese Denkweise einschränken kann. Und doch schlägt mir immer, wenn ich anderen Frauen erkläre, der Schlüssel zum Gesund- und Glücklichsein und die Welt ein bisschen zum Guten zu verändern sei schlicht und ergreifend, zuhause weniger von sich selbst und mehr von den Männern zu erwarten, purer Zynismus und ungläubige Ablehnung entgegen. Theoretisch mögen sie dieses Konzept für eine gute Idee halten, aber wenn wir anfangen, Hausarbeiten aufzuzählen, die der Partner übernehmen könnte, sind sie durch die Bank skeptisch, dass ihr Ehemann schaffen würde, was sie schaffen. Wenn ich als Coach mit diesen Frauen zusammenarbeite oder ihnen einfach nur als Freundin einen guten Rat mit auf den Weg geben will, bitte ich sie, ein kleines Spiel mit mir zu spielen. »Mach die Augen zu«, sage ich dann, »und überleg dir drei Dinge, die dein Mann noch nie im Haushalt getan hat. Dinge, die dir das Leben tausendmal leichter machen würden, wenn er sie übernehmen würde.« Und dann sage ich ihnen, sie sollen sich vorstellen, wie er eben diese Dinge tut, allein, selbstständig, ohne dass sie ihn daran erinnern oder ihn dazu drängen müssen.

»Eine schöne Vorstellung«, seufzen sie, wenn sie die Augen wieder aufmachen.

Und dann müssen wir lachen. Ich kann das nachvollziehen. Dann bitte ich sie, die Augen wieder zu schließen. »Diesmal möchte ich, dass du dir drei Dinge überlegst, die deine Kinder heute können, die sie vor ein paar Jahren oder vielleicht auch nur Monaten noch nicht konnten – lesen, laufen, Fahrrad fahren, sich allein anziehen.« Dann lächeln sie immer und wollen mir gleich den Unterschied erklären.

»Aber Tiffany, Kinder entwickeln sich nun mal rasend schnell. All das zu lernen gehört einfach zum Aufwachsen dazu. Erwachsene sind da viel festgefahrener.«

Diese Reaktion kann ich nur zu gut verstehen. Manchmal gehe ich darauf ein und versuche ihnen zu erklären, wie gerne wir vergessen, dass wir unser ganzes Leben lang Neues lernen können, und wir deshalb nicht dem Irrglauben verfallen sollten, unsere Ehepartner könnten zuhause nicht auch eine neue Rolle übernehmen und lernen, Aufgaben so zu erledigen, wie es ihnen am besten entspricht. Aber es geht eigentlich gar nicht um das Wachstumspotential unserer Ehepartner und Kinder. Vielmehr geht es bei dieser Visualisierung darum, sich mit *der eigenen Reaktion* auf ihre individuelle Entwicklung auseinanderzusetzen, nicht mit der Entwicklung an sich. Ich kann mich noch lebhaft daran erinnern, wie ich versucht habe, Kofi beizubringen, vom Löffel zu essen. Ich schob ihm die pürierten Karotten in den Mund, und er schob sie mit der Zunge wieder raus. Damals kam es mir vor, als ginge es eine Ewigkeit so hin und her. Irgendwann habe ich mich ernsthaft gefragt, ob mein Sohn je lernen wird, vom Löffel zu essen, geschweige denn, selbst mit dem Löffel zu essen. Und auch viele weitere der großen Hürden, die er auf seinem Weg nehmen musste, waren für mich mit jeder Menge Frust und Verzweiflung verbunden. Ob er im Kindergarten immer noch in Windeln herumlaufen würde? Doch meinem mangelnden Vertrauen in Kofis Entwicklungsprozess zum Trotz wuchs und gedieh er und entwickelte sich unaufhaltsam weiter. Mangelt es uns allerdings am Vertrauen in unseren Partner, wird er vermutlich nicht über sich selbst hinauswachsen. *Das* ist der große Unterschied.

Frauen wollen nicht das Gefühl haben, ihren Männern ständig nörgelnd oder quengelnd über die Schulter gucken zu müssen – was ich nur zu gut verstehen kann. Und wir wollen sie auch nicht wie kleine Kinder behandeln, wenn wir sie zu ermuntern versuchen, zuhause mehr Verantwortung zu übernehmen. Ich habe herausgefunden, dass es hilft, den anderen daran zu erinnern, es als eine Möglichkeit zu sehen, Kapital zu investieren, indem er seinen Teil der anfallenden Aufgaben übernimmt. Vielleicht investiert er in sein Versprechen: »Bis dass der Tod uns scheidet«, das er wirklich ernst gemeint hat.

Vielleicht investiert er, weil er seine Kinder gesund und glücklich aufwachsen sehen möchte, wofür sie eine gesunde, glückliche Mutter brauchen. Vielleicht zahlt seine Investition sich auch finanziell aus: Um nicht als Alleinverdiener für das gesamte Auskommen der Familie zuständig zu sein, braucht es das Einkommen der Partnerin. Oder er investiert in das menschliche Potential seiner Frau, weil er weiß, dass ihr Erfolg auch sein Erfolg ist, und tut, was immer er kann, um sie zu unterstützen.

Unseren Partner als »Investor« zu sehen statt als »Nichtsnutz« öffnet uns die Tür, auch zuhause mehr von ihm zu erwarten und mehr Zeit und Energie für Projekte außerhalb der eigenen vier Wände aufwenden zu können – so wie damals, als ich mich in den Vorstand von Harlem4Kids berufen ließ und Kojo dafür das sonntägliche Vorkochen übernahm. Die Arbeit im Vorstand dieser Organisation ist bis heute eine der wertvollsten Erfahrungen meines Lebens geblieben, und doch hätte ich mir diese Gelegenheit beinahe entgehen lassen, weil ich Kojo nicht zugetraut hatte, in die Erfüllung meiner Träume zu investieren – oder dass er willens und in der Lage war, das Essen für eine ganze Woche zu schnippeln und einzufrieren. In beiden Fällen lag ich grundfalsch.

* * *

Eines der Dinge, die mir am meisten am Herzen liegen, ist, Frauen und Mädchen zu fördern, wo ich nur kann. Weshalb es mir auch schrecklich schwerfällt, Nein zu sagen, wenn eine Frau mich um Rat oder Hilfe bittet. Ich bekomme viele »Ich-würde-Sie-gerne-mal-kennenlernen«-Mails, und meistens sage ich Ja. An drei Tagen in der Woche verabrede ich mich also morgens zu solchen Treffen, und im Schnitt habe ich fünf solcher Verabredungen pro Woche. Und da ich überhaupt keine Lust habe, mich ständig selbst reden zu hören, bin ich inzwischen ziemlich gut im Fragenstellen, sodass meine Kaffeeverabredungen meist das Reden übernehmen. Im Laufe einiger Jahre habe ich so die Geschichten von annähernd eintausend verschiedenen Frauen gehört. Nicht weiter verwunderlich, dass dabei immer wieder die Probleme mit der Vereinbarkeit von Familie und Beruf zur Sprache kommen, genau wie die altbekannten Botschaften, die wir den Männern in unserem Leben senden. Es gibt insbesondere drei Botschaften, die ich immer wieder zu hören bekomme und die ich für besonders schädlich halte, weil sie unsere Partner daran hindern, sich zuhause sinnvoll einzubringen. Bis wir Frauen aufhören, diese Botschaften auszusenden, bewusst oder unbewusst, werden wir nie in einer wirklich gleichberechtigten Partnerschaft leben. Die drei Botschaften, die unbedingt in der Mottenkiste verschwinden sollten, sind:

1. »Er hat's nicht so mit dem Kleinkram.«

Der vielleicht populärste Grund, den Frauen angeben, um ihren Männer nicht die volle, oder zumindest mehr, Verantwortung im Haushalt zu übertragen, ist der, es würde dann »zu viel liegenbleiben«. Stimmt, es sind eine Menge Kleinigkeiten zu bedenken, wenn man Kinder hin- und herchauffieren, außerschulische Aktivitäten koordinieren und Einkaufslisten schreiben muss, und viele Frauen glauben einfach nicht, dass ihre Männer sämtliche relevanten Details im Kopf behalten können. Die Annahme, Männer seien nicht so gut im Detailmanagement, hat eine gewisse Grundlage in der Biologie. Tatsächlich entwickeln sich in der Pubertät die Hirne von

Frauen und Männern unterschiedlich, und Hirnkartierungen zeigen, dass Frauen besser abschneiden, wenn es um Gedächtnisleistung und Intuition geht[7]. Was einem sehr zugutekommt, wenn man beim Jonglieren mit Kindern und Beruf ein halbes Dutzend Bälle gleichzeitig in der Luft halten muss. Aber Detailmanagement ist nicht die einzige Fähigkeit, die es zur Haushaltsführung braucht, und Männer bringen andere Qualitäten mit.

In ihrem Buch *Himmel und Hölle: Das Dilemma moderner Elternschaft* zeigt Jennifer Senior uns ein Paar, Angie und Clint, das sich aufgrund seiner inkompatiblen Arbeitszeiten kaum noch sieht. Dass jeder der beiden Partner also zwangsläufig seine jeweilige »Schicht« zuhause im Alleingang managen muss, bietet Senior die perfekte Ausgangslage, um pointierte Beobachtungen bezüglich unterschiedlicher Erziehungsmethoden zu machen. Während Angie, wie die meisten Mütter, »sensibler auf die emotionalen Strömungen innerhalb der Familie reagiert« und dazu neigt, sich »in der momentanen Auseinandersetzung mit den Kindern« stressen zu lassen, ist Clint weniger zerfahren und viel gelassener und hat beim Umgang mit den Kindern mehr das große Ganze im Blick. Weshalb es ihm leichter fällt als Angie, gewisse Aufgaben zu erledigen, da er nicht so mit den Feinheiten im Leben seiner Kinder befasst ist; seine Aufmerksamkeit ist weniger »fragmentiert«.[8]

Clints Tendenz, mehr das große Ganze zu betrachten und sich nicht um die Kleinigkeiten zu scheren, macht ihn nicht zu einem besseren Elternteil als seine Frau. Genauso wenig, wie Angie mit ihrem Auge fürs Detail Clint überlegen ist. Vielmehr geht es dabei darum: Wenn beide Partner ihre jeweiligen Stärken ausspielen können, dann ergänzen sie sich bestmöglich in ihren Bemühungen, wovon wiederum die Familie als Ganzes profitiert. Unsere Ehemänner brauchen kein Händchen für den Kleinkram zu haben, um gleichberechtigte Partner zu sein.

2. »Er ist ja nie da.«

Die Abwesenheit des Ehemanns ist eine weitere gängige Erklärung, die Frauen gerne angeben, wenn man sie fragt, warum ihre Partner zuhause nicht öfter mit anpacken. Auch das ist kein haltloses Argument. In *Opting Out? Why Women Really Quit Careers and Head Home* stellt die Autorin Pamela Stone fest: Etwas mehr als die Hälfte der Frauen (60 Prozent) nannten ihren Mann als einen der Hauptgründe für den Entschluss, ihren Beruf aufzugeben. Bei den meisten dieser Frauen waren die Männer, wie sich herausstellte, wortwörtlich abwesend. Die Abwesenheit des Ehemanns hatte einen wesentlich größeren Einfluss auf die Entscheidung der Frau als die viel drängenderen und oft zitierten »familiären« Anforderungen durch die Kinder.[9]

Frauen neigen dazu, es hinzunehmen, wenn ihre Männer nie da sind, weil die männliche Identität geschichtlich betrachtet seit langem mit der Rolle als Hauptverdiener verknüpft ist. Die Abwesenheit zuhause wird von vorneherein entschuldigt: Männer müssen bei der Arbeit sein, um der soziokulturellen Erwartungshaltung an sie zu entsprechen. Aber in unserem digitalen Zeitalter muss die »Er ist ja nie da«-Klage die Männer nicht mehr davon abhalten, sich gleichberechtigt an der Haushaltsführung zu beteiligen. Berufstätige Frauen sind auch nicht »da«, aber das hält uns nicht davon ab, in einer kurzen Pause zwischen zwei Meetings eben dem Babysitter eine Textnachricht zu schreiben, online Lebensmittel zu bestellen und nach Hause liefern zu lassen und die Kinder zum Sommercamp anzumelden. Anzunehmen, unsere Ehemänner könnten sich zuhause nicht engagieren, weil sie nie da sind, vernachlässigt die vielfältigen Möglichkeiten, die moderne Kommunikationsmittel uns eröffnen. Mein Mann lieferte ein großartiges Beispiel dafür, als er einmal vom anderen Ende der Welt aus unseren Wasserhahn ersetzen ließ.

3. »Er weiß nicht, was für die Kinder das Beste ist.«

Die dritte Annahme ist die vielleicht traurigste und verstörendste von allen, weil sie die beschränkte gesellschaftliche Definition von Männlichkeit bestätigt – die des hart arbeitenden Brötchenverdieners, der nur außerhalb des Hauses die Hosen anhat. Diese engstirnige Definition dessen, was es heißt, ein Mann zu sein, verwehrt unseren Partnern die Möglichkeit, ihre fürsorgliche Seite mehr auszuleben und ihre haushälterischen Fähigkeiten zu vervollkommnen. Frauen verstärken dieses Problem, indem sie darauf beharren, ihre Männer nicht stärker einbinden zu können, weil diese angeblich keine Ahnung von Kinderbetreuung haben oder keinen Sinn dafür, was die Kinder brauchen. Manche Frau geht dabei so weit, ihren Beruf vollends an den Nagel zu hängen oder gewaltige Summen für die Kinderbetreuung auszugeben, um nur ja nicht die Verantwortung für die Kindererziehung in die Hände des Ehemanns legen zu müssen.

Einer der Parameter, mittels derer Wissenschaftler »Maternal Gatekeeping« messen, ist die traditionelle Auffassung vieler Frauen, dass ihnen Hausarbeit und Kinderbetreuung von Natur aus mehr liegt als Männern.[10] Unsere Überzeugung, Mama sei nun mal die Beste, führt in einen Teufelskreis, der wiederum schädliche Auswirkungen auf das tatsächliche Engagement der Männer hat. Genauer gesagt, umso inkompetenter Frauen ihre Männer halten, desto höher ist die Wahrscheinlichkeit, es mit einem Fall von Gatekeeping zu tun zu haben.[11] Je mehr die Gatekeeping-Mom ihn von den Kindern fernhält, desto weniger Übung hat er darin, seine väterlichen Pflichten zu erfüllen. Je weniger kompetent ein Mann sich fühlt, desto weniger motiviert ist er, Zeit mit seinen Kindern zu verbringen.[12]

Nie werde ich vergessen, als ich zum ersten Mal mitbekam, wie Kojo reagierte, als Kofi auf dem Spielplatz hinfiel. Mein erster Impuls war, sofort zu meinem Sohn zu stürzen, ihn hochzuheben und ihm tröstend die Tränen aus dem Gesicht zu wischen. Als Kojo hingegen sah, wie unser Sohn auf das Gras fiel, hielt er mich am Arm fest, damit ich nicht gleich hinrannte, und rief: »Alles klar, Kleiner?« Ich hielt den Atem an und wartete auf das unvermeidliche Geschrei, aber es passierte nichts. Stattdessen rappelte unser zweijähriger Sohn sich auf, klopfte sich die Hände ab und rannte unbeirrt weiter. Anscheinend ist manchmal, auch ohne Übung, Papa eben doch der Beste.

»Er hat kein Händchen für Kleinkram, ist nie da und weiß nicht, was das Beste fürs Kind ist.« Diese drei Botschaften, verwurzelt in Stereotypen und fest mit unserer Kultur und Gesellschaft verwoben, blockieren eine ganze Reihe kreativer Ansätze zur Haushaltsführung, an der Männer sich andernfalls vielleicht viel stärker beteiligen würden. Und diese hemmenden Botschaften vernachlässigen auch die Tatsache, dass vielen Frauen fürsorgliches Verhalten nicht zufliegt und von ihnen auch erst erlernt werden muss. Die Autorin Meaghan O'Connell verweist in einem Artikel im *New York Magazine* darauf, bei ihr Zuhause sei sie »die Nichtstuer-Mama« und ihr Mann »der geborene Dad«, der viele der traditionell mütterlichen Aufgaben übernimmt.[13] Kurz und gut, beide Elternteile können über eine instinktive fürsorgliche Sensibilität verfügen, und doch wird von uns Frauen erwartet, dass wir zuhause den Ton angeben. Es wird höchste Zeit einzusehen, dass Männer ebenso wie Frauen in der Lage sind, für die Familie zu sorgen, auch wenn sie Haushaltsführung und Kindererziehung womöglich anders angehen. Ja, eine Studie aus dem Jahr 2014, erschienen in *Proceedings of the National Academy of Sciences of the United States of America*,[14] kam sogar zu dem Ergebnis, dass jede Art elterlicher Fürsorge bei der betreffenden Person zur Ausbildung eines »neuronalen Netzwerks elterlicher Fürsorglichkeit« führte, ungeachtet des Geschlechts oder des Beziehungsstatus' der Eltern.[15] Männer mögen vielleicht nicht so viel Übung bei der Kinderversorgung haben, aber sie sind dazu genauso in der Lage wie Frauen, wenn sie die Möglichkeit dazu bekommen.

* * *

Was hält uns Frauen also davon ab, uns mit der Vorstellung anzufreunden, unsere Ehemänner könnten sich womöglich sogar wünschen, zuhause stärker eingebunden zu sein? Ein Grund dafür mag vielleicht sein, dass Männer diesen Wunsch selten so deutlich äußern, weil kulturelle Stereotype es ihnen erschweren, ihre fürsorgliche Seite offen zu zeigen. Vor ein paar Jahren beispielsweise kam Kojo zu dem Entschluss, sich beruflich so verändern zu wollen, dass er mehr Zeit bei mir und den Kindern in New York verbringen konnte. Zumindest sagte er mir das so. In den folgenden Wochen wurde ich allerdings zunehmend frustriert, als ich ihn mit potentiellen Arbeitgebern telefonieren hörte, denen er lachend erklärte, er müsse mehr zuhause sein, weil »meine Frau mir sonst dauernd in den Ohren liegt«. Eines Tages, nach einem weiteren solchen Telefonat, platzte mir schließlich der Kragen.

»Warum sagst du so was?«, fuhr ich ihn an. »Ich liege dir überhaupt nicht in den Ohren, dass du mehr zuhause sein sollst! Ich habe dich beruflich immer voll und ganz unterstützt, egal, was du machst.« Dass er mich als ewig meckernde Zimtzicke darstellte, hielt ich für Macho-Gehabe, aber ich wollte nun mal nicht als nörgelnde Ehefrau dastehen, vor allem, wo ich mich doch immer so bemüht hatte, ihm eine gute, verständnisvolle Partnerin zu sein. Wie sich herausstellte, ging es dabei aber gar nicht um mich.

»Was soll ich denen denn sagen, Tiffany?«, entgegnete Kojo. »Dass ich mehr Zeit mit meiner Familie verbringen möchte? Dass ich meine Kinder morgens zur Schule bringen will? Das will keiner von mir hören.«

Kojos Angst, es könne auf seinen zukünftigen Arbeitgeber eigenartig wirken, wenn er als Vater mehr Zeit für seine Kinder haben wollte, war gar nicht so unbegründet. Wie R. Kirk Mauldin in »The Role of Humor in the Construction of Gendered and Ethnic Stereotypes« schreibt: Die Gesellschaft »entwertet so konsequent sämtliche Gedanken, Gefühle und Verhaltensweisen, die kulturell als weiblich definiert werden, dass ein Überschreiten der Geschlechtergrenze für Männer mehr negative kulturelle Implikationen beinhaltet als für Frauen – was im Umkehrschluss bedeutet, dass männliche Grenzüberschreiter kulturell viel stärker stigmatisiert werden als weibliche«.[16] In anderen Worten, Männer haben es schwerer, von einer Genderrolle in die andere zu wechseln als Frauen, weil der Druck von außen auf Männer deutlich höher ist, sich möglichst maskulin darzustellen. Diese Erwartungshaltung wiederum erschwert es Männern, ihren Geschlechtsgenossen gegenüber den Wunsch nach einem stärkeren Engagement zuhause auszudrücken, aus Angst, dadurch weniger männlich zu erscheinen.

Zwar scheint sich in der Werbung inzwischen etwas zu tun, denn nicht wenige Spots zeigen Männer, die Haushalt und Kinderbetreuung mit links meistern, aber in der Alltagskultur ist dieser neue Trend anscheinend noch nicht angekommen. 2015 beispielsweise waren in etlichen Super-Bowl-Werbefilmen starke, fürsorgliche Väter zu sehen, die im Alltagsleben ihrer Kinder eine wichtige Rolle spielten. In einem Spot für die #RealStrength-Initiative von Dove, die zeigen soll, dass Männer, die sich sensibel und liebevoll um ihre Kinder kümmern, dadurch nicht weniger männlich werden, wurde den Zuschauern eine Montage verschiedenster Väter mit ihren Kindern gezeigt, die alle mit zuckersüßer, dankerfüllter Kinderstimme das Wort *Daddy* sagten.[17] Eine weitere Werbung, diesmal für Nissan, hieß schlicht »With Dad« – mit Dad. Darin ein junger Mann, wie er in verschiedenen Stadien seines Lebens seinen hypermaskulinen, rennwagenfahrenden Vater vergöttert.[18]

Am nächsten Tag waren die Medien voll des Lobes auf die Unternehmen, die sich mit ihren Werbefilmen gegen tradierte Genderstereotype stellten. Aber ging es in diesen Spots wirklich darum, mit alten Vorurteilen zu brechen? Sie haben unsere Herzen zum Schmelzen gebracht und wirkten tatsächlich dem Stereotyp vom dummen Daddy entgegen, indem sie engagierte, fürsorgliche Väter zeigten – aber was daran war so ein tolles, innovatives Konzept? Diese Werbefilme sind überhaupt nur interessant, weil diese Vorurteile noch immer in unseren Köpfen existieren; die Spots an sich sind nichts Besonderes. Die Zuschauer mögen zwischen ihren Buffalo-Wings-Bissen ein paar Tränchen verdrückt haben, aber wahren Fortschritt wird es erst geben, wenn das Bild des fähigen Vaters, der Zeit mit seinen Kindern verbringt, genauso »normal« und selbstverständlich ist wie das einer Mutter mit ihren Kindern.

17. KAPITEL

Glück motiviert uns alle

Zur Geburt unserer Tochter Ekua war Kojo zwei Wochen zuhause und musste dann wieder zurück nach Dubai fliegen. Toyia war bei uns eingezogen, um mir unter die Arme zu greifen, und eines Abends kam sie mit einem ziemlich ungewöhnlichen Anliegen zu mir. Sie bat mich, ich solle mich einen Moment zu ihr setzen, weil ihr aufgefallen war, dass ich mich immer nur setzte, um zu essen oder meine Tochter zu stillen.

»Du bist ständig auf den Beinen«, sagte sie, als wäre meine bienenfleißige Geschäftigkeit etwas Schlechtes.

Sie meinte, sie könne sich nicht daran erinnern, mich einfach mal nur dasitzen und nichts tun gesehen zu haben. *Ich habe keine Zeit, dumm herumzusitzen*, dachte ich empört. *Dazu ist immer viel zu viel zu tun!* Und ich wischte weiter den Tisch ab oder was auch immer ich gerade tat, und grübelte angesäuert über Toyias kleine Bemerkung nach. Wenn Kojo zuhause war, saß er oft einfach nur auf der blauen Couch. Und ich musste daran denken, wie unterschiedlich wir mit Termindruck und Stress umgingen. Ich fühlte mich ständig unter Zugzwang, wollte immer weiterackern, aus schierer Angst, noch weiter zurückzufallen. Wohingegen er seelenruhig den Fernseher einschaltete, ein kleines Nickerchen auf der Couch machte und am nächsten Morgen frisch und ausgeruht aufstand und seine Arbeit tat. Mich machte das vollkommen kirre.

Wie kann er einfach rumsitzen und nichts tun, wo doch noch so viel gemacht werden muss?

Je mehr ich nachdachte über Kojos und meine grundverschiedenen Herangehensweisen an unseren Alltag, desto mehr leuchtete mir ein, warum ich von uns beiden diejenige war, die ständig am Rande eines Nervenzusammenbruchs stand. Ich haushaltete nicht mit meinen Kräften. Vielleicht hatte Kojos Strategie ja doch was für sich. Das Leben war eine endlose To-Do-Liste. Und während ich so darüber nachdachte, was Toyia gesagt hatte, wurde mir klar, dass bewusste Entspannung vielleicht eine sinnvollere Methode wäre, mein hektisches Leben etwas zu entschleunigen.

Da mir Toyias Bemerkung einfach nicht aus dem Kopf ging, beschloss ich, es mal mit Kojos Taktik zu versuchen. Um etwas zu entspannen, zwang ich mich, mich zweimal am Tag auf die blaue Couch zu setzen. Die Übung nannte ich Sitz&Platz, und ich stellte mir den Timer auf dem iPhone, damit ich sie nicht vergaß. Anfangs hielt ich es nicht aus, einfach nur dazusitzen und nichts zu tun. Das war, zumindest in meinen Augen, eine Vergeudung wertvoller, da knapper Zeit. Also faltete ich die Wäsche, während ich dasaß, oder checkte am Laptop meine E-Mails. Aber mit der Zeit lernte ich, einfach nur dazusitzen und tief durchzuatmen.

Eines Abends, nachdem ich Kofi ins Bett gebracht hatte, machte ich mir eine Tasse Tee und schnappte mir die Ausgabe der *O* vom Vormonat (ich hinkte mit dem Lesen immer hinterher, weil ich eigentlich nur im Flieger dazu kam). Mit Ekua auf dem Schoß baute ich mir ein kleines Nest in Kojos Ecke der blauen Couch und las und nippte an meinem Tee, und nach einer halben Stunde war ich sanft eingeschlummert. Zwanzig Minuten später wachte ich erfrischt wieder auf. Ich fühlte mich wie neugeboren und konnte es kaum fassen, wie fit und ausgeschlafen ich nach diesem kleinen Nickerchen war! Ich war angefixt.

Auch wenn uns die Marotten und Angewohnheiten unserer Ehepartner bisweilen auf die Palme bringen, können wir doch von ihnen lernen. Die Momente der Stille, die ich während meiner Sitz&Platz-Übung erlebte, brachten mich auf einen Gedanken, den der wirbelnde Tasmanische Teufel in mir niemals zugelassen hätte – zu hinterfragen, ob meine ständige Geschäftigkeit überhaupt notwendig war. *Würde ich jetzt ins Bett gehen und diese E-Mail nicht sofort beantworten, wäre das dann wirklich so schlimm? Würde ein schwerbewaffnetes Mäuse-Bataillon über meine Küche herfallen, wenn ich über Nacht einen ungespülten Teller in der Spüle stehen ließ? Wessen Leben wäre in Gefahr, würde ich die Wäsche einfach im Trockner liegen lassen?* In der Hektik, in die ich mich immer stürzte, um nur ja alles zu erledigen, hatte ich mir nie die Zeit genommen, mir diese Fragen zu stellen. Aber in der Ruhe meiner Sitz&Platz-Auszeiten, nachdem ich nur sechs kurze Minuten durchgeatmet und ein bisschen nachgedacht hatte, ließ das unablässige Drängen meiner unerledigten To-Do-Liste allmählich nach. Langsam begriff ich, wieso Kojo einfach so einnicken konnte, ohne sich viele, wenn überhaupt irgendwelche, Gedanken über das zu machen, was noch zu tun war.

Man kann den Zusammenhang zwischen einer glücklichen Frau und einer funktionierenden gleichberechtigten Partnerschaft nicht genug betonen. Studien haben gezeigt, je glücklicher die Frau, desto glücklicher der Mann. Wie Deborah Carr, Soziologieprofessorin an der Rutgers University, erklärt: »Je zufriedener die Frau langfristig in ihrer Beziehung ist, desto glücklicher ist der Mann mit seinem Leben, ganz gleich, wie er zu der gemeinsamen Beziehung steht.«[1] Und glückliche Männer sind auch bessere Partner. Sie engagieren sich zuhause mehr, aus Liebe zu ihrer Frau und aus Hingabe zur Familie, und sie werden mit einer Partnerin belohnt, die ungleich gelassener, fröhlicher und klarer bezüglich ihrer Prioritäten ist, weil diesen Frauen die ganze Palette an Möglichkeiten offensteht, um Seele und Geist zu nähren.

Je mehr ich darüber nachdachte, desto mehr begann ich den Zusammenhang zwischen dem physischen und seelischen Wohlergehen einer Frau und einer funktionierenden gleichberechtigten Partnerschaft zu verstehen. Partnerschaften können rasch ins Straucheln geraten, wenn die Frau ihr eigenes Glück aus den Augen verliert. Und doch fällt es uns so schwer, unser eigenes Glück an erste Stelle zu setzen. Woran das liegt? Diese Frage habe ich Dr. Christine Carter gestellt, Soziologin und Forschungsbeauftragte des UC Berkeley Greater Good Science Center, Glücksexpertin und Coach. »Immer und immer wieder sagen wir den Frauen, sie sollen zuerst sich selbst die Sauerstoffmaske anlegen«, erklärte sie mir, »aber wir kapieren nicht, wie viel Mut es dazu braucht. Frauen werden schon als Kinder auf Harmonie getrimmt. Die gilt es unter allen Umständen zu wahren, auch wenn es wehtut. Uns selbst an erste Stelle zu setzen, selbst wenn dadurch Disharmonie entsteht, weil unsere Bedürfnisse mit denen anderer Menschen kollidieren, geht gegen alles, was wir gelernt haben.«[2]

Ich habe von Frauen schon tausende Gründe gehört, was sie eigentlich daran hindert, ein erfülltes, glückliches Leben zu führen. Aber es gibt drei Glückshürden, die in solchen Gesprächen am häufigsten auftauchen: Erstens unser unablässig nagendes schlechtes Gewissen, zweitens die Neigung, ständig über die eigenen Grenzen zu gehen, und drittens das eklatante Fehlen von Glücksgewohnheiten – kleinen regelmäßigen Ritualen, die uns Freude bringen und neue Kraft geben. Wenn wir vor einer dieser drei Glückshürden stehen, befinden wir uns irgendwo im Bereich vager bis konkreter Unzufriedenheit. Türmen sich alle drei Hürden auf einmal vor uns auf, geht es uns hundsmiserabel. Andererseits, wenn wir keine unnötigen Gewissensbisse haben, unsere eigenen Grenzen respektieren und Glücksrituale in den Alltag einbauen, strotzen wir nur so vor positiver Energie und können mit der größtmöglichen Kooperation und Freude eine gleichberechtigte Partnerschaft führen.

Schauen wir uns diese Glückshürden doch mal etwas genauer an:

1. Sich von Schuldgefühlen befreien

Die erste Hürde, die Frauen überwinden müssen, ist das ewig nagende schlechte Gewissen. Bekäme ich jedes Mal einen Dollar, wenn eine Frau sich grundlos bei mir entschuldigt, wäre ich steinreich. Leider ist dieses ständige »Tut mir leid« eine Angewohnheit, die man nur schwer ablegen kann, denn die Gesellschaft lehrt uns Frauen, bei so ziemlich allem ein schlechtes Gewissen zu haben. 2014 lenkte Pantenes aufsehenerregende »Not Sorry«-Fernsehkampagne große Aufmerksamkeit auf die weibliche Neigung, sämtlichen Aussagen, Feststellungen und Wortwechseln mit Männern – sei es am Konferenztisch oder im Ehebett – eine vollkommen unbegründete Entschuldigung voranzuschicken. In diesem Werbespot setzt sich beispielsweise ein Mann im Wartezimmer neben eine Frau und stupst sie dabei versehentlich mit dem Ellbogen an, woraufhin *sie* sich bei ihm entschuldigt. In einer anderen Szene kommt ein Mann in einen Konferenzraum an den bereits vollbesetzten Tisch und fragt: »Kann ich mich hier noch dazwischen quetschen?« Worauf die Frauen links und rechts, die ihm ja eigentlich einen Gefallen tun, weil sie freundlicherweise aufrücken und ihm Platz machen, eine Entschuldigung murmeln. Der Film zeigt eine ganze Reihe ähnlicher Situationen in den unterschiedlichsten Varianten. Zur Demonstration, wie absurd und überflüssig all diese Entschuldigungen sind, werden am Ende des Spots noch mal sämtliche Szenen *ohne* Entschuldigung gezeigt.[3]

Der Werbespot will uns Frauen ermutigen, uns zu fragen, warum wir ständig glauben, uns für alles, was wir tun oder sagen, entschuldigen zu müssen. Als Frauen sind wir dazu erzogen worden, uns selbstlos um andere zu kümmern und das Glück unserer Liebsten über unser eigenes zu stellen. Tun wir das nicht, fühlen wir uns schuldig. Und wenn eine Entschuldigung nicht reicht, dann sind wir schnell dabei, eine plausible Erklärung zu bieten zum Beweis, dass wir nur lautere, hehre und gute Absichten verfolgen: *Ich hatte einen dringenden Abgabetermin. Ich musste die Cupcakes für den Geburtstag meiner Tochter in die Schule bringen. Mein Chef hat mich darum gebeten. Ich musste zu einem ganz wichtigen Termin.* Noch nie habe ich erlebt, dass eine Frau fünf Minuten zu spät in ein Meeting gehetzt kommt und sagt: »Tut mir furchtbar leid. Ich war bei der Massage.« Und die Schuldgefühle, die uns immer dann plagen, wenn wir ausnahmsweise doch etwas für uns selbst tun, verhindern meist, dass wir es dann genießen.

Karina Schumann und Michael Ross von der University of Waterloo haben eine Studie erstellt, um herauszufinden, ob der Grund dafür, dass Frauen sich viel häufiger entschuldigen als Männer, womöglich im unterschiedlichen Schuldempfinden von Frauen und Männern liegen könnte. Die Forscher fanden heraus, dass »Frauen angaben, sich häufiger zu entschuldigen als Männer; aber sie gaben auch an, häufiger etwas falsch gemacht zu haben. Männer entschuldigten sich, genau wie Frauen, wann immer sie glaubten, etwas falsch gemacht zu haben, dachten das aber insgesamt viel seltener als Frauen. Dieses Ergebnis legt die Vermutung nahe, dass Männer sich seltener entschuldigen als Frauen, weil bei ihnen die Schwelle für schuldhaftes Verhalten wesentlich höher liegt... [W]ir haben diese Schwellentheorie auf die Probe gestellt, indem wir die Teilnehmer baten, sowohl eingebildetes wie tatsächlich begangenes Fehlverhalten zu bewerten. Wie vorausgesagt bewerteten die Männer ihr Fehlverhalten durchweg weniger gravierend als die Frauen.«[4] Was auch erklärt, warum ich mich beim zufälligen Zusammentreffen in der Bank bei unserem Babysitter für Kojos Massen-E-Mail entschuldigte, während der Sitter von dieser Vorgehensweise eigentlich ganz angetan war.

Es ist nicht leicht, glücklich zu sein, wenn man ständig das Gefühl hat, etwas falsch zu machen. Ich habe schon oft erklärt, und das nicht im Spaß, wir Frauen sollten für uns ein Post-Entschuldigungs-Zeitalter ausrufen. Dass wir anscheinend ständig das Gefühl haben, uns für uns und unser Verhalten entschuldigen zu müssen, liegt in einem gesellschaftlichen Mechanismus begründet, der uns darauf drillt, die Bedürfnisse anderer über unsere eigenen zu stellen. Wir Frauen sollten endlich aufhören, uns zu entschuldigen, und zwar nicht, weil wir immer alles richtig machen, sondern weil wir begreifen sollten, dass es durchaus okay ist, auch mal was falsch zu machen. Wir können gleichzeitig glücklich und unperfekt sein. Jen Santoleri, Programmdirektorin bei Allegis Global Solutions, formulierte es sehr treffend, als sie bei der jährlichen Gala des Unternehmens, zu der ich ebenfalls eingeladen war, eine Auszeichnung für ihre herausragende Leistung entgegennahm. »Ich habe diese Auszeichnung nicht bekommen, weil ich perfekt bin«, sagte sie. »Perfektion ist unmöglich, Großartigkeit nicht.«[5]

2. Die eigenen Grenzen respektieren

Die zweite Glückshürde, die es zu nehmen gilt, ist die ständige Missachtung der eigenen Grenzen. Diese Hürde kenne ich nur zu gut aus eigener Erfahrung. Zu Beginn meiner beruflichen Laufbahn schickte meine damalige Chefin mir häufig auch am Wochenende E-Mails. Das halbe Wochenende verbrachte ich dann damit, prompt darauf zu antworten und ihr zu versichern, bis Montag wäre alles erledigt. Es war ätzend. Unter der Woche arbeitete ich so viel, dass ich an den Wochenenden eine kleine Verschnaufpause verdient und auch dringend nötig gehabt hätte. Nach unzähligen verlorenen Wochenenden nahm ich schließlich all meinen Mut zusammen, um sie auf diesen Missstand anzusprechen. Ich war schrecklich nervös und hatte mir wieder und wieder aufgesagt, was ich zu ihr sagen wollte. Zunächst erklärte ich weitschweifig, wie sehr mir die Organisation und meine Arbeit dort am Herzen lagen, und dass ich alles gab, damit wir unsere Ziele erreichten. Dann gestand ich ihr, dass ich mich dabei ertappte, wie ich immer häufiger auch an den Wochenenden arbeitete, und dass sich das auf meine Leistungsfähigkeit auszuwirken begann, vor allem montagmorgens, wenn ich sonntagabends noch bis spät in die Nacht geschuftet hatte.

Meine schlimmsten Befürchtungen bewahrheiteten sich, als ich die entnervte Reaktion meiner Chefin bemerkte. »Warum sollte ich Ihre freien Wochenenden respektieren, wenn Sie es selbst nicht tun?«, gab sie pikiert zurück. »Ich schicke Ihnen Mails, wann immer es bei mir gerade passt. Wann Sie darauf antworten, ist allein *Ihre* Sache. Ich habe nie gesagt, dass ich von Ihnen erwarte, bis Montagmorgen alles erledigt zu haben. Sie haben es selbst zu veranworten, wenn Sie jeden Sonntag arbeiten. Das ist doch nicht meine Schuld.«

Mir ist klar, dass es Vorgesetzte gibt, die ihre Mitarbeiter an den Wochenenden anrufen oder ständig Mails oder Nachrichten schreiben und eine prompte Reaktion erwarten. Es scheint sich fast zu einer Art landesweiten Epidemie entwickelt zu haben. Moderne Kommunikationsmittel haben die klare Trennung von Beruf und Privatleben de facto aufgelöst. Bei einer Untersuchung im Jahr 2013 unter vierhundert Arbeitnehmern aus Nordamerika, durchgeführt von Right Management, gaben 36 Prozent der Befragten an, auch nach Feierabend E-Mails von ihren Vorgesetzten zu bekommen, auf die diese eine umgehende Antwort erwarteten. Weitere 15 Prozent fühlten sich von dieser »Rufbereitschaft« auch an den Wochenenden und im Urlaub unter Druck gesetzt. Zahlen, die besonders aussagekräftig sind, wenn man bedenkt, wie schwierig eine solche direkte Kommunikation in der Zeit vor dem Internet war.[6] Natürlich gibt es Arbeitnehmer, die schon bei der Einstellung wissen, worauf sie sich einlassen, und die diese hochgesteckten Erwartungen ihrer Vorgesetzten nur zu gerne erfüllen. Aber viele andere fügen sich auch – so wie ich damals – wohl oder übel in ihr Schicksal, weil sie glauben, ihnen bliebe keine andere Wahl. Aber wenn wir selbst unsere Zeit nicht wertschätzen, wie können wir dann von anderen erwarten, unsere Grenzen zu respektieren? Wir müssen mit uns selbst so umgehen, wie wir es auch von anderen erwarten. Und in der Zwischenzeit, bis wir das gelernt haben, ein wenig nachsichtig mit uns selber sein. Wie Dr. Carter so schön sagt: »Es gibt wenig, wozu es mehr Mut braucht, denn als Frau die eigenen Bedürfnisse zu befriedigen.«

3. Glücksgewohnheiten entwickeln

Die dritte Hürde, die wir Frauen nehmen müssen, sind fehlende Glücksgewohnheiten – regelmäßige kleine Rituale, die uns Freude machen. Glück ist ein Zustand, der sich immer dann einstellt, wenn wir dem folgen, was uns das Wichtigste ist. Und das ist für jeden von uns etwas anderes. Für den einen kann ein Glücksritual ein Kirchenbesuch sein oder die Lektüre spiritueller Ratgeber. Andere macht es glücklich, beruflich voranzukommen, Zeit mit den Kindern zu verbringen, zu wandern oder sich künstlerisch zu entfalten. Doch was immer es ist, das uns glücklich macht, wir müssen es uns zur Gewohnheit machen. Forscher haben herausgefunden, dass bewusstes Tätigwerden die beste Methode ist, um das eigene Glückslevel zu steigern.[7]

Allzu oft unterschätzen wir, wie entscheidend unser Glück für das Wohlbefinden der Menschen um uns herum ist, vor allem unserer Ehepartner und Kinder. Statt unser Augenmerk nur darauf zu richten, dass es allen anderen gut geht, sollten wir auch darauf achten, uns selbst als lebendige, ganzheitliche Menschen nicht aus den Augen zu verlieren. Wenn wir uns die Zeit nehmen, regelmäßig unseren Glücksgewohnheiten nachzugehen, sind wir viel besser dazu im Stande, uns um unsere Familie zu kümmern, für uns selbst zu sorgen und ein Gefühl dafür zu entwickeln, was das Leben an Abenteuern, Möglichkeiten und Freuden für uns bereithält.

Was Alice, eine meiner weisen Ratgeberinnen, auf die harte Tour lernen musste. Als sie und ihr Mann Paul sich im ersten Jahr ihres Jurastudiums an der Vanderbilt Law School kennenlernten, waren sie sich sofort einig, dass sie sich beruflich gegenseitig rückhaltlos unterstützen wollten. Aber nachdem die Kinder kamen, fühlte Alice sich aufs Abstellgleis der Mami-Schiene geschoben. Während jedes Mutterschutzes wurden die Klienten, die sie selbst akquiriert hatte, einem anderen Kollegen zugewiesen. Kam sie dann zurück, hatte sie das Gefühl, sich wieder ganz von Neuem beweisen zu müssen. Die Schuld an der Misere gab Alice ihrer Kanzlei, die ihres Erachtens keine der dort arbeitenden berufstätigen Mütter hinreichend unterstützte. Und auch Paul schob sie den Schwarzen Peter für ihre Unzufriedenheit zu. Zuhause stemmte sie die meiste Arbeit, und sie wusste, nur weil sie ihm im Haushalt den Rücken freihielt, konnte er sich ganz auf seine Karriere konzentrieren. Sie liebte ihn von ganzem Herzen, und sie liebte ihn auch dafür, dass er es so weit gebracht hatte. Aber es erschien ihr alles so unfair.

Eines Tages kam Paul früher als sonst nach Hause und fand Alice in der Einfahrt vor dem Haus, wo sie in ihrem Wagen saß und weinte. Etwas, das sie, wie sie ihm kleinlaut gestand, in letzter Zeit häufiger tat, obwohl sie gar nicht so genau erklären konnte, wieso. Sie konnte nur sagen, dass sie das Gefühl hatte zu ersticken, zu ertrinken. Paul fürchtete schon, sie könnte eine klinische Depression haben, und er wusste sofort, dass sich etwas ändern und er von sich aus beginnen musste, mehr Hausarbeiten zu übernehmen. In diesem Moment ging ihm auf, wie sehr seine Laissez-faire-Haltung an der Frau zehrte, die er liebte.

Der Übergang zu einer gleichberechtigten Partnerschaft war für die beiden anfangs alles andere als einfach. Paul hatte keine Ahnung von der Haushaltsführung. Im ersten Monat liefen mehrere Kaschmirpullover im Trockner ein, und sie versäumten etliche gesellschaftliche Ereignisse. Oft musste Paul einsehen, dass er aufgrund seiner fehlenden Erfahrung in der Haushaltsführung einfach nichts erledigt bekam. Ständig musste er Alice nach irgendwelchen Telefonnummern fragen, bis er schließlich der Einfachheit halber all ihre Kontakte in sein Telefonbuch importierte.

Aber Paul übernahm nicht nur mehr Pflichten im Haushalt, er ermunterte Alice auch, Dinge zu tun, bei denen sie auftanken und regenerieren konnte. Die wichtigste Veränderung allerdings betraf den morgendlichen Ablauf in der Familie. Alice zwackte sich ein bisschen Zeit für sich selbst ab und fing an, regelmäßig Yoga zu machen. Währenddessen machte Paul die Kinder fertig und brachte sie in die Schule und die Kita. Es dauerte kein Jahr, da war Alice viel geerdeter und fröhlicher und gleichzeitig an einem aufregenden neuen Punkt ihrer beruflichen Laufbahn angekommen. Sie hatte zusammen mit zwei Kollegen beschlossen, die alte Kanzlei zu verlassen und sich selbstständig zu machen. Das war ein großes Projekt, und auch Paul spürte den Druck, der auf ihm lastete, um seine Frau weiter zu unterstützen, damit sie sich auf die beruflichen Veränderungen konzentrieren konnte. Das ist inzwischen über zehn Jahre her.

Heute steht Alice um fünf Uhr morgens auf und macht ihre Yoga-Übungen. Während der ersten paar Minuten schwirren ihr meist tausend Gedanken durch den Kopf, aber wenn sie schließlich am Ende der Übung angelangt ist und leise »Namaste« sagt, fühlt sie sich friedvoll, stark und bereit, den neuen Tag anzugehen.

Da ich Alice nur als gelassene, weise Ratgeberin kenne, fällt es mir schwer, mir die alte Alice vorzustellen, die heulend in der Einfahrt saß. Paul erzählte mir, die Alice von damals habe sich um alles und nichts Sorgen gemacht und sei ständig gestresst und sehr aufbrausend gewesen. »Die Kinder und ich haben dann den Kopf eingezogen und sind in Deckung gegangen«, gestand er mir. Paul war sich mindestens einer Ursache für Alice' früheren Frust bewusst. Er war Teilhaber in seiner Kanzlei geworden, während sie immer noch um ihre berufliche Anerkennung kämpfte. Rückblickend, sagte Paul mir, bereue er nur eins: Zuhause nicht schon viel früher etwas verändert zu haben. Zu sehen, wie Alice' eigene Kanzlei floriert und wie zufrieden sie dabei ist, das sei alle Mühe wert. »Alice ist glücklich.«

* * *

Sitz&Platz sollte für mich eine der wichtigsten Glücksgewohnheiten werden, stets verbunden mit einer Tasse Tee und der neuesten Ausgabe von *O*. Diese kleine Verschnaufpause am Abend zog immer weitere Kreise und führte dazu, dass ich auch andere Dinge in meinen Wochenablauf integrierte. Und das nur aus einem Grund: weil sie mich glücklich machten. Jeden Abend lege ich Musik auf und tanze dazu. Das habe ich schon als kleines Mädchen gerne gemacht. In meiner Fantasie spiele ich in einem Musikvideo mit. Manchmal wachen die Kinder davon auf und sagen, ich solle nicht so viel Krach machen. Dann lache ich nur und schicke sie wieder ins Bett. Außerdem liebe ich es, durch den Park zu joggen. Beim Laufen kommen mir die besten Ideen. Dasselbe gilt für lange, luxuriöse Schaumbäder mit einer dieser köstlichen LUSH-Badebomben oder Marathon-Telefonate mit meinen Freundinnen. Erinnern Sie sich noch, wie Sie als Teenager stundenlang am Telefon gequatscht haben? Genau so. Pure Glückseligkeit.

18. KAPITEL

Warum wir Männer brauchen

Als ich noch ein junges Mädchen war, hatte mein Vater die Theorie, die Welt würde von einer kleinen elitären Clique beherrscht und gesteuert. Nicht viel anders als die diffusen Ängste vor »der Regierung«, nur noch perfider, weil obskurer. Vor vielen Jahren hatten »diese Leute« meinem Vater mal eine Kreditkarte von Sears verwehrt, und damit die Möglichkeit, dringend benötigte Haushaltsgeräte anzuschaffen. Indem diese Clique einer ganzen Gesellschaftsschicht den Zugang zu Mikrowellen und Geschirrspülern erschwerte, hielten »die« sich an der Macht, so mein Vater. Bis heute weigert er sich standhaft, auch nur einen Fuß in ein Sears-Kaufhaus zu setzen, um es »denen« heimzuzahlen.

Früher hielt ich meinen Dad für verrückt. Ich schämte mich, wenn er mich vor meinen Freunden vor »denen« warnte. Inzwischen verstehe ich allerdings, was mein Vater damit meinte. Es gibt tatsächlich eine geschlossene Gesellschaft in den höchsten Führungsetagen von Unternehmen, Organisationen und Regierung, die hinter verschlossenen Türen wichtige Entscheidungen fällt, die uns alle betreffen. Bis auf wenige Ausnahmen sind diese Leute weiß, männlich, hetero, nicht-behindert und wohlhabend. Dieser eklatante Mangel an Diversität ist ein Problem – Studien haben belegt, dass eine heterogene Gruppe bei der Problemlösung zu innovativeren Herangehensweisen tendiert.[1] In *The Difference: How the Power of Diversity Creates Better Groups, Firms, Schools and Societies* erläutert Scott Page, Professor an der University of Michigan, dass »diverse Städte produktiver sind, diverse Vorstände bessere Entscheidungen treffen, die innovativsten Unternehmen divers sind, Durchbrüche in Forschung und Wissenschaft Teams aus klugen, diversen Menschen gelingen«.[2] Kurz und gut, wenn Frauen in den Führungsetagen von Organisationen und Unternehmen sitzen, kann das erheblich dazu beitragen, die vertracktesten Probleme unserer Gesellschaft zu lösen.

Ironischerweise ist eins der Probleme, das sich am hartnäckigsten hält, der Frauenanteil im gehobenen Management, der in den vergangenen fünfzehn Jahren nicht signifikant gestiegen ist.[3] Mit Ausnahme einiger echter Superfrauen im Land scheint es, als sei das Einzige, was Frauen daran hindert, beruflich aufzusteigen, die Doppelbelastung durch Beruf und Haushalt. Die Durchschnittsfrau hat nicht die Ressourcen, mit aller Kraft ihre Karriere voranzutreiben, wenn sie zuhause einen zweiten Vollzeitjob hat. Wir Frauen sind nicht verrückt. Auch wenn man uns immer wieder einreden will, wir könnten beides haben, wissen wir nur zu gut, dass das eigentlich unmöglich ist. Als Reaktion auf eine Studie des *Harvard Business Review*, die sich mit der Zeiteinteilung berufstätiger Frauen nach der Geburt des ersten Kindes befasste, kam das Catalyst Research Center zu dem Schluss, dass »die Realität so aussieht, dass Frauen, die eine Führungsposition im gehobenen Management anstreben, nicht die überwiegende Betreuung [ihres] Kindes übernehmen können«.[4]

Angenommen, eine berufstätige Frau hat nicht den Wunsch oder die ökonomischen Ressourcen, ihre Arbeitszeit zu reduzieren oder ganz zuhause zu bleiben, oder die finanziellen Mittel, eine Ganztagsbetreuung zu bezahlen, engt das ihren Spielraum dermaßen ein, dass sie einfach keine andere Wahl hat, als im mittleren Management zu verbleiben. Ich sage das ganz bewusst so, denn häufig ist es keine bewusste, freie Entscheidung der betroffenen Frauen, die oft genug mit dem vergifteten Versprechen unserer Gesellschaft ringen: Dass sie alles haben können, wenn sie alles schaffen. Und genau an diesem Punkt stehen wir jetzt. Eine Hälfte der Gesellschaft tut alles, bei der Arbeit und zuhause, um sich den Traum zu erfüllen, alles haben zu können. Was gravierende sowohl persönliche als auch gesellschaftliche Auswirkungen hat: Zu viele Frauen scheuen sich oder schaffen es nicht, ihre Karriere weiter voranzutreiben, was wiederum dazu führt, dass unsere Gesellschaft unter der mangelnden Vielfalt in den obersten Führungsetagen leidet, die die Geschicke der ganzen Welt lenken.

Was wir Frauen heute am dringendsten brauchen, ist zuhause ein paar Bälle weniger jonglieren zu müssen. Und da kommen die Männer ins Spiel. Ein gleichberechtigter Partner hilft uns auf drei einander ergänzende Arten, unsere beruflichen Ziele zu verwirklichen. Erstens, weniger Druck zuhause, was bedeutet, dass wir mehr Zeit und Energie haben, uns um unsere Karriere zu kümmern. Zweitens, das Engagement des Mannes innerhalb der Familie, das neue Wege für Innovationen und Effektivität eröffnet. Nachdem Kojo es beispielsweise übernommen hatte, den Geschirrspüler auszuräumen, bestand er darauf, das Besteck in verschiedene Körbe einzusortieren, damit er einfach alle Gabeln oder Löffel zusammen herausnehmen und in die Besteckschublade legen konnte. Drittens, Männer können normalerweise problemlos mit einem gewissen gesunden Maß an Unperfektion leben, und wir Frauen können von ihnen lernen, die Erwartungen an uns selbst zurückzuschrauben. In *Family Man* erklärt der Soziologe Scott Coltrane die Laissez-Faire-Attitüde der Männer so: »Da es normalerweise nicht Aufgabe der Männer ist, Hausarbeiten zu koordinieren, und weil ihre Identität nicht daran gebunden ist, schenken sie diesem ganzen Bereich von vornherein viel weniger Aufmerksamkeit.«[5]

Richard Zweigenhaft ist Psychologieprofessor am Guilford College in North Carolina und zusammen mit G. William Domhoff Co-Autor von *The New CEOs*, einer Studie über Frauen und Minderheiten in Vorstandspositionen. Zweigenhaft und Domhoff zeigen, dass »Statistiken nahelegen, dass Anwärter auf die Top-Managementposten in den USA besser einen Ehepartner, Lebenspartner oder sonst jemanden im Rücken haben sollten, der alles für die Karriere des Aspiranten gibt«.[6] In ihrer Studie über Frauen, die in einem Fortune-500-Unternehmen eine Vorstandsposition innehaben oder -hatten, stellten sie fest, dass »viele weibliche Vorstandschefs angaben, ohne die Unterstützung ihrer Ehemänner, die ihnen bei Kinderbetreuung und Haushaltsführung geholfen haben und willens gewesen waren, mehrfach umzuziehen, nie so weit gekommen wären.«[7]

Das Fazit des Ganzen lautet also: Männer, die zuhause die Wäsche waschen, ermöglichen es Frauen, Karriere zu machen. Frauen, die sich zuhause nicht um alles allein kümmern müssen, haben einen freien Kopf, um sich ihrer Karriere zu widmen. Sie sind gesünder und ausdauernder. Geschäftsreisen und Arbeitszeiten betreffend sind sie flexibler und können so leichter die nächste Sprosse der Karriereleiter erklimmen. Und sie haben mehr Zeit zum Netzwerken mit Menschen, die ihnen auf ihrem beruflichen Weg behilflich sein können. Aber der vielleicht wichtigste Punkt von allen: Frauen, die die Zügel aus der Hand geben, können beruflich aufsteigen, ohne den Erwartungsdruck von außen zu haben, sie seien dazu verpflichtet, zuhause alles im Griff zu haben. Sie verlassen sich auf die Kompetenz ihres Partners und brauchen sich keine Sorgen zu machen, dass alles um sie herum zusammenbricht, wenn sie mal nicht da sind.

Ursula Burns, die erste farbige Vorstandschefin von Xerox und Mutter zweier Kinder, hat ein ziemlich entspanntes Verhältnis zum »Man kann alles haben«-Mythos. Beim Most Powerful Women Summit, einer Konferenz für Frauen in Führungspositionen von *Fortune* im Jahr 2013, rief sie ihr Publikum dazu auf, »sich mal locker zu machen«. »Suchen Sie sich einen Bereich, in dem Sie besser sein wollen als alle anderen, konzentrieren Sie all Ihre Energie darauf, und dann tun Sie es«, beschwor sie ihre Zuhörerinnen. »Aber seien Sie sich darüber im Klaren, dass sie nicht überall die Beste sein können, und entspannen Sie sich ein bisschen.«[8] Ursula Burns konnte auch wegen ihres Partners, Llyod Bean, den sie bei Xerox kennengelernt hatte, so entspannt sein. Seit Jahren schon ist er zuhause genauso engagiert wie sie, weshalb Ursula genügend Zeit hatte, die Karriereleiter bis ganz nach oben zu klettern.

Das World Economics Forum schätzt, dass wir beim derzeitigen Tempo erst im Jahr 2095 vollkommene Geschlechtergleichheit in Führungspositionen erreicht haben werden.[9]

Gleichberechtigte Partnerschaften sind eine Möglichkeit, dieser ernüchternden Statistik auf die Sprünge zu helfen. Da erscheint es nicht weiter verwunderlich, dass eine vom Personaldienstleister EY (früher Ernst & Young) in Auftrag gegebene Studie ergeben hat, die beste Methode, mehr Frauen in Führungspositionen zu bringen, sei laut vieler erfolgreicher weiblicher Führungskräfte flexible Arbeitszeiten *für Männer*.[10] Wenn Männer diese Angebote nutzen, nehmen sie diesen Arrangements das soziale Stigma, das ihnen immer noch anhaftet. Eigentlich läuft es immer auf dasselbe hinaus: Wenn Frauen nicht mehr zwei Vollzeitjobs bewältigen müssen, sind sie eher in der Lage, Strategien zu entwickeln und Seilschaften zu knüpfen, um die gläserne Decke zu durchstoßen.

Das Potential für Veränderungen, das sich eröffnet, wenn Männer sich zuhause bestmöglich einbringen, reicht weit über den individuellen Haushalt hinaus. Immer mehr Männer engagieren sich zuhause bewusst mehr, seien es nun unbezahlte Vollzeitpapas oder berufstätige gleichberechtigte Partner. Was wiederum Initiativen fördert, die allen Familien mit berufstätigen Eltern zugutekommen. Wenn Männer ein Problem haben, reagiert die Öffentlichkeit darauf meist schneller, es werden prompter neue Regelungen erlassen, um die betreffenden Probleme anzugehen, und es werden rascher neue Produkte an den Markt gebracht, die das Problem adressieren, als es bei Frauen der Fall ist. Kleiner Beweis gefällig? Ashton Kutcher.

Kurz nach der Geburt seines ersten Kindes beklagte Model und Schauspieler Ashton Kutcher den eklatanten Mangel an Wickeltischen in öffentlichen Herrentoiletten und drängte auf seiner Facebook-Seite seine Fans: #BeTheChange[11] – sie selbst sollten die Veränderung sein. Wenn Männer Missstände ansprechen, bekommen sie schnell große öffentliche Aufmerksamkeit. Innerhalb weniger Tage hatte Kutchers Statusmeldung 245 266 Likes bekommen, war 14 065 Mal geteilt und unzählige Male kommentiert worden. Kutcher startete daraufhin eine Petition bei Change.org, die rasch 104 391 Unterzeichner fand. Sie verlangten, Target und Costco, zwei große Supermarktketten, sollten auch in den Herrentoiletten Wickeltische aufstellen. »Wir schreiben das Jahr 2015, Familie gibt es in den unterschiedlichsten Konstellationen, und Windelnwechseln als reine Frauensache abzutun ist eine himmelschreiende Ungerechtigkeit«, schrieb Kutcher an seine Unterstützer. »Diese Geschlechterklischees sind längst überholt, und Unternehmen sollten alle Eltern unterstützen, die Kunden bei ihnen sind – und zwar ohne Ansehen des Geschlechts.«[12] Die Kampagne war ein durchschlagender Erfolg, und sowohl Costco als auch Target, zwei der größten Supermarktketten der USA, verpflichteten sich dazu, in all ihren Filialen familienfreundliche Wickelmöglichkeiten einzurichten. Ob das Ergebnis genauso erfreulich ausgefallen wäre, hätte ein weiblicher Promi sich öffentlich über diesen Missstand beklagt und darauf hingewiesen, dass die Aufstellung des Wickeltischs in der Damentoilette eine unterschwellige Geschlechterrollenzuschreibung sei, die vorschrieb, dass sich ausschließlich Frauen um die Versorgung ihrer Kinder zu kümmern hätten? Hätte man sie womöglich als nörgelnde, undankbare Zimtzicke abgetan und ihr vorgehalten, sie solle sich doch einfach mit der Verantwortung abfinden, die mit der Mutterschaft einhergehe?

Ein weiteres gutes Beispiel: Daniel Murphy. Als der Spieler der New York Mets 2014 nach der Geburt seines ersten Kindes in Elternzeit ging und deshalb die ersten beiden Spiele der

Saison versäumte, sorgte das für lautes Rauschen im Blätter-
wald. Einige Radiomoderatoren kritisierten öffentlich diese
Entscheidung. Ein Kommentator, dem Murphys Entscheidung offenkundig einfach nicht in den Kopf gehen wollte,
erklärte vehement, als Baseballspieler in der Major League
sollte Murphy es sich doch wohl leisten können, ein Kindermädchen einzustellen. Eine andere Stimme beklagte, Murphys Frau hätte vor dem Beginn der Saison einen geplanten
Kaiserschnitt vornehmen lassen sollen. Die wenigen kritischen Stimmen veranlassten allerdings so ziemlich alle anderen Beobachter, sich schützend vor den Baseballspieler und
seine Entscheidung zu stellen. Er selbst gab kurz darauf eine
öffentliche Erklärung ab, die eigentlich vollkommen überflüssig sein sollte. »Ich habe mich entschlossen, in Elternzeit zu
gehen, um meine Frau besser unterstützen zu können und ihr
ein bisschen Ruhe zu gönnen«, sagte er.[13] Wäre er als Major-
League-Spieler nicht ohnehin schon ein ewiger Held gewesen,
spätestens diese Aussage hätte ihn dazu gemacht. Urplötzlich wurde überall darüber diskutiert, wie man professionelle
Sportler in ihrer Vaterrolle besser unterstützen könnte. Keine
zwei Monate später war Murphy der Vorzeige-Dad im Weißen Haus, als dort die erste Konferenz für berufstätige Väter
stattfand. (Übrigens hat bis heute keine Regierung im Weißen Haus je eine derartige Konferenz für berufstätige Mütter
initiiert.)

Und zuletzt der ironischste Fall von allen: Paul Ryan. Als
man den ehemaligen Vizepräsidentschaftskandidaten der
Republikaner dazu bringen wollte, sich zum Sprecher des
Repräsentantenhauses wählen zu lassen, was er, wie er wie-
derholt betonte, auf gar keinen Fall wollte (wozu er sich aber
schließlich doch überreden ließ), argumentierte er in den zä-

hen Verhandlungen, er wolle genug Zeit für seine Familie haben. Derselbe Mann, der sich geweigert hatte, ein Gesetz zu unterzeichnen, das allen Amerikanern im Krankheitsfall, dem eigenen oder dem eines Familienmitglieds, Anspruch auf bezahlten Krankenurlaub zugesichert hätte[14], sagte Reportern bei einer Pressekonferenz: »Ich kann und will die gemeinsame Zeit mit meiner Familie nicht einschränken.«[15] Und wieder einmal machte der Wunsch eines Mannes nach mehr Zeit für die Kinder Schlagzeilen, und Ryans Statement entfachte eine öffentliche Debatte über die Vereinbarkeit von Familie und Beruf. Womit der Mann, der standhaft darauf beharrte, selbst ausreichend Zeit für die Familie zu haben und im selben Atemzug Millionen Amerikanern Gleiches verwehrte, beträchtliche mediale Aufmerksamkeit erregt hat.

Eine der schönen Nebenwirkungen dieses medialen Wirbels war die gesteigerte öffentliche Aufmerksamkeit für Themen wie die Beteiligung von Männern im Haushalt und bei der Kindererziehung, die mangelnde Unterstützung durch flexible Arbeitszeitmodelle sowie die Tatsache, wie selten Männer diese Angebote, so vorhanden, tatsächlich annehmen. Anders als Facebook-Chef Mark Zuckerberg, der sich nach der Geburt seiner Tochter eine zweimonatige Auszeit nahm, gehen Männer nur äußerst selten in eine längere Elternzeit. Selbst wenn sie andere Modelle nutzen könnten, um mehr Zeit für die Familie zu haben, ziehen die allermeisten diese Möglichkeit gar nicht erst in Erwägung. Als Vater ein derartiges Modell zu nutzen ist gesellschaftlich ähnlich stigmatisiert und mit Ängsten behaftet, wie es für Frauen ist, bei Meetings das Wort zu ergreifen, weil sie befürchten müssen, als herrisch oder dominant zu gelten. »Viele Männer würden vielleicht gerne die gläserne Wand durchbrechen, die sie von ihren Familien trennt, aber sie werden abgehalten durch die Angst, auf dem Abstellgleis der Daddy-Schiene zu landen und ihrer Karriere damit irreparablen Schaden zuzufügen«, bemerken Parke und Brott in *Throwaway Dads*. Ich kenne einen jungen Anwalt, der das Angebot seiner Kanzlei, bezahlte Familienzeit zu nehmen, nicht angenommen hat und das folgendermaßen begründete: »Wie alle männlichen Kollegen wissen, [in Elternzeit] zu gehen ist der Todesstoß für die Karriere.«

Eine Catalyst Studie aus dem Jahr 1986 zu diesem Thema zeigte, dass »41 Prozent der Befragten erklärten, Elternzeit, egal wie lang, sei unter keinen Umständen vertretbar«, selbst bei Unternehmen, die zur Unterstützung von Familien flexible Arbeitszeitmodelle anboten, was damals noch die krasse Ausnahme war. »Zehn Jahre später hat sich daran kaum etwas verändert.«[16] Auch heute bestehen noch massive Vorbehalte. Unternehmen bieten Vätern zwar inzwischen großzügige Elternzeitregelungen an, aber es scheint Männern immer noch schwerzufallen, sich über das damit verbundene Stigma hinwegzusetzen und diese Angebote auch tatsächlich wahrzunehmen. Eine Studie des Boston College Center for Work & Family aus dem Jahr 2011 zeigte, dass 89 Prozent aller Väter es zwar wichtig fanden, dass Arbeitgeber bezahlte Elternzeit für sie anbieten, aber gleichzeitig 90 Prozent derselben Männer gerade einmal zwei Wochen nach der Geburt eines Kindes wieder an den Arbeitsplatz zurückkehrten.[17] Ein Zeitfenster, kaum so lang wie die kleine Auszeit, die eine Frau, die gerade ein Kind geboren hat, von Gesetz wegen nehmen muss.

Einer der Männer, mit denen ich mich bei der Recherche für mein Buch unterhalten habe, war Keith, ein Computersystemanalytiker. Als wir uns kennenlernten erwarteten Keith und seine Frau gerade ihr erstes Kind, und Keith war voller Vorfreude. Nach der Geburt wollte er sich eine kleine Auszeit nehmen, um seine Frau zu unterstützen und eine Bindung zum neuen Baby aufzubauen. Er beschrieb allerdings auch ein unangenehmes Erlebnis, das er bei einer Informationsveranstaltung seiner Firma zu bezahlter Familienzeit und flexiblen Arbeitszeiten hatte. Als Keith dort hinging, war der ganze Raum voller Frauen, und er war der einzige Mann. Später nahm ihn dann ein Kollege beiseite und raunte ihm wohlmeinend zu: »Das ist nix für Männer.« Keith überhörte diese Bemerkung, überwand sein anfängliches Unbehagen und nahm sich nach der Geburt seines Sohnes vier Wochen Zeit für die Familie. Seine Erfahrung als gleichberechtigter Partner hat ihn zu einem entschlossenen Fürsprecher flexibler Urlaubs- und Arbeitszeitenregelungen für Männer werden lassen – und bei der Arbeit ergaben sich keinerlei Nachteile daraus, dass er das Angebot seines Arbeitgebers angenommen hatte.

Männer, die sich zuhause engagieren, haben mehr Verständnis für Frauen, weil sie das Hamsterrad des Lebens aus eigener Erfahrung kennen. Ihre Empathie hilft uns dabei, unsere ehrgeizigen Ziele zu verwirklichen, und zwingt sie selbst, ihre Rolle als Mann neu zu definieren. Väter von Töchtern unterstützen eher eine Firmenphilosophie und eine Politik, die Frauen unterstützt.[18] Männer, die ihre eigene Karriere, den Klempner und die Hausaufgabenbetreuung der Kinder unter einen Hut bringen müssen, wissen die Leistung weiblicher Kollegen und anderer Frauen in ihrem Umfeld viel besser zu würdigen.

Viel wichtiger noch, Männer, die sich zuhause engagieren, sind besser dazu in der Lage, den Ball abzuspielen, wenn es um unrealistische Erwartungshaltungen geht, die die Gesellschaft auch an sie hat. Trotz meines HKZ fand ich es beispielsweise völlig überflüssig, dass Kojo den Jetta regelmäßig warten ließ, bevor er wieder nach Dubai ging. Der Zustand unseres Autos interessierte mich weniger als die Frage, was es zum Abendessen gab. Was daran lag, dass ich gesellschaftlich darauf konditioniert bin, meine Familie zu versorgen. Kojo war gesellschaftlich darauf konditioniert, sich um den Schutz und die Sicherheit seiner Familie zu kümmern. Auch Männer stehen unter Druck, als Beschützer, Versorger, Alleinverdiener, egal, was es kostet und ob die Familie unter ihrer ständigen Abwesenheit leidet. Auch sie müssen den Mut finden, den Ball weiterzuspielen.

Wie Daniel Murphy sagte: »Noch lange, nachdem ich als Baseballspieler nicht mehr tauge, werde ich immer noch ein Dad sein … irgendwann kann ich mit meinem Sohn über den Tag seiner Geburt reden, weil ich dabei war (statt ihm zu erzählen, wie Steven Spielberg mir einen Curveball geworfen hat!).« Und eine gleichberechtigte Partnerschaft macht nicht nur die Frauen glücklich, sondern auch die Männer. »Vater zu werden hat mich von Grund auf verändert«, erklärte Murphy. »Vater zu sein macht demütig, ist aufregend, und ich bin dadurch zu einem weniger ichbezogenen Menschen geworden. Es hat mich dazu gebracht, andere Väter in meinem Umfeld um Rat zu fragen, ich fühle mich meiner Frau näher und spüre Gottes Liebe für all seine Kinder.«[19]

Scott Behson, ein bekannter Blogger zum Thema Vereinbarkeit von Familie und Beruf, sagt, dass »die Gleichberechtigung von Frauen am Arbeitsplatz untrennbar verbunden ist mit der Anerkennung von Männern als gleichberechtigtem Elternteil«.[20] Bis die Leistung von Frauen im Beruf genauso geschätzt wird wie der Beitrag, den sie innerhalb der Familie erbringen, wird das, was Männer innerhalb der Familie tun, nie so hoch geschätzt werden wie das, was sie im Berufsleben stemmen. Männer müssen, genau wie Frauen, hier wie dort Wertschätzung erfahren. Aber ihren Beitrag im Haushalt betreffend erfahren Männer viel weniger Wertschätzung, weshalb ein stärkeres häusliches Engagement zu einer Identitätskrise führen kann.

Echte Männer wissen, das Leben ist eine Achterbahnfahrt. Echte Männer wissen, die beste Möglichkeit, ihre Familie zu unterstützen, ist die, den Frauen in ihrem Leben zu ermöglichen, durch eine gleichberechtigte Partnerschaft ihr volles kreatives und ökonomisches Potential zu entfalten. Mit seinem Einsatz hat es Dan Mulhern, der Mann der ehemaligen Gouverneurin von Michigan, Jennifer Granholm, seiner Frau ermöglicht, Karriere zu machen. Mulhern erklärte zwar, seiner Frau beruflich den Vortritt zu lassen und selbst kürzerzutreten habe ihm anfangs das Gefühl gegeben, »extrem verwundbar zu sein und neu definieren zu müssen, was es heißt, ›ein Mann zu sein‹«, versicherte aber gleichzeitig, seine Entscheidung sei nicht der »tragische Abgesang auf [seine] Männlichkeit gewesen, sondern ein wunderbarer Neuanfang«.[21] Er lernte, »sich an den Stärken [seiner] Frau zu freuen«, und schrieb stolz in einem an seinen Sohn gerichteten Leitartikel: »Ihr Erfolg hat mich befreit und mir gezeigt, dass man ein ganzer Mann sein kann – oder mehr noch –, auch ohne Kriegsheld zu sein, Sportlegende, ein Business-Überflieger oder ein hohes Tier in der Politik. Ein starker Mann, Jack, fühlt sich nicht bedroht durch die Größe anderer. Er ruht gelassen in sich und ist sich seiner eigenen Größe bewusst.«[22]

Das Tauziehen zwischen Kindern und Karriere wird hauptsächlich als frauenspezifisches Problem angesehen, und innovative Lösungen werden nur im Schneckentempo entwickelt. Aber inzwischen gibt es zuhause und am Arbeitsplatz eine ganz neue Generation, und die Millennial-Männer verlangen nach flexiblen Arbeitsbedingungen, die Frauen schon lange bräuchten, sodass die Unternehmen jetzt mit progressiven Problemlösungen versuchen, sie zu halten.[23]

Auch für die Kinder ist es von Vorteil, wenn Männer sich zuhause engagieren. Kinder aus solchen Familien wachsen mit einer ganz konkreten Vorstellung davon auf, wie eine gleichberechtigte Partnerschaft aussehen kann, was wiederum die traditionellen gesellschaftlichen Geschlechterrollen, mit denen sie aufwachsen, konterkariert. Mädchen, die Daddy kochen sehen und von ihm zu Geburtstagspartys gebracht werden, wird nicht von klein auf eingeimpft, dass sie sich irgendwann mehr oder weniger allein um die Kinder und den Haushalt kümmern müssen, bloß weil sie Mädchen sind. Studien belegen sogar, dass Töchter von Männern, die sich zuhause stärker einbringen, eher den Wunsch äußern, einen nicht traditionell weiblichen Beruf zu ergreifen.[24] Für Millionen Mädchen würde es also reichen, wenn Daddy den Müll runterbringt, damit sie eines Tages Ingenieurinnen werden wollen. Und Jungen, die sehen, wie Dad einkaufen geht und die Wäsche faltet, wachsen nicht mit der Vorstellung auf, Hausarbeit sei reine Frauensache.

In der vierten Klasse hatte ich selbst erlebt, wie wirkmächtig ein alternatives Rollenbild sein kann. Ich hatte die Windpocken, und da meine Mutter bei mir zuhause bleiben musste, schickte sie meinen Vater in die Schule, um meine Hausaufgaben für den nächsten Tag abzuholen. Schon als Neunjährige war es für mich eine derartige Horrorvorstellung, mit den Hausarbeiten in Verzug zu geraten, dass ich spontan noch mehr rote Pusteln bekam. Ganz zu schweigen davon, dass ich den neuesten Pausenklatsch versäumte. Meine Mutter tröstete mich mit der Affirmation, ich sei so ein kluges Mädchen und könne alles mühelos nachholen, und versicherte mir, es werde alles gut. Mein Vater hatte allerdings eine gänzlich andere Herangehensweise. »Keine Sorge«, sagte er mir jeden Abend, wenn er mir die neuen Aufgaben gab und die erledigten einpackte. »Wenn du zurückkommst, bist du das coolste Kind der ganzen Klasse.«

Am ersten Morgen, als ich wieder zur Schule gehen konnte, fuhr mein Vater mich mit dem Auto hin und brachte mich bis ins Klassenzimmer. Das allein war schon ungewöhnlich, weil meine Mom mich sonst immer zur Schule fuhr und mit den Lehrern redete. Kaum spazierte ich mit meinem Vater durch die Tür ins Klassenzimmer, brach um uns herum die Hölle los. Ich werde nie vergessen, wie meine Freundin Molly mit den sommersprossigen Wangen loskreischte: »Da ist Michael Jackson! Da ist Michael Jackson!« Und dann passierte es. Noch bevor ich kapiert hatte, was überhaupt vor sich ging, stand mein Vater vor der Tafel und glitt elegant und lautlos rückwärts über das Linoleum; ein perfekter Moonwalk vor der versammelten vierten Klasse. Alle klatschten donnernd Applaus und jubelten, und einer der Jungs rief: »Yo, Tiffany! Dein Dad ist echt cool!« Ich hatte meinen Dad nie als besonders cool empfunden, aber seinetwegen war ich plötzlich das coolste Mädchen der ganzen Klasse. Meine Mutter war zwar ganz groß darin, mich zu trösten, aber ich hätte mir beim besten Willen nicht vorstellen können, dass sie so einen Zirkus veranstaltete, nur damit ich mich besser fühlte.

Erst Jahrzehnte später sollte ich übrigens wirklich verstehen, was mein Vater in dieser Woche für mich getan hatte.

Es war ein unvergessliches Beispiel für den Zauber, der sich entfalten kann, wenn Eltern an einem Strang ziehen und als Team ihre jeweiligen Stärken ausspielen.

Kinder beobachten uns sehr genau und sind äußerst empfänglich dafür, was sie sehen. Einmal hat ein Freund meines Sohnes, ein weißer Junge aus gutem Hause, mich gefragt, ob ich die Nanny sei. Seiner Mutter war das schrecklich peinlich, aber ich erklärte ihr, dass es eine vollkommen verständliche Frage war von einem kleinen Jungen, der schwarze Frauen nur als Kindermädchen kennt. Ganz gleich, was die Erwachsenen um ihn herum auch denken oder glauben, Kinder machen sich selbst einen Reim auf alles, sei es Hautfarbe, Herkunft, sozioökonomischer Hintergrund oder Geschlechterrollen. Und zwar entsprechend dem, was sie tagtäglich sehen und erleben. Mein Sohn hat mich mal gefragt, warum ich nicht dasselbe mache wie andere Mütter, und warum sein Dad Sachen macht, die andere Väter nicht machen. Wenn Kinder solche Fragen stellen, eröffnet das die Gelegenheit, darüber zu reden, was es heißt, wenn Menschen etwas anderes tun, als wir von ihnen erwarten. Kinder von Eltern in einer gleichberechtigten Partnerschaft lernen früh, sich mit zwei verschiedenen Erziehungsstilen zu arrangieren. Wenn zwei in Vollzeit arbeitende Eltern sich Haushalt und Kinderbetreuung teilen, können sie sich nicht immer bis ins kleinste Detail absprechen. Natürlich müssen sie sich bei den wichtigen Themen einig sein: Werte, Schulfragen und Medienkonsum beispielsweise. Aber es ist einfach nicht machbar, auch den alltäglichen Kleinkram immer perfekt aufeinander abzustimmen. Gleichberechtigte Partner müssen fünfe auch mal gerade sein lassen können, damit sie sich nicht gegenseitig auf die Zehen treten und beide vollwertige Bezugspersonen sind.

Wenn Kojo auf die Kinder aufpasst, spielt er oft Football mit ihnen in der Wohnung, sie müssen den Teller leer essen und dürfen nicht auf den Möbeln herumtanzen. Wenn ich bei den Kindern bin, ist Ballspielen im Haus strengstens verboten, sie dürfen selbst entscheiden, wie viel sie essen wollen, und wildes Herumhopsen auf den Möbeln gehört zu unserem Abendritual (meistens zu Songs von Michael Jackson). Unsere Kinder sind es gewohnt, sich anzupassen. Sie wissen, dass Mommy und Daddy sie beide gleich liebhaben, aber manche Dinge anders machen, genau wie viele andere Menschen um sie herum auch. Wenn man sich bei der Kinderbetreuung abwechselt, bedeutet das für die Kinder, dass sie die einzigartigen Seiten beider Elternteile kennenlernen. Es bedeutet auch, dass keiner der Eltern eine lange Liste mit Anweisungen hinterlassen muss, wenn er oder sie gerade mal nicht da ist.

Gleichberechtigte Partner sind ihren Kindern außerdem ein gutes Vorbild, was die Aufteilung der Hausarbeit angeht. Wenn Kinder sehen, dass beide Eltern sich gleichermaßen einbringen, begreifen sie meist schnell, dass auch sie als Teil der Familie bestimmte Aufgaben übernehmen müssen. Kofi und Ekua haben inzwischen ihre eigene Spalte in unserer MEL-Tabelle. Wenn man auch mal fünfe gerade sein lässt, bekommt jede Regel oder Strafe, die beide Eltern gemeinsam durchsetzen, auch sehr viel mehr Gewicht. Meine Kinder haben bestimmte Pflichten im Haushalt, die sie meist gewissenhaft erledigen, ohne dass ich sie daran erinnern muss. Darunter beispielsweise morgens den Pyjama aufzufalten oder nach dem Essen das benutzte Geschirr neben die Spüle zu stellen. Was sie ganz selbstverständlich tun, weil Kojo und ich und alle anderen Mitglieder unserer Dorfgemeinschaft sie dazu anhalten. Bei Mommy und Daddy mögen zwar manchmal unterschiedliche Regeln gelten, aber die, die bei beiden gleich sind, werden viel ernster genommen.

Womit ich nicht sagen will, eine gleichberechtigte Partnerschaft sei der einzige Weg, gesunde, glückliche Kinder großzuziehen. Wer weiß, was Kofi und Ekua als Erwachsene später einmal für Geschichten über ihre Kindheit erzählen. Vielleicht werden sie sagen, ihre Beziehungen seien stark und belastbar, weil ihre Eltern ihnen ein gutes Vorbild waren. Vielleicht sind sie der Meinung, wir haben ihnen das ganze Leben verpfuscht, weil keiner von uns beiden immer für sie da war. Ich hoffe, dass sie stabile, gesunde Beziehungen aufbauen und erhalten können, die sie stärken und ihnen helfen, ein glückliches Leben zu führen – auf Grundlage dessen, was ihnen am wichtigsten ist. Ich respektiere ihr Recht, einmal ihre ganz eigene Geschichte zu erzählen. Was ich ganz sicher weiß, ist aber, dass eine gleichberechtigte Partnerschaft eine gute Möglichkeit ist, um Glück, Gesundheit und Wohlergehen zweier voll berufstätiger Elternteile zu garantieren. Und glückliche Eltern sind gut für ihre Kinder und für die ganze Welt.

V.
Ausblick

19. KAPITEL

Die vier Grundregeln

Im Sommer 2009 hatte sich der Reiz des Neuen an Kojos Dubai-Aufenthalt gründlich abgenutzt. Babys machen in der ersten Zeit nach der Geburt eine Menge Arbeit. Was als frischgebackene Mama auf Schlafentzug, die permanent das Gefühl hat, in dicke Watte gepackt herumzulaufen, noch um einiges anstrengender ist, wenn man sich nachts nicht einfach mal umdrehen und dem Partner mit einem kleinen Ellbogenstupser in die Rippen zu verstehen geben kann, dass er an der Reihe ist. Kojo übertraf sich wirklich selbst mit dem Co-Management unseres Haushalts über die große Entfernung. Aber ich fing an, ihn ganz schrecklich zu vermissen, als ich diese anstrengenden ersten Monate ohne ihn durchstehen musste.

Es gab zwei weitere Ereignisse, die meine Zweifel an der Praktikabilität unserer transatlantischen Beziehung weiter verfestigten. Erstens neigte sich meine Elternzeit dem Ende zu, und ich war mir nicht sicher, wie ich es schaffen sollte, mit einem Zweijährigen und einem drei Monate alten Baby ohne einen weiteren Erwachsenen im Haus wieder in Vollzeit zu arbeiten. Zweitens hatte Toyia einen Platz für ein weiterführendes Studium bekommen und würde Ende des Sommers nach Seattle ziehen. Worte reichen bei weitem nicht aus, um meine Dankbarkeit dafür auszudrücken, was sie alles für uns getan hat. Einerseits freute ich mich wie blöde für sie, andererseits machte ich mir fast in die Hose beim Gedanken daran, wie es ohne sie weitergehen sollte.

Zum Glück stand auch bei Kojo ein beruflich bedingter Standortwechsel an. Er hatte einige Projekte in Afrika übertragen bekommen, konnte aber trotzdem wieder nach New York zurückkehren. Zwar würde er nun häufig längere Dienstreisen machen müssen, zwischenzeitlich aber auch immer wieder über längere Zeit zuhause sein. Was wesentlich besser war als beinahe durchgehend in Dubai zu wohnen. Die Sterne lächelten nicht nur auf uns herab, sie strahlten geradezu über beide Ohren!

Mir war bewusst, wie wichtig es sein würde, dass Kojo da war. Nicht nur, damit er eine Beziehung zu seiner kleinen Tochter aufbauen, sondern mich auch bei der Rückkehr ins Berufsleben unterstützen konnte. Während meines Mutterschutzes hatte ich *Getting to 50/50* gelesen, ein Buch, das ich schon sehr viel früher in die Finger hätte bekommen sollen. Darin beschreiben die Autorinnen Sharon Meers und Joanna Strober die Rückkehr der Hauptbezugsperson des Kindes in den Beruf als einen kritischen Punkt, der über die gesamte Zukunft der Familie entscheiden kann, weil das Paar gezwungen ist, sich damit auseinanderzusetzen, ob sich weiterhin nur einer der beiden Partner hauptsächlich um das Kind kümmern wird oder ob sie gleichberechtigte Partner werden wollen.[1] Meers und Strober zufolge ist das Maß, in dem die Hauptbezugsperson, üblicherweise die Mutter, willens ist,

ihrem Partner einen Teil der alltäglichen Betreuungsverant-
wortung für das Kind zu überlassen, der Schlüssel zur Pro-
gnose, welche Richtung sie zukünftig als Paar einschlagen
werden. Nach Kofis Geburt hatte ich wieder angefangen zu
arbeiten und trotzdem zuhause den ganz überwiegenden Teil
der Hausarbeiten übernommen. Mit Ekua sollte das alles ganz
anders werden.

Ungefähr zur selben Zeit, als Kojo zurückkam und ich wieder anfing zu arbeiten, beschloss ich, etwas für mich zu tun:
Ich wollte wieder Sport machen. Ich war eigentlich nie besonders sportlich gewesen. In der Schule hatte ich immer zu viel
um die Ohren, Bälle zu organisieren und mich in der Schülervertretung zu engagieren, um organisierten Sport zu betreiben. 2002, als wir noch in Seattle lebten, hatte meine Freundin
Daveda mich dann überredet, an einem Mini-Triathlon teilzunehmen. Als sie den Vorschlag machte, hatte ich zunächst
nur herzhaft gelacht. Ich konnte nicht schwimmen (nicht
mal paddeln wie ein Hund), joggen sah man mich höchstens, wenn ich gerade die Straße überquerte und sich ein
Auto etwas zu schnell näherte, und auf einem Fahrrad hatte
ich nicht mehr gesessen, seit ich auf meinem knallpinken, ge-
blümten Bananensattel zum Kiosk gefahren war, um Now-&-
Later-Kaubonbons zu kaufen. Aber Daveda wollte das auf keinen Fall alleine machen und erklärte, ich sei diejenige ihrer
Freundinnen, deren *einziges* Hindernis für einen Triathlon ihr
Kopf sei. Und dann spielte sie skrupellos ihren letzten Trumpf
aus, die Förderung von Frauen und Mädchen: Wir würden
nämlich dabei Geld für die Brustkrebsforschung sammeln.
Widerstrebend stimmte ich schließlich zu.

Der Danskin-Triathlon sollte sich als das größte Geschenk
erweisen, das Daveda mir je gemacht hat. Während des Trai-

nings entwickelte ich eine ganz neue Beziehung zu meinem Körper. Vor allem den gleichmäßigen Rhythmus beim Laufen empfand ich als sehr therapeutisch und reinigend. Ich atmete ein. Ich stieß den Atem aus. Bei meinen frühmorgendlichen Laufrunden erlebte ich unzählige Aha-Momente. Ich liebte den Seward Park, eine waldbestandene Halbinsel im Lake Washington. Wenn man sich erst mal auf den Weg um die Halbinsel gemacht hatte, musste man die Sache wohl oder übel durchziehen. Ich schätze die Natur dafür, dass sie uns zur Disziplin anhält, und die Stille des Sees empfand ich als sehr beruhigend. Auch nach dem Triathlon lief ich weiter und hielt mich im Studio fit – bis mein erstes Kind kam. Mein Sportprogramm flog im hohen Bogen zum Fenster hinaus, und ich blieb in einem Zustand ständiger Übermüdung zurück. Mir war klar, dass ich dringend wieder Sport machen müsste, um aufzutanken, und das nicht nur, weil ich zwei Kinder hatte, die eine gesunde, belastbare Mutter brauchten. Ich selbst hatte auch dringend mehr Energie nötig, um beruflich erfolgreich zu sein.

Und noch etwas passierte ungefähr zu der Zeit, als Kojo aus Dubai nach New York zurückkam: Beruflich stand alles Kopf. Während meines zwölfwöchigen Mutterschutzes hatte es beim White House Project große Umstrukturierungen gegeben, sodass ich nun zusammen mit einer anderen Kollegin die Organisation unter Marie Wilson leiten sollte, die auch weiterhin die Chefin blieb. Ich war ganz aus dem Häuschen vor Begeisterung. Meine Kollegin Sam war einer der klügsten Menschen, mit denen ich je zusammengearbeitet hatte. Ich schätzte sie sehr und war mir sicher, wir würden ein gutes Team abgeben. Weshalb es mich eiskalt erwischte, als sie mir sehr taktvoll erklärte, sie habe aufgrund meiner familiären

Verpflichtungen Bedenken, mit mir gemeinsam die Leitung zu übernehmen. Sie hatte Sorge, einen Teil meiner Aufgaben stemmen zu müssen, vor allem, da ich jetzt ein Neugeborenes zuhause hatte. Sam war Single ohne Kinder. Ich war wie vor den Kopf gestoßen.

Ähnlich wie bei Alice, die als Anwältin um berufliche Anerkennung gekämpft hatte, um nicht dauerhaft auf dem Mami-Abstellgleis zu landen, werden viele Frauen stigmatisiert, weil sie sich für Beruf *und* Kinder entscheiden. Selbst anderen Frauen fällt es oft schwer, Kolleginnen zu akzeptieren, die beruflich wie familiär eingebunden sind. In einem Artikel in der Zeitschrift *Fortune* aus dem Jahr 2015 erinnert sich Katharine Zaleski, Mitgründerin und Geschäftsführerin des Unternehmens PowerToFly, eine Personalvermittlung für weibliche Fachkräfte in der Technologie-Branche, mit Grausen daran, wie unsolidarisch sie damals, bevor sie selbst Mutter wurde, mit Kolleginnen umgegangen war, die Kinder hatten. »Ich saß bei einem Vorstellungsgespräch, zusammen mit einer Mutter von drei Kindern, und der Chef nahm sie gnadenlos auseinander und fragte irgendwann: ›Wie um alles auf der Welt wollen Sie Kinder und Karriere unter einen Hut bekommen?‹«, erinnerte sich Katharine. »Ich muss zu meiner Schande gestehen, ich habe der Frau nicht mal einen aufmunternden Blick zugeworfen, als sie, damals Produzentin bei einem der Top-Nachrichtensender, ihn geradeheraus anschaute und sagte: ›Ob Sie es glauben oder nicht, ich bin froh, wenn ich tagsüber die Kinder nicht ständig um mich habe – genau wie Sie.‹«[2]

Erst als Katharine fünf Jahre später selbst ein Kind bekam, musste sie erkennen, mit welchen tiefsitzenden Vorurteilen sich Mütter am Arbeitsplatz tagtäglich konfrontiert sehen. Inzwischen hat sie einsehen müssen, dass ihr eigenes Verhalten die Mikroaggression vieler Männer spiegelte, die unbegründet Frauen allein aufgrund dessen, dass sie Mütter sind, abwerten und ausgrenzen. Um an dieser unbefriedigenden Situation etwas zu ändern, hat sie das Unternehmen PowerToFly gegründet, das Mütter in Tech-Jobs vermittelt, in denen sie von zuhause aus arbeiten können.

Obwohl ich persönlich nie mit diesem gesellschaftlichen Stigma konfrontiert wurde, war mir dessen Existenz durchaus bewusst, und ich hatte mir immer allergrößte Mühe gegeben, dieses Vorurteil selbst nicht noch zu füttern, weshalb Sams Bemerkung mich besonders traf. Seit drei Jahren arbeiteten wir nun schon zusammen, und ich konnte an einer Hand abzählen, wie oft sie vor mir im Büro war. Genauso konnte ich an einer Hand abzählen, wie oft ich wegen der Kinder zuhause geblieben war. Trotz familiärer Verpflichtungen hatte ich eine vorbildliche Arbeitsmoral, was der Willkommensgruß bei meiner Rückkehr ins Büro auf dem Whiteboard mit meinem Spitznamen noch mal unterstrich: »Willkommen zurück, Tiffinator.«

Als Sam mir also von ihren Befürchtungen erzählte, blieb ich äußerlich zwar ganz ruhig, innerlich brodelte ich aber vor Wut. Ich dachte, *du hast ja keine Ahnung, was es heißt,* »*noch mehr Aufgaben zu stemmen*«*. Ich kann mir mein Baby auf den Rücken binden, mir meinen Sohn auf die Hüfte setzen und immer noch diesen und jeden anderen Job mit Bravour meistern.* Nach unserer Unterredung war ich wild entschlossen, es zu meiner Mission zu machen, sämtliche berufstätigen Mütter auf diesem Planeten zu rehabilitieren. Ich würde Sams Vorurteile widerlegen und alle, die an uns zweifelten, eines Besseren belehren.

Ich saß allein in meinem Büro und starrte auf den Computermonitor, die Ellbogen auf den Schreibtisch gestützt und die Zeigefinger an den Schläfen. Ich war wütend über das, was Sam gesagt hatte, doch selbst in meinem gerechten Zorn musste ich zugeben, dass sie in einem Punkt Recht gehabt hatte: Ich hatte eine Menge um die Ohren. Einen Säugling zuhause und eine Beförderung, die noch mehr berufliche Verantwortung mit sich brachte. Ein Gedanke, der langsam anfing, mich ganz kirre zu machen. Mir schwirrte der Kopf, und wieder fühlte ich mich vollkommen überfordert. Ich war so weit gekommen und hatte mühsam gelernt, den Ball weiterzuspielen. Ich hatte herausgefunden, wie ich mich und meine Stärken am besten einbringen konnte, um das zu verwirklichen, was mir am wichtigsten war. Ich hatte mich von dem ständigen Druck befreit, zuhause alles selbst machen zu müssen. Und Kojo war wirklich ein fabelhafter gleichberechtigter Partner, der mit mir gemeinsam den Haushalt und die Kinderbetreuung stemmte. Aber beruflich fühlte ich mich immer noch sehr stark unter Druck, liefern zu müssen; besonders jetzt, wo Sam explizit Zweifel an meiner Leistungsfähigkeit und -bereitschaft geäußert hatte. Dabei war ich so stolz, den Schlüssel zum häuslichen Glück gefunden zu haben. Ob mir das im Job auch gelingen würde? Jedenfalls nicht, wenn ich nonstop schuftete wie eine Maschine, um es allen zu beweisen. Der Tiffinator brauchte eine neue Strategie.

Wie ich so mutterseelenallein in meinem Büro saß, verfiel ich sofort auf meine altbewährte Problemlösungsstrategie: eine meiner weisen Ratgeberinnen zu befragen. Und wer wäre da naheliegender als Marie? Sie saß schließlich gleich den Gang runter in ihrem Büro. Außerdem, wenn jemand zu diesem Thema etwas sagen konnte, dann ja wohl sie. Neben den wirklich beeindruckenden Erfolgen, die Marie vorzuweisen hatte, von ihrer Zeit als Stadträtin in Iowa und dem Programm zur Wiedereingliederung von Müttern in den Beruf, das sie ins Leben gerufen hatte, über die Ms. Foundation for Women bis hin zur Gründung des White House Project, bewunderte ich sie vor allem, weil sie das alles geschafft *und* dazu noch fünf Kinder großgezogen hatte. Normalerweise hätte ich mich lieber irgendwo draußen mit ihr auf einen Kaffee verabredet, ich wollte sie schließlich um einen persönlichen Rat bitten, aber ich war so aufgewühlt, dass ich ohne weiter nachzudenken aufsprang. Ich musste unbedingt sofort mit ihr reden.

Ich war schon auf halbem Weg den Flur hinunter zu Maries Büro und überlegte fieberhaft, wie ich meine Frage formulieren sollte, als ich merkte, wie sich unversehens fremde Gedanken in mein Gehirn zu drängen versuchten. Ich schämte mich für diese Gedanken und versuchte, sie zu ignorieren.

Tiffany, lass nicht zu, dass dein Stolz dir im Weg steht. Du weißt ganz genau, dass Sam Recht hat. Du willst diese Beförderung, aber Sam ist klüger, und sie leitet das Programm, während du bisher nur Spenden gesammelt hast. Sag Marie, du möchtest lieber nicht mit Sam zusammen die Leitung übernehmen. Sam bekommt das auch alleine hin. Kofi und Ekua sind nur einmal so klein. Warum musst du dir das Leben unnötig schwermachen? Du bist nicht deine Mutter.

Bei diesem letzten Gedanken hätte ich fast geweint. Und da wusste ich plötzlich, das war kein guter Moment, um mit Marie darüber zu reden. Ich hätte mich einfach auf dem Absatz umdrehen und in mein Büro zurückgehen sollen. Aber ich bin nun mal stur wie ein Esel, also marschierte ich beharrlich weiter. Am Ende des Gangs angekommen hörte ich Marie in ihrem Büro telefonieren, also blieb ich draußen stehen und wartete. Angestrengt versuchte ich mir zurechtzulegen, was ich sagen wollte, aber die Stimmen in meinem Kopf wurden immer lauter. *Marie, ich brauche deine Hilfe. Nein, ich brauche deinen Rat. Ich glaube, mich zu befördern war ein Fehler. Ich kann das nicht. Es tut mir leid, dich enttäuschen zu müssen.*

Am Ende des Flurs war ein großes Fenster. Das White House Project ist im achten Stock eines Gebäudes tief im Westen von Manhattan. Durch das Fenster konnte ich unten den Hudson vorbeifließen sehen. Millionen winziger Wellen brachen sich, liefen gegen- und ineinander, und doch floss der Fluss ganz ruhig und stetig in eine Richtung. Ich schloss die Augen und spürte, wie ich mit der Strömung trieb. Ich atmete ein. Ich stieß die Luft aus. Ich schwamm in Boston im Charles River und davor im Lake Washington, wo ich immer für den Triathlon trainierte. *Nicht Marie hat die Antwort für dich. Du hast sie. Lauf.* Ich hörte, wie Marie den Hörer auflegte, und dann stand sie plötzlich neben mir.

»Was kann ich für dich tun, Süße?«, zwitscherte sie fröhlich mit ihrem warmen Südstaatenakzent und der natürlichen Autorität.

»Ach, gar nichts«, entgegnete ich. »Ich schaue nur gerade ein bisschen aus dem Fenster.«

In diesem Augenblick, als ich hinunter auf den Hudson blickte, hatte ich ganz klar gesehen, und ich wusste genau, was ich zu tun hatte: wieder mit dem Laufen anfangen. Ich brauchte keine perfekte Strategie für meine neue Aufgabe, ich brauchte keinen ausgefeilten Plan und den totalen Durchblick.

Immerhin hatte ich zuhause auch fast zwei Jahre gebraucht, um loslassen zu lernen. Ich musste mir nur ein bisschen Zeit nehmen zum Laufen. Zu laufen würde mir dabei helfen, stark, wach, logisch und kreativ genug zu sein, um das alles irgendwie zu stemmen. Und es wäre ein gutes Ventil für all meine wirren Gedanken. Das größte Problem dabei würde sein, mir irgendwie die Zeit freizuschaufeln. Mit einem Vollzeitjob und zwei kleinen Kindern, von denen ich das eine noch stillte, und einer Betreuung nur für die Dauer meiner täglichen Arbeitszeit, wie sollte ich da Zeit zum Joggen finden?

Genau wie Alice konnte ich mir eigentlich nur im Morgengrauen noch ein Stündchen abzwacken, was hieß, draußen zu laufen kam nicht in Frage, weil es um diese Tageszeit noch dunkel und damit zu unsicher war. Außerdem müsste ich um Viertel vor fünf aufstehen, um Milch abzupumpen, dann um zwanzig nach fünf das Haus verlassen, damit ich um halb sechs im Fitnessstudio war, gleich wenn sie aufmachten. Was natürlich nur funktionierte, wenn jemand zuhause bei den Kindern war.

Wieder einmal brauchte ich also Kojos Hilfe, deshalb delegierte ich mit Freude die Aufgabe, die Kinder morgens fertigzumachen, an ihn, damit ich in der Zeit trainieren konnte. Kurzerhand stellten wir MEL entsprechend um, doch die praktische Umsetzung sollte sich als wesentlich schwieriger erweisen. Wenn das alles hinhauen sollte, musste Kojo um Viertel nach sechs geduscht und angezogen sein. Als ich am ersten Morgen um zwanzig vor sieben von meinem Lauftraining zurückkam, lagen Kojo und die beiden Kinder schlafend zusammen im Bett. Am Ende kamen wir beide zu spät zur Arbeit. Am zweiten Morgen fragte Kojo mich, ob ich nicht »einfach morgen gehen« könne, weil er gleich ganz früh ein

Meeting hatte, auf das er sich noch vorbereiten musste. Ich ging trotzdem ins Studio, lief aber nur zwanzig Minuten. Am dritten Tag drehte Kojo sich um und schlang die Arme um mich, als mein Wecker klingelte. Draußen war es noch dunkel. Die Versuchung war groß, einfach im Bett liegen zu bleiben.

An vielen Tagen wäre es so verlockend gewesen, das Training morgens einfach ausfallen zu lassen. Aber ich verteidigte meine tägliche Sporteinheit wacker gegen alle Widrigkeiten, sogar gegen mich selbst (meistens flüsterte mir morgens ein kleines Stimmchen zu: *Aber du warst doch gestern erst da. Musst du wirklich schon wieder gehen?*). Es war jedes Mal ein Kampf, mich zu motivieren, um diese unchristliche Uhrzeit das Haus zu verlassen, aber auf dem Weg zurück nach Hause fühlte ich mich bärenstark und war schrecklich stolz auf mich. Und mit jedem weiteren Tag waren Kojo und die Kinder ein bisschen weniger spät dran. Irgendwann hatte meine Familie in ihren neuen Rhythmus gefunden.

Und als ich dann eines Morgens nach dem Training wieder heimkam und Kojo mich mit einem Kuss auf die Stirn begrüßte, wusste ich, dass mein neuer Tagesablauf sich auch auf ihn positiv auswirkte.

»Hast du schön trainiert?«, fragte er.

»Habe ich«, antwortete ich fröhlich.

»Gut«, entgegnete er, und da wusste ich, auch er war stolz auf mich.

Obwohl er meinem neuen Tagesablauf zuliebe auch früher aufstehen musste, überwogen für alle Beteiligten die Vorteile: körperliche Fitness gleich glückliche, entspannte und ausgeglichene Ehefrau und Mutter. Eine klassische Win-Win-Situation. Und für mich war daran auch mein beruflicher Erfolg geknüpft. Bei diesen morgendlichen Laufeinheiten war meine Atmung so gleichmäßig und mein Kopf so frei, dass ich innerhalb von nur einer Woche eine neue Erfolgsformel für meinen Job ausgetüftelt hatte. Ich wollte die neue Freiheit, die meine gleichberechtigte Partnerschaft mir bot, nutzen, um noch überlegter vorzugehen, und außerdem eine Dorfgemeinschaft aus Unterstützern akquirieren, damit ich bei der Arbeit nicht zum einsamen Wolf wurde. Zuhause hatte das schließlich auch hervorragend funktioniert. Nicht viel später dankte ich Sam sogar dafür, dass sie mir ihre Bedenken mitgeteilt hatte. So schwierig und unangenehm es für mich auch gewesen war, dieses Meeting mit ihr war der Auslöser für mich gewesen, meine vier Grundregeln aufzustellen; meine neue Strategie, um besser mit dem beruflichen Druck umgehen zu können.

Wie schon gesagt gibt es in den obersten Führungsetagen immer noch einen eklatanten Frauenmangel, und die Wurzel des Übels liegt darin begründet, dass die oft schon im College begründeten weiblichen Seilschaften meist irgendwo im mittleren Management enden. An diesem Punkt ihrer Karriere müssten Frauen eigentlich die Aufmerksamkeit von der ausschließlichen Fokussierung auf die berufliche Leistung hin zu dem verlagern, was man wirklich braucht, um ganz nach oben zu kommen – Durchhaltevermögen, Menschen, die einem Rückendeckung geben, eine Möglichkeit, sich nach außen zu präsentieren, und eine große Portion Einfallsreichtum. Viele Frauen gründen just zu dieser Zeit aber auch eine Familie, und wenn sie zuhause keine wirklich gute Unterstützung haben, beginnt das Hamsterrad des Lebens sich rasend schnell zu drehen. Und so ist es nicht weiter verwunderlich, dass Frauen zwar 53 Prozent der Eintrittsjobs besetzen, aber nur 14 Prozent der Vorstandsposten,[3] oder dass sie zwar 47 Prozent der Jurastudenten stellen und 45 Prozent der Mitarbeiter in Kanzleien, aber nur 19 Prozent der Teilhaber.[4] Die ganz überwiegende Mehrheit männlicher Vorstandsmitglieder – 94,6 Prozent – ist verheiratet und hat Kinder, während nur 46 Prozent der weiblichen Topmanager verheiratet und nur 52 Prozent Mütter sind.[5]

Wie meine eigene Erfahrung mich lehrt, müssen wir berufstätige Mütter, die es bis in die obersten Vorstandsetagen schaffen wollen, uns glasklar darüber sein, was uns am wichtigsten ist. Wir müssen wissen, was unser höchstes Ziel ist und wie wir uns am besten einbringen können, um es zu verwirklichen. Wir müssen zuhause mit Freude delegieren. Und wir müssen unser eigenes Glück und unseren Erfolg an erste Stelle setzen. Aber all das reicht noch nicht. Wenn es uns gelingt, die häusliche To-Do-Liste zu verkürzen, dann nicht, um mehr Zeit im Büro zu verbringen. Nein, am besten rückinvestieren wir unsere neu gefundene Freiheit in vier Dinge, die uns am effektivsten helfen, unsere Karriere zu befördern und unsere Lebensqualität zu verbessern. Wenn Frauen körperlich fit sind, gut vernetzt, sichtbar und ausgeruht, stärkt das unweigerlich ihre Führungsstärke. Wir brauchen feste Rituale, die uns helfen, uns bestmöglich zu entfalten. Diese Dinge, ich nenne sie die vier Grundregeln, sind dann am wirkungsvollsten, wenn wir sie in unsere Alltagsroutine integrieren. Die vier Punkte sind:

1. Zum Sport gehen (für die Ausdauer)
2. In die Mittagspause gehen (fürs Netzwerken)
3. Zu Veranstaltungen gehen (für die Sichtbarkeit nach außen)
4. Ins Bett gehen (für die Regeneration)

Diese kleinen Gewohnheiten sind keine Hexerei, aber sie sind unerlässlich, um zuhause und im Beruf volle Leistung zu bringen. Und es ist unmöglich, diese vier Dinge im Terminkalender unterzubringen, ohne sich dafür irgendwie Zeit freizuschaufeln. Damit das gelingt, müssen wir unseren Kalender genauso sorgfältig pflegen wie unsere To-Do-Listen und dann die verbleibende Zeit bewusst für die Einhaltung der vier Grundregeln nutzen, die unserem Erfolg und unserem Wohlbefinden förderlich sind. Dazu müssen wir uns Fragen stellen wie: *Dient dieser Termin meinem höheren Zweck? Bringe ich mich am besten ein, indem ich Brownies für den Kuchenverkauf der Schule backe? Bin ich die Einzige, die die abgelaufenen Medikamente aus dem Badezimmerschränkchen aussortieren kann?* Erst wenn wir sehr bewusst mit unserer Zeit umgehen und sorgfältig prüfen, was wir von unserer Liste und aus unserem Kalender streichen können, sind wir dazu in der Lage, das zu kontrollieren, was tatsächlich drauf- und drinsteht.

Der erste Punkt ist »Zum Sport gehen«. Körperliche Betätigung fördert unsere Ausdauer. Frauen, die Karriere, Familie und Ehrenamt unter einen Hut bringen wollen, haben eine Menge um die Ohren und brauchen unendlich viel Kraft. Man hört immer von den positiven Auswirkungen sportlicher Aktivitäten, aber für Frauen ist Sport auch ein echter Stresskiller. Wenn ich fit bin, bin ich viel entspannter, im Job wie in der Familie. Wenn wir uns bewegen, erhöht sich unser Norepinephrin-Spiegel, ein Botenstoff, der die Reaktion unseres Gehirns auf Stress regelt.[6] Ob wir nun ins Fitnessstudio gehen, zuhause zu einem Video trainieren oder in einem Club tanzen, Bewegung ist unabdingbar für körperliche Fitness und kann den Tag um ein paar Stunden verlängern, weil wir viel energiegeladener sind. Schon eine halbe Stunde Bewegung an ein paar Tagen in der Woche kann den Endorphin-Ausstoß im Gehirn ankurbeln.[7] Und eine höchst beachtenswerte Studie über die Auswirkungen regelmäßiger Bewegung auf den beruflichen Erfolg zeigt, dass Arbeitnehmer, die Sport treiben, mehr Energie haben und produktiver sind als andere.[8]

Wenn man die Ressourcen und die Betreuungsoptionen hat, ins Fitnessstudio zu gehen, muss man nur noch den inneren Schweinehund überwinden. Eine Bekannte von mir, Seiko, schläft beispielsweise in den Sportsachen, um sich das morgendliche Umziehen zu sparen. Devon, eine andere Freundin, hat ihr iPhone so eingestellt, dass es sie mit dem Song weckt, zu dem sie am liebsten trainiert. Ich selbst trage gerne Aktivitätstracker (am liebsten das UP-Fitnessband). So kann ich mir zusammen mit anderen Freundinnen bestimmte Ziele stecken und den Weg dorthin nachverfolgen. Ich bin so ehrgeizig und wettbewerbsfixiert, dass ich, wenn nötig, vor dem Schlafengehen noch eine halbe Stunde zu Shakira tanze, um auf meine erforderliche Schrittzahl zu kommen, und freue mich dann wie eine Schneekönigin, wenn ich sehe, wie mein Avatar in der App ganz nach oben klettert.

Wenn man nicht genug Geld hat für Fitnessstudio oder Kinderbetreuung, gibt es genügend andere Möglichkeiten, fit zu bleiben oder sich in Form zu bringen. Mehr als ein bisschen Platz auf dem Boden braucht es nicht, um ein Yogi zu werden wie Alice oder zu einem Fitnessvideo auf dem Computer oder im Fernseher zu trainieren. Wenn ich keinen Babysitter habe und mich bewegen will, gehe ich einfach mit den Kindern in den Park auf der anderen Straßenseite. Sie spielen oder stoppen meine Zeit, während ich über die Wiese sprinte oder die Stufen des Amphitheaters hoch und runter laufe. Jedes bisschen zählt. Ich werde immer wieder gefragt, wieso ich so gut trainierte Arme habe. Die Leute denken, ich mache bestimmte Hantelübungen oder halte mich an einen strikten Diätplan. Tatsächlich verdanke ich meine Armmuskeln hauptsächlich der Tatsache, dass ich ständig mit einem Buggy samt Kind sowie Tüten und Taschen bepackt die Stufen der New Yorker U-Bahn hoch- und runterlaufen muss. Eine meiner Freundinnen spielt auf ihrer Wii Tennis, während ihr Baby schläft. Und wenn gar nichts geht, kann man auch einfach Musik auflegen und sich die Seele aus dem Leib tanzen – was immer uns dazu bringt, uns zu bewegen.

Die zweite Grundregel ist »In die Mittagspause gehen«. Damit meine ich natürlich nicht bloß zum Mittag – es kann auch Frühstück, Brunch oder Abendessen sein, Kaffee oder Drinks. Es geht darum, andere Menschen zu treffen, mit ihnen zu reden und ein professionelles Netz zu spinnen, das wirklich unentbehrlich ist zum Erklimmen der Karriereleiter. So wie unsere Dorfgemeinschaft uns zuhause bei unseren häuslichen Pflichten unter die Arme greift, kann unser Netzwerk – oder wie ich es gerne nenne, unser *Ökosystem* – uns helfen, beruflich voranzukommen. Ökosysteme befinden sich in wechselseitiger Abhängigkeit und müssen sorgfältig gepflegt werden, damit sie wachsen und gedeihen. Ohne ein funktionierendes Ökosystem ist es beinahe unmöglich, Karriere zu machen. Einer Studie von Souha R. Ezzedeen und Kristen G. Ritchey zufolge, die sich damit befasst haben, mittels welcher Strategien Frauen in Führungspositionen ihre Karriere befördern und eine gute Balance zwischen Beruf und Privatleben finden, »bedarf es eines komplexen, vielfältigen Netzwerks sozialer Unterstützer, damit Frauen in ihrem Bereich vorankommen und gleichzeitig ein erfülltes Familienleben führen können«.[9] Ezzedeen und Ritchey stellten außerdem fest, dass »die Unterstützung aus dem sozialen Umfeld nicht nur eine Coping-Strategie ist, sondern darüber hinaus für Frauen erst geeignete Rahmenbedingungen schafft und somit richtungsweisende Lebensentscheidungen mitbestimmt«.[10] Anders ausgedrückt, Frauen mit einem belastbaren Ökosystem stecken sich höhere Ziele, bringen mehr Leistung und sind in allen Lebensbereichen zufriedener.

Aber ein Ökosystem ist mehr als nur soziale Rückendeckung, es bestimmt auch, wer unsere Fürsprecher sind, wenn wir nicht selbst für uns einstehen können. Ein McKinsey-Report über die Erfolgsstrategien von Frauen in Top-Managementpositionen fand heraus, dass zu einem effektiven Ökosystem auch Menschen gehören, die willens und in der Lage sind, sich für uns einzusetzen; will heißen, die an unser Potential glauben und hinter den Kulissen für uns die Fäden ziehen. Rosalind Hudnell, Leiterin der Abteilung Diversität bei Intel, erklärt, wenn die Karriere einer Frau eine gewisse Ebene erreicht hat und nicht mehr vom Urteil eines einzelnen Vorgesetzten abhängt, könne die Unterstützung eines Fürsprechers ausschlaggebenden Einfluss haben. »Einen Fürsprecher zu haben kann das Zünglein an der Waage sein«, stellt sie fest.[11] Ohne Unterstützer können Frauen noch so hart arbeiten und noch so gut sein und doch nie in die höchsten Führungsetagen aufsteigen.

Fürsprecher sind aber nur eine Gruppe in unserem Ökosystem. Ich habe ja bereits erklärt, wie hilfreich ich es finde, eine Dorfgemeinschaft aus Familienmitgliedern, Nachbarn, unbezahlten Vollzeitmamas, Babysittern und Experten zu akquirieren, die uns zuhause unter die Arme greifen. Und auch unser Ökosystem braucht verschiedene Gruppen mit unterschiedlichen Talenten und Fähigkeiten, um uns beruflich bestmöglich zu unterstützen.

Die wertvollsten Mitglieder unseres Ökosystems sind die *weisen Ratgeber.* Darunter fallen Tanten und Nenntanten, ältere Vorgesetzte sowie weltliche, geistige und politische Führungspersönlichkeiten – die allesamt schon ein bisschen länger im Spiel sind als wir selbst. Sie stehen uns mit Rat und Tat zur Seite, ermutigen uns und helfen uns, die Dinge klarer zu sehen. Sie haben schon alles gesehen, man kann ihnen nichts vormachen, und sie kennen uns mit allen Stärken und Schwächen, weil wir in ständigem Kontakt stehen und uns mindestens alle sechs Monate sehen, und das schon über viele Jahre. Wir schätzen unsere Ratgeber für ihre Weisheit und Erfahrung, durch die sie spielend Muster erkennen – die Muster einer Branche, eines Unternehmens, unserer eigenen Gedankengänge – und weil sie uns die richtigen (und unangenehmen) Fragen stellen, die uns helfen, wichtige Entscheidungen zu treffen. Ihre Weisheit geht weit über die Besonderheiten einer bestimmten Branche hinaus, also brauchen sie keine Experten auf unserem Fachgebiet zu sein. Als Kojo mir damals auf dem College einen Heiratsantrag machte, rieten meine weisen Ratgeber mir: »Heirate ihn, aber warte mit dem Kinderkriegen.« Damals erschien mir das ein bisschen übergriffig, aber wie sich herausstellen sollte, war das der beste Karrieretipp für eine Frau Anfang zwanzig, die es sich in den Kopf gesetzt hatte, die Welt zu verändern.

Auch Freunde und Kollegen, Mitglieder unserer eigenen Peergroup, können uns gute Ratschläge geben: Ich nenne sie unsere *Mentoren auf Augenhöhe.* Mentoren auf Augenhöhe können sich gut in unsere Lage versetzen, weil sie mit denselben Schwierigkeiten zu kämpfen haben oder hatten wie wir. Wir haben schon einiges zusammen erlebt. Mit ihnen treffen wir uns alle paar Monate, um neue Pläne auszuarbeiten und umzusetzen. Manchmal arbeiten wir auch in einer Gruppe zusammen. Wir sollten uns Mentoren auf Augenhöhe suchen, die uns kritisch hinterfragen und uns helfen, mit beiden Beinen auf dem Boden zu bleiben, während wir gleichzeitig nach den Sternen greifen. Was umgekehrt genauso gilt. Verhandlungsexpertin Selena Rezvani schreibt, dass Frauen, die ihre Ziele und Strategien untereinander besprechen, am Ende in Verhandlungen selbstbewusster auftreten, und dass »miteinander reden uns nicht nur ein Gefühl dafür vermittelt, was geht, sondern uns auch dabei hilft, uns ein zutreffendes und wahrheitsgemäßes Bild unserer selbst zu machen; wer wir sind und was wir wert sind. Durch diesen Austausch verfügen wir über ... ›Partner, die uns zur Rechenschaft ziehen‹, die uns auf Kurs halten und dafür sorgen, dass wir das verlangen, was wir wirklich wollen.«[12] Das Buch, das Sie gerade in Händen halten, ist auch das Ergebnis zweijährigen hartnäckigen Drängens seitens einer meiner Mentorinnen auf Augenhöhe, Reshma Saujani, Gründerin von Girls Who Code. »Also, wann schreibst du endlich dieses Buch?«, begrüßte sie mich jedes Mal, wenn sie mich sah. Hier ist es.

Durch unseren gegenseitigen Austausch bilden wir mit unseren Mentorinnen auf Augenhöhe eine ineinandergreifende Kette, die uns Halt und Orientierung bietet. Oft kommt es mir vor wie eine Seilschaft in einer steilen Bergwand, in der einer den anderen sichert. Als eine meiner Mentorinnen auf Augenhöhe, Janessa Cox, Chefin der Abteilung Diversität und Inklusion bei AllianceBernstein, eine Moderatorin für eine Podiumsdiskussion suchte, die ihr Unternehmen veranstaltete, fragte sie mich, weil sie wusste, dass ich meine Sichtbarkeit nach außen erhöhen wollte. Leider musste ich aufgrund einer Geschäftsreise absagen, aber ich schlug stattdessen eine andere meiner Mentorinnen auf Augenhöhe vor, Candice Cook, eine Anwältin, die die Moderation an diesem Abend übernahm. Als Keisha Smith-Jeremie Klienten brauchte, um ihre Zulassung als Trainerin für Führungskräfte zu bekommen, stellte ich den Kontakt zu Kali Patrice her; sie ist Marken- und Imageberaterin und hat Keisha nur zu gerne engagiert, um ihr bei der Planung des nächsten Karriereschritts zu helfen. Als einige von uns erfuhren, dass Penny Abeywardena im Rennen um den Posten der Beauftragten für internationale Angelegenheiten der Stadt New York war, griffen wir alle zum Hörer, um eine glühende Empfehlung auszusprechen. Unser Mädchen musste diesen Job unbedingt bekommen. Was ich damit sagen will? Wo immer wir beruflich stehen, wir müssen unser Ökosystem mit Frauen, die am selben Punkt stehen wie wir, hegen und pflegen, damit wir uns alle gegenseitig bei der anstrengenden Bergbesteigung helfen können.

Und zu guter Letzt wären da noch die *Förderer* – Menschen, die willens und in der Lage sind, ihren gesellschaftlichen und politischen Einfluss zu nutzen, um uns, wo es geht, voranzubringen. Mit meinen Förderern treffe ich mich nicht so häufig wie mit meinen Mentorinnen auf Augenhöhe, aber sie haben alle großen Karrieresprünge meines Lebens überhaupt erst ermöglicht. Eine meiner ersten Förderinnen war Janie William, Sozialaktivistin und Philanthropin aus Seattle, die mir ganz zu Beginn meiner Karriere geholfen hat, in den Spendensektor einzusteigen. Förderer haben für gewöhnlich genügend Einfluss, um im entscheidenden Moment gehört zu werden, was sie zu unbezahlbaren Mitgliedern unserer

Mannschaft macht. Sie müssen uns nicht bis ins kleinste (und peinlichste) Detail kennen, sie brauchen nicht mal genauestens über unsere Karriereplanung im Bilde zu sein. Es reicht, wenn sie in uns einen kommenden Superstar sehen und genug auf uns und unsere Fähigkeiten vertrauen, um uns einflussreichen Netzwerkorganisationen zu empfehlen oder bei einer Beförderung zu unterstützen.

Dabei müssen wir uns bewusst sein, dass Förderer extrem wählerisch sein müssen, wie und für wen sie sich einsetzen, denn wenn sie andere davon überzeugen, uns eine Chance zu geben, setzen sie auch den eigenen guten Ruf aufs Spiel. Ignorieren wir den guten Rat eines weisen Ratgebers, den wir unter vier Augen bekommen, werden nur zwei Menschen je davon erfahren. Unterstützt uns aber ein Förderer, und wir versagen, steht er oder sie genauso dumm da wie wir selbst. Ein Förderer, der es bereut, für mich die Werbetrommel gerührt zu haben? Grauenhafte Vorstellung. Ich würde alles dafür tun, damit dieses Horrorszenario nie eintritt. Wenn wir allerdings liefern, erhöht das im Umkehrschluss wiederum die Glaubwürdigkeit unserer Förderer. Und wenn wir zuverlässig liefern, können wir unseren Förderern irgendwann unsererseits behilflich sein.

Neulich habe ich mich noch mit meiner Freundin Kelly Parisi unterhalten, einer brillanten Kommunikationsprofessorin, und zwar über unsere gemeinsame Förderin Marie. Kelly stand noch ganz am Anfang ihrer Karriere, als Marie, damals Präsidentin der Ms. Foundation, sie unter ihre Fittiche nahm. Kelly wurde irgendwann Leiterin der Kommunikationsabteilung bei den amerikanischen Pfadfinderinnen und managte außerdem die Kommunikation für LeanIn.org. Ich sagte Kelly, wie dankbar ich Marie immer für ihre Unterstützung sein werde. »Ich würde *alles* für sie tun«, erklärte ich leidenschaftlich. »Ich auch!«, stimmte Kelly mir nachdrücklich zu. Und dann überlegten wir, wie viele andere Menschen wie uns es da draußen geben musste – Frauen und Männer in Top-Positionen, die sich Marie zu Dank verpflichtet fühlten, weil die sie zu Beginn ihrer Laufbahn unterstützt hatte. Und da dämmerte es uns: Dass Marie so viele Menschen unterstützt hatte, war einer der Gründe, weshalb sie heute so viel Macht und Einfluss hat.

Die *Werber* sind die vierte Gruppe unseres Ökosystems. Sie sind die Hinterbänkler im Team, die die Spieler von der Seite aus anfeuern, aber auch allzeit bereit, wenn nötig sofort aufs Spielfeld zu stürzen und uns nach Kräften unterstützen. Sie kennen uns nicht so gut wie die anderen Mitglieder unserer Mannschaft, weil wir hauptsächlich über die sozialen Medien oder E-Mail in Kontakt stehen, aber gut genug, um für uns da zu sein, wenn wir einen schnellen Tipp brauchen, einen Kontakt, eine Referenz oder sonst etwas. Die unausgesprochene Regel zwischen uns lautet, dass wir den Gefallen jederzeit ohne zu zögern erwidern. An die Werber wenden wir uns in kleineren, unbedeutenderen Angelegenheiten, privater wie beruflicher Natur, bei denen der Werber keinen allzu hohen persönlichen Einsatz bringen muss. So könnte man einen Werber etwa bitten, ein Stellengesuch weiterzuleiten, wenn wir jemand Bestimmten suchen, oder einen Artikel, den wir geschrieben haben, zu retweeten.

Und dann wären da noch jene Mitglieder unseres Ökosystems, die unsere größte Inspiration sind: unsere *Schützlinge*. Unsere Schützlinge sind Menschen, die auf der Karriereleiter noch ein paar Stufen unter uns stehen. Oft suchen sie bei uns Rat und Ermutigung, so wie wir bei unseren weisen Ratgebern, und wenn sich die Gelegenheit ergibt, zögern wir nicht, ihnen die Hand zu reichen und uns als Förderer für sie einzusetzen. Aber was wir für unsere Schützlinge tun, ist nichts verglichen mit dem Erkenntnisgewinn, den Lobhudeleien und der Unterstützung, die wir von ihnen erfahren – zumindest kommt es mir immer so vor. Sie sind auch deshalb so wichtig, weil sie uns erden und immer wieder kritisch hinterfragen. Wir investieren in unsere Schützlinge, die uns ihrerseits daran erinnern, was alles möglich ist, und uns vor Stolz strahlen lassen, wenn wir sie anderen rückhaltlos empfehlen können.

Meine Schützlinge haben mich auf meinem Weg nach oben auf jede nur erdenkliche Art und Weise unterstützt. Einmal war ich in Gedanken so bei einem drohenden Abgabetermin, dass ich darüber vollkommen vergaß, Einladungen zu einer Veranstaltung zu verschicken, die ich für eine große Stiftung organisierte – was ich erst drei Tage vor besagtem Event feststellte. Da die Veranstaltung vor allem Millennials ansprechen sollte, schickte ich eine Nachricht an sämtliche meiner Schützlinge, die sich fast alle innerhalb weniger Minuten zurückmeldeten und versprachen zu kommen. Eine von ihnen, Damali Elliott, die Gründerin von Petals-N-Belles, einer Organisation, die Mädchen stärken und selbstermächtigen will, schrieb mir, sie könne zwar nicht persönlich kommen, wolle es aber weitersagen. Sie schaffte es tatsächlich, etliche ihrer Freunde zu beschwatzen. Am Ende war der Saal tatsächlich voll. Damali hatte mich gerettet! Ein weiterer meiner Schützlinge, Samira DeAndrade, arbeitet für verschiedene große Designerlabels wie Donna Karan, Diesel und Alice+Olivia. Samira sorgt immer dafür, dass ich zu offiziellen Anlässen bestens gekleidet bin, und im Gegenzug mache ich nur zu gerne Werbung für ihre Marke. Meine

Schützlinge sind immer zur Stelle, ob es jetzt um die Recherche für ein bestimmtes Projekt geht oder um einen Babysitter, wenn ich mal wieder unversehens in der Klemme stecke. Ohne sie wäre ich nicht da, wo ich heute bin.

Jeder – Arbeitskollegen, Vorgesetzte, Verbindungsschwestern und Kommilitoninnen, angeheiratete Verwandtschaft, Nachbarn, Babysitter, Familie, Freunde und Bekannte – kann Mitglied des Ökosystems sein. Die größte Herausforderung dabei ist, sich genügend Zeit zu nehmen, um diese wichtigen Beziehungen zu pflegen. Das kann sehr unterschiedlich aussehen. Eine meiner Freundinnen, Katherine Mossman, verschickt immer handschriftliche Kärtchen. Es gibt unzählige Kontaktmanagement-Tools wie FullContacts und Contacts+, mit denen es ein Kinderspiel ist, den Kontakt zu halten. Seit meinem College-Abschluss verschicke ich zweimal im Jahr eine Rundmail an alle Menschen, mit denen ich in Kontakt bleiben möchte. Die erste Mail schickte ich an drei meiner Professoren, die mich in meiner College-Zeit am meisten beeinflusst haben, und an ein paar wenige Freunde. Heute, fast zwanzig Jahre später, geht die Mail inzwischen an über dreihundert Empfänger, mit denen ich entweder studiert oder zusammengearbeitet habe. Der wichtigste Gedanke dabei ist mir, die Mitglieder meines Ökosystems wissen zu lassen, wie sehr ihre Ratschläge und ihre Unterstützung auch heute noch in meinem Leben nachwirken.

Neben regelmäßigen Rundmails ist es aber auch sehr wichtig, genügend Zeit im Kalender zu veranschlagen, um unser Ökosystem zu pflegen. Viele der Frauen, die ich für dieses Buch befragt habe, haben jede Woche feste Termine fürs Netzwerken – ich beispielsweise dienstags-, donnerstags- und freitagsmorgens. Unser Ökosystem sollte so vielfältig und reichhaltig sein, dass wir, wenn wir etwas brauchen – egal was –, entweder jemanden kennen, der uns weiterhelfen kann, oder jemanden kennen, der jemanden kennt. Wie meine Freundin Erica Dhawan, Führungskräfte-Coach, so schön sagen würde: »Konnektive Intelligenz kann große Steine ins Rollen bringen.«

Die dritte Grundregel ist »Zu Veranstaltungen gehen«, um für eine erhöhte Sichtbarkeit zu sorgen und unser öffentliches Profil zu schärfen. Das können Veranstaltungen sein, bei denen wir vor Publikum sprechen oder in einem Plenum sitzen, oder virtuelle Events wie Twitter-Chats; wichtig dabei ist nur, dass wir uns darin üben, unsere eigene Stimme zu nutzen und zu hören. Ich hatte das Vergnügen, dabei zu sein, als die Seattle Girl's School eröffnet wurde, eine reine Mädchenschule mit Schwerpunkt auf Mathematik, Naturwissenschaften und Technik. Eine der wichtigsten Besonderheiten dieser Schule ist die Konzentration auf die klassische griechische Redekunst. Wenn die Mädchen die fünfte Klasse erreichen, sollen sie selbstbewusst vor einer Gruppe von Mitschülern und Erwachsenen stehen und zeigen können, was sie bisher gelernt haben. Diese Mädchen haben allesamt einen messerscharfen Verstand und lernen früh eine unbezahlbare Lektion, nämlich, wie sie an ihrem öffentlichen Auftreten feilen und sich selbst sichtbar machen können.

Kluge Menschen, die Vorgaben umsetzen können, gibt es wie Sand am Meer. Die meisten versauern im mittleren Management. Damit die Karriere wieder anzieht, müssen Frauen auch öffentlich auftreten und anderen vermitteln, wofür sie sich mit Herzblut engagieren und was ausgerechnet sie so einzigartig macht. Die beste Möglichkeit, am Arbeitsplatz hervorzustechen, ist, sich Gehör zu verschaffen. Ich bemühe mich aktiv um Gelegenheiten, Präsentationen zu geben, auf

Podien zu sitzen und Vorträge zu halten, weil das die erfolgversprechendsten Strategien sind, meine Reputation zu stärken und mich als Visionärin zu profilieren. Warren Buffett sagte einmal vor einem Kurs Wirtschaftsstudenten, er würde jedem im Saal gegen 10 Prozent auf ihr zukünftiges Einkommen 100 000 Dollar geben. Bei besonders kommunikativen Menschen würde er das Angebot noch um 50 Prozent erhöhen. Deren Fähigkeit, andere durch ihre Kommunikationsgabe zu motivieren, würde seine Investition umso lukrativer machen.[13] Und wenn wir uns bei der Vorstellung, öffentlich sprechen zu müssen, am liebsten übergeben möchten, gibt es viele verschiedene andere Möglichkeiten, uns Gehör zu verschaffen, ohne schwitzige Hände zu bekommen; wie beispielsweise in den sozialen Medien, mit Publikationen und Führungsarbeit in berufsständischen Organisationen, um nur einige zu nennen. In einer Umfrage aus dem Jahr 2013 fand die Beraterfirma BRANDfog heraus, 75 Prozent aller US-Amerikaner seien der Meinung, die Beteiligung von Führungskräften in den sozialen Medien führe zu einem verbesserten Führungsstil und bringe optimalere Ergebnisse für das Unternehmen.[14] Wenn wir unsere Vision dessen, was uns am Herzen liegt, in eine der breiten Öffentlichkeit zugängliche und informelle Form für Plattformen wie die sozialen Medien übersetzen, kann uns das helfen, mit Menschen in Verbindung zu treten, die das notwendige Fachwissen haben, um uns in unserer beruflichen Laufbahn voranzubringen.

Veranstaltungen zu besuchen, die unsere Sichtbarkeit nach außen erhöhen, macht Netzwerken wesentlich effektiver. Wenn ich bei einer Konferenz im Plenum sitze oder an einem Twitter-Chat teilnehme, kann ich spielend zwanzig fremde Menschen erreichen, die gehört haben, was ich zu sagen habe, und gerne eingehender darüber sprechen möchten. Ich müsste vier Abende die Woche opfern – wertvolle Zeit für eine berufstätige Mutter – und zu etlichen Cocktailpartys gehen, um die gleiche Anzahl von Menschen einzeln kennenzulernen. Wenn wir unser Profil schärfen, wollen sich mehr Menschen mit *uns* vernetzen, was im Endeffekt wesentlich weniger Aufwand und Mühe für uns selbst bedeutet.

Der letzte Punkt: »Ins Bett gehen«. Genügend Schlaf zu bekommen ist vermutlich die größte Herausforderung für Frauen, die ihre zahlreichen beruflichen und familiären Pflichten jonglieren müssen. Aber wie Arianna Huffington in *The Sleep Revolution* so vehement vertritt, gehört es zu den absolut notwendigen Basics, vor allem wegen der unschätzbaren positiven Auswirkungen auf alles andere, was wir tun. Wer täglich ausreichend Schlaf bekommt, hat mehr Energie, eine bessere Gedächtnisleistung und lernt schneller, außerdem fördert genügend Schlaf die Kreativität.[15] Interessanterweise scheint es einen direkten Zusammenhang zu geben zwischen Stress am Arbeitsplatz und den Schlafmustern der Arbeitnehmer: Eine jüngere Studie ist zu dem Ergebnis gekommen, dass Arbeitnehmer, die von ihren Vorgesetzten wenig Unterstützung erfahren, weniger schlafen und zweimal so anfällig sind für Herz-Kreislauf-Erkrankungen wie Angestellte mit kreativeren und zugänglicheren Chefs.[16] Ich habe das unbeschreibliche Glück, in der Vorstandsvorsitzenden von Levo, Caroline Ghosn, eine Rockstar-Superchefin gefunden zu haben.

Caroline hat mich gewissermaßen auch zu mehr Schlafhygiene gezwungen. Während meines ersten Mitarbeitergesprächs lobte sie mich überschwänglich für meine herausragenden Leistungen, zeigte sich aber gleichzeitig sehr besorgt, weil sie der Meinung war, ich bekäme nicht genügend Schlaf.

Die meisten Mitarbeiter in diesem Tech-Start-up trugen Tracker-Armbänder, und durch dieses kleine Gerät und meine E-Mail-Korrespondenz hatte Caroline einen vagen Einblick in meine Schlafgewohnheiten. Sagen wir mal so, man konnte daraus schließen, dass ich nicht besonders lang schlief. Wobei ich der Fairness halber dazusagen muss, es war nicht viel weniger Schlaf, als berufstätige Mütter im Allgemeinen bekommen – etwa fünf Stunden.[17]

Zuerst hielt ich Carolines Bemerkung für indiskret und übergriffig. Damals waren die meisten Angestellten bei Levo Mitte zwanzig und allesamt Singles. Ich war die Einzige mit Kindern. *Sie versteht das einfach nicht*, dachte ich bei mir. Als könnte sie meine Gedanken lesen (was ich, nach drei Jahren Zusammenarbeit mit ihr, heute durchaus für möglich halte), sagte sie, ihr sei bewusst, dass ich die einzige Mutter im Unternehmen sei, und bot mir an, alles in ihrer Macht Stehende zu tun, damit ich mehr Schlaf bekam. Auch wenn das bedeutete, tagsüber mal ein kleines Nickerchen zu machen. Ihr erschien es logisch und viel sinnvoller, dass eine Angestellte zwar weniger arbeitete, aber dafür dann vollen Einsatz bringen konnte, als eine Schlafwandlerin zu haben, die ständig auf dem Zahnfleisch ging.

Vermutlich hätte ich Carolines Vorschlag einfach abgetan, hätte Kojo nicht abends, als ich ihm von dem Meeting erzählte, eine Bemerkung gemacht, die mich zum Nachdenken brachte. »Ich glaube, es würde uns allen guttun, wenn du mehr Schlaf bekämst«, meinte er. *Autsch.* Und so begann mein »Acht für acht«-Experiment, bei dem ich acht Wochen lang täglich acht Stunden am Stück schlafen wollte. Das hatte ich nicht mehr gemacht, seit ich ein kleines Mädchen war.

Um den Plan in die Tat umzusetzen, musste ich meinen

typischen Mama-mit-Job-Stundenplan, der das Hamsterrad des Lebens schneller und immer schneller drehte, vollkommen auf den Kopf stellen. Morgens haben wir meistens alle Hände voll damit zu tun, erst die Kinder fertigzumachen und dann uns selbst. Danach fix ins Büro, wo wir oft zu früh dran sind, weil wir das Haus früher verlassen müssen als unsere kinderlosen Kollegen, um die Kinder zur Schule zu bringen. Sobald wir eine bestimmte Hierarchiestufe in einem Unternehmen erreicht haben, verbringen wir den größten Teil des Arbeitstags in irgendwelchen Meetings. Bei jedem Meeting machen wir uns Notizen, und die To-Do-Liste, um die wir uns später kümmern müssen, wird derweil lang und immer länger. »Später« kommt allerdings leider nie. Wir stürmen aus dem letzten Meeting, um die Kinder vom Sport oder dem Musikunterricht abzuholen oder die Tagesmutter abzulösen. Nach dem Essen, Baden und Ins Bett Bringen räumen wir auf, um uns dann endlich an den Computer zu setzen und uns durch Unmengen von E-Mails zu kämpfen, die zwischen dem Verlassen des Büros und dem Zubettbringen der Kinder in unseren Posteingang geflattert sind. Die beantworten wir alle. Wenn wir damit fertig sind, ist es zweiundzwanzig Uhr, und wir fangen gerade erst an, die heutige Liste abzuarbeiten. Mit ein bisschen Glück fallen wir um Mitternacht todmüde in die Federn, aber sollte es noch irgendwelche familiären Angelegenheiten oder Papierkram für die Schule geben, kann es auch schon mal ein Uhr nachts werden. Und weil ich fest entschlossen war, an meinem Sportprogramm als weiterer wichtiger Grundregel festzuhalten, war ich um fünf Uhr früh wieder auf den Beinen, und das Hamsterrad begann von Neuem sich zu drehen.

Die einzige Möglichkeit, diesen Teufelskreis zu durchbrechen, war es, meine Arbeit irgendwie tagsüber zu erledigen. Was bedeutete, dass ich meinen Terminkalender radikal zusammenstreichen musste. Ich bat jemanden um Rat, der dieses Problem bereits gelöst hatte. Eine meiner weisen Ratgeberinnen ging schon längst nicht mehr zu stundenlangen Konferenzen. Keins ihrer Meetings dauerte länger als vierzig Minuten, danach gab es ein Zeitfenster von zehn Minuten, um alle offenen Punkte des vorangegangenen Termins abzuhaken und eine kleine Pause einzulegen. Eine andere Top-Managerin, deren Tür ihren Mitarbeitern grundsätzlich immer offensteht, stellt jedes Mal den Timer, wenn jemand hereinkommt, um »nur mal kurz« etwas mit ihr zu besprechen. Allein dieser kleine Trick spart jeden Tag mindestens eine Stunde Zeit. Eine der besten Managementstrategien, die ich mir von einer anderen Führungskraft abgeschaut habe, ist schlicht und ergreifend die Frage: »Warum braucht ihr mich in diesem Meeting?« Diese einfache Frage hat mein Gegenüber schon oft dazu veranlasst, sich zu entschuldigen und die Einladung wieder zurückzunehmen.

Das Ergebnis meines »Acht-für-acht«-Experiments war verblüffend. Erst nachdem ich zwei Monate hintereinander jeden Abend um Punkt neun ins Bett gegangen war, merkte ich, dass ich in den vergangenen sieben Jahren chronisch erschöpft und unausgeschlafen gewesen sein musste. Irgendwie hatte ich funktioniert, aber ich war mehr geschlafwandelt, als mit offenen Augen durch die Welt gegangen. Ein Nebelschleier, von dem ich bisher gar nicht wusste, dass es ihn gab, schien sich zu lichten, und ich war ungleich wacher und präsenter. Zu meiner Schande muss ich gestehen, dass ich mich vor diesem Experiment sogar damit gebrüstet hatte, mit so wenig Schlaf auszukommen. Schlimmer noch, ich hielt es auch bei anderen für eine Charakterstärke, ein Zeichen für bedingungslosen Einsatz, hohe Arbeitsmoral und echtes Engagement. Aber mein »Acht-für-acht«-Experiment führte mir vor Augen, dass am Ende immer der Igel siegte, und nicht der Hase. Langsam und beharrlich kommt man am besten ans Ziel.

* * *

Wenn ich Kofi abends ins Bett bringe, erklärt er mir oft: »Mom, du kannst uns dazu bringen, ins Bett zu gehen, aber du kannst uns nicht dazu bringen zu schlafen!« Diese Logik ist auch auf unseren Ehepartner anzuweden. Ihn dazu zu *bringen,* dass er mehr tut, ist etwas anderes, als wenn er von sich aus mehr tun *will.* Und damit unser Partner den Ball annimmt, den wir abspielen, ist es am besten, wenn er sieht, wie wir dadurch aufblühen. Wenn Frauen sich an die vier Grundregeln halten, sehen Männer rasch die Früchte ihrer Arbeit.

Ein Jahr, nachdem ich wieder angefangen hatte, morgens zu laufen und außerdem bewusst zum Essen und zu Veranstaltungen ging, fragte ich Kojo, was er glaubte, wie es mit MEL so lief. Er gestand, als ich ihn zuhause mehr eingespannt hatte, hätte er zunächst das Gefühl gehabt, ich hätte ihn irgendwie übers Ohr gehauen. Schließlich hatte er mal die Königin der Häuslichkeit geheiratet. Aber nach und nach war sein Frust verflogen. »Also«, erklärte er mir, »ich könnte nicht behaupten, dass es mir Spaß macht. Aber ich kann mich noch gut daran erinnern, dass wir geheiratet haben, weil wir gemeinsam die Welt verändern wollten. Dein Herzblut hängt an der Förderung von Frauen und Mädchen. Meins am Einsatz für die Menschen in Afrika. Du hast mich unterstützt, wo du nur konntest. Und ich will alles in meiner Macht Stehende tun, damit du deinen Teil dazu beitragen kannst, die Welt zum Guten zu verändern. Das ist meine Motivation.«

Innerhalb von gerade mal zwei Jahren führten die gleichberechtigte Partnerschaft mit Kojo und die Einführung meiner vier Grundregeln zur größten Beförderung meiner Karriere. Ich wurde Präsidentin des White House Project.

20. KAPITEL

Die größte Herausforderung

Ende 2010 wurde ich Präsidentin des White House Project, und im Laufe der nächsten fünf Jahre sollte sich für mich eine ganze Menge verändern. Erstens ging meine Karriere regelrecht durch die Decke. Nachdem ich das White House Project zwei Jahre lang geleitet hatte, schloss ich mich dem Entwicklungsteam von LeanIn an, einer Bewegung, die Frauen dabei unterstützen möchte, ihre Träume zu verwirklichen. Dann wurde ich Hauptverantwortliche für die Förderung von Führungskräften bei Levo, dem am schnellsten wachsenden Netzwerk für Millennial-Frauen. Levo fördert junge Berufseinsteiger und gibt ihnen alles Werkzeug an die Hand, um Bestleistungen abliefern zu können und sich ein Leben aufzubauen, das ihnen und ihrer größten Leidenschaft entspricht. Das Projekt hat viel Aufmerksamkeit erregt, unter anderem auch bei Warren Buffett, Soledad O'Brien und Kevin Spacey, deren ermutigende Videobotschaften man auf der Webseite sehen kann.

Die Anzahl meiner öffentlichen Auftritte als Rednerin vervielfachte sich ebenfalls. Ich wurde eingeladen, bei den bedeutendsten Frauenkonferenzen zu sprechen, wie Fortune's, Most Powerful Women und TEDWomen. Es war mir eine große Ehre, bei BET's Leading Women Defined Standing Ovations zu bekommen, und als der Veranstalter dieses Events mir später schrieb, die letzte Rednerin, die solche Begeisterungsstürme hervorgerufen habe, sei Michelle Obama gewesen, kamen mir die Tränen. Ich engagierte mich in Gremien und Ausschüssen und einflussreichen Netzwerken für Frauen. Darüber hinaus erntete ich viel Lob und Anerkennung für meine Arbeit, was ich allerdings zum ersten Mal in meinem Leben nicht zum Selbstzweck anstrebte. Ich hatte mich von der fixen Idee verabschiedet, perfekt sein zu wollen. Wie ironisch, dachte ich, als Fast Company mich in seine League of Extraordinary Women berief, dass ich diese Auszeichnung just in dem Moment bekam, in dem ich nicht mehr vollkommen versessen darauf war, auf Biegen und Brechen aus der Masse hervorzustechen, und mich nur auf das konzentrierte, was mir wirklich wichtig ist.

Und auch Kojo räumte richtig ab. Er hatte sich dem Gründungsteam von Altas Mara angeschlossen, einem neuen Finanzunternehmen, entstanden nach einer Idee von Bob Diamond, ehemaligem Vorstandsvorsitzenden von Barclays, und dem Unternehmer Ashish Thakkar. Die beiden wollten das afrikanische Bankensystem revolutionieren und waren auf dem besten Weg dorthin. Allein der Börsengang in London hatte 325 Millionen Dollar eingebracht. Etwas über ein Jahr später hatte das Unternehmen sein Kapital auf 2,6 Milliarden Dollar aufgestockt. Kojo tat das, was ihm am wichtigsten war: die Menschen in Afrika fördern.

Währenddessen wuchsen Kofi und Ekua schneller, als man gucken konnte, von Kleinkindern zu kleinen Leuten heran.

Unser Sohn, den ich einmal in Müllbeutel gehüllt in seiner Babywippe gefunden hatte, dribbelt jetzt mit einem Basketball durch unsere Wohnung. Und unsere Tochter, bei deren Geburt ich befürchtet hatte, ihre widerspenstigen Haare nicht bändigen zu können, hopst jetzt (dank unseres Friseursalons) mit akkurat geflochtenen Zöpfen zu Taylor Swift herum. Es gab Tage, da waren Kojo und ich der Meinung, wir bräuchten schwarzweiß gestreifte Trikots und eine Trillerpfeife, um die Streitigkeiten zwischen den beiden zu schlichten, aber meistens hatten wir eigentlich das Gefühl, als Eltern einen ganz guten Job zu machen und unsere Kinder zu verantwortungsbewussten Menschen zu erziehen.

Ich war an einem Punkt in meiner Karriere, an dem ich mehr Verpflichtungen und mehr um die Ohren hatte als je zuvor, und doch fühlte ich mich besser und mehr als Herrin der Lage denn je. Und diese neue Gelassenheit ausgerechnet bei der Frau, die noch vor ein paar Jahren beinahe ein zweistündiges Vorstandssitzungstreffen einer Nachbarschaftsinitiative hätte sausen lassen, weil der Termin mit ihrem sonntäglichen Vorkochen kollidierte. Die größte Veränderung: Ich hatte den Ball weitergespielt. Das Ergebnis: Kojo hatte ihn entgegengenommen.

Kennen Sie das, wenn etwas Neues passiert – man ein neues Auto oder neue Schuhe kauft oder schwanger wird – und auf einmal sieht man überall Jettas, Slipper mit Muschelrand von Chloe und kugelrunde Bäuche? Genau so erging es mir, als ich den Ball weiterspielte. Urplötzlich begegnete ich überall Frauen, die selbstbewusst verkündeten: »Den Kühlschrank habe ich oben drauf schon seit *Jahren* nicht mehr abgewischt.« Als ich diese bisher unbekannte Spezies kennenlernte, hatte ich zunächst das Gefühl, ein wichtiges Memorandum verpasst zu haben. Wie ich dann staunend feststellen musste, sind inzwischen immer mehr Frauen so weit, den Begriff Erfolg für sich neu zu definieren, den Mythos von der Alleskönner-Superfrau energisch abzuschütteln und eine gleichberechtigte Partnerschaft anzustreben. Aber für viele sind die höchste Hürde die unrealistischen Erwartungen, die die Gesellschaft an Frauen als Mütter hat. Was ich besonders dann bemerkte, als die Kinder größer wurden und in der Lage waren, ihre Bedürfnisse selbst zu artikulieren.

An einem Samstagnachmittag kuschelten Kofi, damals sechs, und ich zusammen auf der blauen Couch und unterhielten uns. Er war gerade von einem Sommer mit seinem Vater und seiner Schwester in Ghana zurückgekommen, und ich fragte ihn, was ihm an der Reise am besten gefallen habe. Den Blick konzentriert an die Decke geheftet, dachte er angestrengt nach und sagte dann sehnsuchtsvoll: »In Ghana nimmt mich nicht dauernd ein Erwachsener an die Hand.« Und dann fragte er mich, warum er in New York immer meine Hand nehmen müsse, und als ich ihm erklärte, so sei es nun mal sicherer, meinte er, ich solle ihm doch einfach mehr vertrauen. »Ich bin ein großer Junge. Ich laufe dir schon nicht weg.« Weil ich so stolz auf meine eigene Entwicklung hin zu mehr Gelassenheit war, wunderte ich mich selbst, welche Szene sich daraufhin vor meinem geistigen Auge abspielte: Ich musste unwillkürlich an die Frau denken, die ich gesehen hatte, wie sie mit ihrem Sohn die Straße entlanggegangen war. Der Junge war immer bis zur nächsten Straßenkreuzung vorangelaufen. Und ich hatte sie sofort als verantwortungslose Rabenmutter abgestempelt. Und dann fiel mir wieder ein, was ich mal in einem französischen Buch über Kindererziehung gelesen hatte: Man solle Kinder ruhig frei herumlaufen lassen. Ich hatte das Buch nicht zu Ende gelesen. Entschlossen erklärte ich Kofi: »Schatz, ich werde dich noch bei deiner Hochzeit an der Hand zum Altar führen.« Und meinte es nur halb im Spaß. Zu der Zeit, als ich dieses Buch geschrieben habe, durfte mein inzwischen neunjähriger Sohn sich im Auto selbst anschnallen, sich mit kochend heißem Wasser Tee machen und seinen English Muffin mit einem scharfen Messer aufschneiden. Aber wenn wir die Straße entlanggehen, muss er *immer noch* an meine Hand. Der Drang zu mütterlicher Perfektion sitzt eben tief.

Obwohl wir alle wissen, dass es ein Ding der Unmöglichkeit ist, fühlen sich Frauen heute mehr denn je unter Druck gesetzt, als Eltern absolut ohne Fehl und Tadel zu agieren. *Time* zufolge sind beinahe 80 Prozent der Millennial-Mütter der Überzeugung, es sei wichtig, eine perfekte Mutter zu sein.[1] Selbst Frauen, die trockene HKZlerinnen sind, tun sich verhältnismäßig leicht damit, im Haushalt einen gewissen Grad von Unperfektheit zu akzeptieren. Wenn es allerdings um die Kindererziehung geht, fällt ihnen das Loslassen bedeutend schwerer. Sich als unperfekte Mutter zu akzeptieren ist womöglich die größte Herausforderung beim Ballweiterspielen.

Diese Ängste kommen nicht nur aus uns selbst. Das gesellschaftliche Stigma, das nicht ganz perfekten Eltern anhaftet, fällt meistens auf die Frauen zurück. Frauen stehen am häufigsten in der Kritik, wenn es um die Kindererziehung geht, und Millennials sind dafür besonders anfällig. Eine Studie des Pew Research Centers unter mehr als zweitausend Amerikanern fand heraus, die heute vorherrschende Meinung sei, junge Eltern reichten heutzutage, was die Kindererziehung angeht, nicht mehr an die Eltern vorheriger Generationen heran. Obwohl die Befragten sich darin einig waren, dass Frauen es oft schwerer haben als Männer, waren über die Hälfte (56 Prozent) der Ansicht, Mütter erledigten ihre Aufgaben heute schlechter als noch vor zwanzig oder dreißig Jahren. Was nur 47 Prozent über die Väter von heute dachten[2].

Ständig wird dabei mit dem Finger auf berufstätige Mütter gezeigt, was den Druck nur noch weiter erhöht. Frauen haben ein schlechtes Gewissen, wenn sie ihrem Beruf nachgehen, und versuchen das häufig durch Überengagement zu kompensieren, was dazu führt, dass sie sich für jeden »Erfolg« und »Misserfolg« ihrer Kinder voll verantwortlich fühlen. Eine neue Ausprägung von HKZ, bekannt als »Helikoptereltern«. Dabei hat eine ganze Reihe von Studien aufgezeigt, dass Helikoptereltern meist mehr Schaden anrichten als Nutzen. Eine Studie aus dem Jahr 2012 kam zu dem Ergebnis, dass Kinder von Helikoptereltern in der Schule weniger engagiert sind, mehr als andere Kinder am Rockzipfel der Eltern hängen, über weniger Problemlösungsstrategien verfügen und weniger gut für sich selbst einstehen können, während ihre Eltern gestresster waren als andere.[3] Anscheinend sollten wir das Herumkreisen den Piloten überlassen, aber auch dieses Memo haben wir wohl irgendwie verpasst.

Als sei der gesellschaftliche Druck, der auf den Eltern lastet, noch nicht genug, gibt es jetzt auch noch den durch soziale Medien generierten Stress von anderen Eltern. 90 Prozent der Millennials nutzen die sozialen Medien – und das aus gutem Grund: Sie sind ein unerschöpflicher Quell nützlichen Wissens und bieten eine einfache, effektive Möglichkeit, im Leben unserer Liebsten auf dem Laufenden zu bleiben. Wenn Eltern allerdings Infos und Fotos ihrer Kinder und Familien hochladen (womöglich im unbewussten Bemühen um Schwarmbewunderung und Lob), entsteht ein Dominoeffekt. Man sieht den Post einer Mama, die stolz verkündet, ihr Zweijähriger beherrsche bereits die Zeichensprache, und fühlt sich automatisch ein bisschen weniger perfekt. Also marschiert man los und kauft Sprach-Lern-CDs, damit der kleine Feliz schon mal ein bisschen Chinesisch üben kann. Mütter, die mehr mitbekommen, haben auch das Gefühl, mehr tun zu müssen.

So oder so zeigen soziale Medien immer nur ein einseitiges Bild des Lebens der anderen, die Schokoladenseite. Kein Wunder, da die meisten Menschen nur die schönen Dinge posten und keine private Schmutzwäsche wie die Tobsuchtsanfälle ihrer Kinder, Streitereien mit dem Ehepartner, Ärger mit den Schwiegereltern oder Probleme im Job – Sie wissen schon, all der ganze Kram, der uns menschlich macht, und dadurch nahbar. Tatsächlich ist es aber vollkommen normal, manchmal Sorgen zu haben oder Schuldgefühle, genervt zu sein oder überfordert – genauso normal wie berufstätige Mütter. Für Amerika sind die Zeiten von June Cleaver, der ehemaligen Vorzeige-Hausfrau, größtenteils passé.

2014 blieben in Familien mit verheirateten Eltern etwas über fünf Millionen Elternteile zuhause – das sind nicht einmal 20 Prozent der US-Bevölkerung.[4] Die Kostenexplosion für die Kindererziehung, etwa 14 000 Dollar jährlich pro Kind, macht es beinahe unmöglich, dass ein Elternteil kein Einkommen erzielt. Obwohl also die allermeisten von uns berufstätig sind, kam ein Report für Working Mother Media zu dem Ergebnis, dass 60 Prozent der Millennial-Mütter der Meinung sind, ein Elternteil solle dauerhaft zuhause bei den Kindern bleiben.[5] Diese Kluft zwischen ökonomischer Realität (die meisten Frauen sind gezwungen, einer bezahlten Tätigkeit nachzugehen) und unseren unrealistischen gesellschaftlichen Erwartungen (Frauen gehören an den Herd)

kann mit einem chronisch schlechten Gewissen nicht über-
brückt werden. Aber vielleicht lässt sie sich mit Fakten etwas
verkleinern: Die Kritik, arbeitende Mütter seien der Sünden-
fall verantwortungsvoller Elternschaft, entbehrt fast jeglicher
Grundlage und verrät womöglich mehr über das landesweite
Unbehagen bezüglich dieser erweiterten Rolle der Mütter als
über die tatsächlichen Auswirkungen auf das Wohlergehen
der Kinder heutzutage.

Verglichen mit früheren Generationen ist es heute eher un-
wahrscheinlich, dass Mütter bei der Erfüllung ihrer Pflichten
versagen. Wie Judith Warner in ihrem Buch *Perfect Madness*
schreibt, konnte eine über acht Jahre angelegte Studie aus dem
Jahr 1955 »keine signifikanten Unterschiede bei den Schul-
leistungen, bei psychosomatischen Beschwerden oder der
Enge der Bindung an die Mutter feststellen« zwischen Kindern von Müttern, die außer Haus arbeiteten, und denen, die
zuhause blieben.[6] Mitte der Siebzigerjahre stellte eine Studie,
die Faktoren wie Familienleben, Qualität der Kinderbetreuung und den ethnischen Hintergrund untersuchte, fest, dass
»es keine signifikanten Unterschiede bezüglich Intelligenz,
Spracherwerb, Sozialkompetenz oder Bindungsfähigkeit«
gab zwischen Kindern, die von ihren Müttern betreut wurden, und denen, die bei einer Tagesmutter untergebracht waren.[7] Zu demselben Ergebnis kamen weitere Studien aus den
Jahren 1988 und 1996. Eine weitere Meta-Analyse mit dem
Titel »Maternal Work Early in the Lives of Children and Its
Distal Associations with Achievement and Behavioral Problems«, die sich mit dem Zusammenhang von Fremdbetreu-
ung und Verhaltensproblemen befasste, untersuchte anhand
von neunundsechzig Fallstudien die Langzeitfolgen der Berufstätigkeit von Müttern auf Säuglinge und Kleinkinder. Bis

auf wenige Ausnahmen hatte die Berufstätigkeit der Mütter keinerlei Auswirkungen auf das allgemeine Wohlergehen der Kinder und ihren späteren Erfolg im Leben.[8] Es gibt also keinen guten Grund, uns weiter selbst zu geißeln.

Wie können wir Mütter also das lästige Hintergrundrauschen ausblenden? Statt uns nach der Decke zu strecken und zu versuchen, unrealistische Erwartungen zu erfüllen und möglichst viele »Likes« zu bekommen, können wir unsere Energie einfach darauf konzentrieren, was uns am wichtigsten ist – da eventuelle Unsicherheiten ohnehin meist durch ein unvollständiges Gesamtbild ausgelöst werden. Statt also zu Vergleichsjunkies zu werden, können wir uns die verbindende Kraft der sozialen Medien zunutze machen. Seiten wie Facebook bieten uns die Möglichkeit, unsere täglichen Kämpfe und kleinen Etappenerfolge für andere transparent darzustellen, was zu authentischeren, realitätsnäheren Diskussionen um Frust und Verzweiflung rund um die Kindererziehung führen könnte.

Das ist natürlich leichter gesagt als getan. Der Druck, perfekte Eltern sein zu müssen, lastet so sehr auf uns, dass sogar Frauen ohne Kinder ihn spüren. Sie stehen unter demselben gesellschaftlichen Zwang, bekommen dieselben unterschwelligen Botschaften vermittelt, sehen dieselben Postings. Statt aber ihre Ängste durch die Überbehütung ihrer Kinder zu kompensieren, sind sie gezwungen, sich mit von außen an sie herangetragenen Erwartungen auseinanderzusetzen, die ihnen das Gefühl der Unzulänglichkeit vermitteln. Oft fühlen sie sich unter Druck gesetzt, mehr und länger zu arbeiten, eben weil sie keine Kinder haben, die sie vom Fußballtraining abholen, und keine Familie, für die sie das Abendessen kochen müssen. Die Befürchtungen meiner Kollegin Sam gründeten sich beispielsweise auf genau diese Angst, einen Teil meiner Arbeit übernehmen zu müssen. Unterbewusst neigen viele von uns dazu, die Rollen »Frau« und »Mutter« miteinander zu vermischen. Und zur Aufgabe einer Mutter gehört nun mal, immer für alle da zu sein, sich zu kümmern und darin völlig aufgehen. Frauen, die keine Kinder möchten, müssen sich vielleicht nicht mit diesen Erwartungen auseinandersetzen, werden aber gleichzeitig als »unnormal« abgestempelt, weil ihnen Fürsorge und Mitgefühl angeblich nicht so wichtig sind. Oft spielen gerade diese beiden Faktoren im Leben dieser Frauen eine große Rolle, wenn auch nicht unbedingt in Bezug auf (leibliche) Kinder. Und außerdem haut man auch den Frauen, die gerne Kinder hätten, aber kinderlos geblieben sind, weil ihnen entweder der passende Partner fehlt, weil sie Probleme damit haben, schwanger zu werden, oder weil sie selbst oder der Partner unfruchtbar sind, unterschwellig dieselbe Botschaft um die Ohren.

Jede einzelne dieser Frauen muss die Freiheit haben, den Ball weiterspielen zu können.

Unsere kollektive Fokussierung auf ein verbindliches Kindererziehungsmodell unterdrückt das Bestreben aller Frauen, mit sich selbst und ihren Entscheidungen zu leben und glücklich zu sein. Um es vielleicht mit den Worten der Indigo Girls zu sagen: »There's more than one answer to these questions/ Pointing me in crooked line.« Es gibt mehr als eine Antwort auf diese Fragen, und sie weisen mir einen gewundenen Weg.

* * *

Ich muss ganz ehrlich gestehen, dass ich gewisse Privilegien habe, die es mir erleichtern, den Ball weiterzugeben. Zum einen bin ich eine Afroamerikanerin, die dazu erzogen wurde, stolz zu ihren Wurzeln zu stehen. Von klein auf haben meine Eltern mir beigebracht, was es heißt, schwarz zu sein, und mir dabei geholfen, meine schwarze Identität in einen größeren Kontext einzuordnen. Sie haben mir Sachen gesagt wie: »Weil du schwarz bist, musst du dich mehr ins Zeug legen als Weiße. Das Leben ist nicht fair.« Es mag einem ziemlich harsch vorkommen, einem kleinen Kind so etwas zu sagen, aber mir hat es rückblickend eher dabei geholfen, die Welt zu sehen, wie sie ist. Ich will damit nicht sagen, dass diese Botschaften mich nicht auch belastet haben. Wenn ich als einzige Schwarze in einem Raum voller Menschen bin, glaube ich ganz ernsthaft, dass es, wenn ich es vergeige, auf alle Schwarzen insgesamt zurückfällt. Ich will damit nur sagen, dass ich, anders als viele weiße Frauen, zwar am Boden zerstört, aber nicht überrascht war, dass Hillary gegen einen Mann verloren hat, der in aller Öffentlichkeit Witze darüber riss, Frauen belästigt zu haben, und noch nie ein öffentliches Amt bekleidet hat. Ich habe mich nie der Illusion hingegeben, dass der Fähigste den Job bekommt. Meistens kann ich vor dem Hintergrund meiner ethnischen Herkunft Erfahrungen gut mit etwas Abstand und einer großen Portion Dankbarkeit betrachten. Ja, mein Kind hat sich gerade auf den Bürgersteig geworfen wie eine protestierende Bürgerrechtlerin, nur weil sie kein Eis bekommt, aber sie wird mir nicht jeden Augenblick aus den Armen gerissen und nach Übersee verschifft. Wenn meine Vorfahren dieses Trauma überlebt haben, dann werde ich auch diesen kleinen kindlichen Wutausbruch überstehen. Das Hamsterrad meines Lebens im größeren Kontext der Geschichte und weiblicher Erfahrungen zu sehen, war ein Quantensprung für mich und hat mir dabei geholfen, etwas zu verstehen, von dem ich mir wünschte, andere Frauen würden es früher begreifen als ich: Wir sind nicht gerade dabei, den Verstand zu verlieren, und wir sind nicht allein.

Das zweite Privileg, das es mir leichter gemacht hat, ist mein Glaube. Ich bin der festen Überzeugung, dass wir alle beseelte Wesen sind und existieren, weil Gott uns liebt. Ich glaube außerdem, dass Kofi und Ekua, als sie als Seelen herabschauten und sich überlegten, welche Frau in diesem Leben ihre Mutter werden soll, ganz bewusst mich ausgesucht haben. Warum, weiß ich nicht. Die Antwort darauf zu finden ist nicht einfach, aber es ist für uns alle eine spirituelle Erleuchtung, wenn wir erkennen, warum wir unsere eigenen Mütter gewählt haben. Und auch meine Kinder werden es herausfinden, wenn es so weit ist. Ich vertraue fest darauf, hätten sie eine weniger ehrgeizige Mutter gebraucht, dann hätten sie sich eine andere Frau gesucht. Wenn ich also morgens hektisch aus dem Haus stürze und aus den Augenwinkeln sehe, wie unsere Babysitterin Ekuas Cornrows löst, bekomme ich kurz Gewissensbisse, weil ich es nicht selber mache. Das war immer ein sehr vertrauter Moment zwischen mir und meiner Mutter. Aber das schlechte Gewissen geht schnell vorbei. Unten an der Haustür angekommen bin ich dann schon wieder der festen Überzeugung, was ich tagtäglich tue, wird das Arbeitsumfeld für Frauen so verändern, dass meine Tochter ihre Cornrows irgendwann mit Stolz tragen kann. Ich bin mir sicher, dass sie es besser wusste als ich, als sie mich als ihre Mutter ausgewählt hat. Das war allein ihre Entscheidung. Ich kann nur mein Bestes geben, um sie auf ihrem ganz eigenen Weg zu leiten und zu begleiten. Und letztendlich hat mein Glaube mir auch geholfen, die Ursache für all unser Streben nach Perfektion zu verstehen. Er hat mir geholfen zu erkennen, warum unsere Identität als Mutter häufig so emotional überfrachtet und kompliziert ist: Die Beziehung zu unseren eigenen Müttern war ganz oft genau das; verworren und verwirrend.

* * *

Seit 2006, als ich muttermilchdurchweicht auf dem Boden eines Toilettenabteils kauerte, habe ich nur drei Mal mit meiner Mutter gesprochen. Ich kann das Wort *entfremdet* nicht ausstehen, weil es das genaue Gegenteil dessen beschreibt, wie ich die Beziehung zu meiner Mutter empfinde. Ich habe sie immer bei mir. Aber streng genommen sind wir genau das. Es ist noch nicht lange her, da habe ich mit meiner Schwester Trinity über dieses Thema gesprochen. Sie war sehr aufgebracht und wütend, weil unsere Mutter in unserem Leben nicht präsenter ist. Sie konnte einfach nicht begreifen, warum ich nicht genauso wütend auf sie war. »Kofi und Ekua kennen sie nicht mal«, schimpfte sie. »Will sie nicht ihre eigenen Enkelkinder sehen?« Schwestern haben manchmal eine Art, Dinge so zu sagen, dass man am liebsten in Tränen ausbrechen würde. Ich habe meine Tränen heruntergeschluckt. Ganz gleich, wie es tatsächlich war, alle Kinder erzählen ihre eigene Geschichte über ihre Mütter. Das hier ist meine:

Von dem Moment an, als sie erfuhr, dass sie mit mir schwanger war, bis zu meinem sechzehnten Lebensjahr, als meine Eltern sich trennten, hat meine Mom mir alles gegeben, was ich brauchte, um stark und selbstbewusst zu werden. Sie hat mir beigebracht, dass ich in meinem eigenen Leben selbst am meisten bewegen kann. Und das alles, ohne dass sie als Kind eine ähnliche Unterstützung erfahren hätte. Ihretwegen haben meine Kinder eine Mutter, die glücklich, stabil und selbstmächtig ist.

Das ist das größte Geschenk, das sie mir geben konnte. Ansonsten schuldet sie uns gar nichts.

Als ich mir diese Geschichte selbst noch einmal erzählte, kam mein Augenblick der Erkenntnis. Meiner Mutter hatte ich ihre Unvollkommenheit verziehen, aber mir selbst nicht. Wenn ich zu viel um die Ohren hatte, um mich bei einer alten Kommilitonin zu melden, war ich eine furchtbare Freundin. Ging mein Hefeteig nicht fluffig auf, war ich eine miserable Köchin. Kündigte jemand von meinen Mitarbeitern, war ich eine schlechte Vorgesetzte. Gab mein Mann den Kindern Pizza zum Abendessen, war ich eine schreckliche Mutter. Ich verschwendete so viel Zeit darauf, allen zu beweisen, wie perfekt ich war – ein vergebliches Unterfangen angesichts der Tatsache, dass wir alle menschlich und somit von Natur aus fehlbar sind. Ja, unsere Unvollkommenheiten machen uns überhaupt erst liebenswert. Und dann verstand ich endlich:

Ich habe sie ausgesucht, damit ich lerne, mich mit all meinen Fehlern und Schwächen zu lieben und zu akzeptieren.

Sich selbst mit allen Fehlern und Schwächen zu lieben ist eine Grundvoraussetzung, um den Ball weiterzuspielen.

* * *

Eines Morgens standen Kofi und ich im Badezimmer, als Ekua hereinspazierte, die Arme vor dem Körper, als trüge sie einen dicken Bauch vor sich her. »Guckt mal, was für einen großen Bottich Äpfel ich gepflückt habe!«, rief sie und schnaufte unter der schweren, eingebildeten Last. Ich tuschte mir weiter die Wimpern. Kofi hörte auf, sich die Haare zu kämmen, und sah seine kleine Schwester an. Dann tat er, als griffe er mit einer Hand tief in den Bottich und angelte einen Apfel heraus, den er dann hoch über den Kopf hielt. »Ha!«, zog er sie auf. »Jetzt esse ich einen von deinen Äpfeln!« Sofort zappelte Ekua am Haken. Sie sprang an ihm hoch und versuchte vergeblich, ihrem Bruder den imaginären Apfel aus der Hand zu reißen. Er lachte, und sie weinte und sank schließlich verzweifelt als kleines Häufchen Elend auf den Badezimmerboden.

Während dieser kleinen Szene kam mir plötzlich eine Erleuchtung. Noch vor ein paar Minuten hatte Ekua uns fröhlich in ihre Fantasiewelt eingeladen, in der sie die Regeln bestimmte, aber es hatte nicht lange gedauert, da hatte sie zugelassen, dass ihr Bruder ihr Märchen kidnappte. Vollkommen fertig kauerte sie auf dem Boden. *Wir Frauen müssen endlich damit aufhören. Wir dürfen uns nicht mehr von anderen unser Leben kidnappen lassen.* Ekua sah mich hilfesuchend an. Die Tränen liefen ihr in Strömen über die Wangen. Ich legte die Wimpernbürste beiseite, setzte mich zu ihr auf den Boden und flüsterte ihr verschwörerisch ins Ohr: »Deine Äpfel sind Zauberäpfel, Süße. Wenn dein Bruder einen davon anfasst, zerfällt er zu Staub. Er *kann* sie gar nicht essen.« Worauf Ekua sich strahlend aufrappelte und anfing, ihre Fantasieäpfel wieder einzusammeln und einzeln vorsichtig in den Bottich zu legen. Als sie dann mit weit ausgestreckten Armen aus dem Badezimmer watschelte, drehte sie sich noch mal zu ihrem Bruder um und rief siegesgewiss: »Ha!« Später sagte ich ihr, wie stolz ich auf sie war, weil sie sich.den Spaß nicht von ihrem Bruder hatte verderben lassen. Und ich sagte zu ihr: »Du bist so klug. Du bist so hübsch. Du wirst so sehr geliebt.«

21. KAPITEL

Freiheit

Es ist Donnerstag, der 12. Februar 2015, und wieder einmal werde ich am Valentinstag nicht zuhause sein. Ich bin aber schon ganz aufgeregt, weil ich am nächsten Morgen nach Aspen fliegen soll, um an Anne-Marie Slaughters Socrates Seminar »Competition and Care: How Can We Strike a Balance Between Work and Family for Women and Men?« über die Vereinbarkeit von Familie und Beruf teilzunehmen. Es ist sechs Uhr abends, als ich aus meinem letzten Meeting komme und eine neue E-Mail von Ekuas Schule in mein Postfach flattert. Betreff: Valentinstag. *Ach, verflixt. Wir haben ganz vergessen, Valentinskarten für ihre Klassenkameraden zu besorgen. Die sollen sie doch morgen mitbringen.* Keine Minute später klingelt mein Telefon. Es ist Kojo, und er flüstert, was heißt, dass er sich gerade aus einem Meeting geschlichen hat, um mich anzurufen. »Babe, guck mal in dein Postfach. Wir haben die Valentinskarten für die Kinder vergessen!« Wir beschließen, dass ich auf dem Heimweg schnell ein paar Karten besorge, weil ich jetzt gleich Feierabend habe und bei Kojo noch ein weiteres Meeting ansteht. Zuhause kann ich dann schon mal anfangen, mit den Kindern die Karten zu schreiben. Und wenn Kojo nach Hause kommt, übernimmt er, während ich meinen Koffer packe.

Die alte Tiffany hätte für jedes einzelne Kind eine eigene Valentinskarte entworfen und wäre hektisch in einen Bastelladen gerauscht, um noch schnell alles zu besorgen. (Und sie hätte es zwei Wochen früher gemacht.) Aber dieser überflüssige Quatsch ist inzwischen Gott sei Dank längst Vergangenheit! Die neuere Tiffany hätte bei Target ein paar Grußkarten mit den angesagtesten Superhelden besorgt. Aber auf meinem Heimweg gibt es weit und breit keinen Target, und ich habe keine Lust, unseren Parkplatz vor dem Haus zu riskieren und noch mal loszufahren, wenn ich nach Hause komme. Bleibt der gegenwärtigen Tiffany also eigentlich nur noch eine Möglichkeit: Schnell zu Staples, dem Schreibwarenladen nebenan, zu flitzen. Ich schnappe mir ein paar Bögen rotes Bastelpapier, auf das die Kinder ihre Grüße schreiben können, und eine Tüte Herz-Lollis, die gleich an der Kasse liegen. Dann können die Kids an jede »Karte« einen Lolli pappen. Problem gelöst.

Kofi und Ekua verziehen allerdings entnervt das Gesicht, als ich ganz stolz Papier und Lutscher präsentiere. Erst meint Kofi: »Echt jetzt, Mom? Wir dürfen überhaupt keine Süßigkeiten in die Schule mitbringen!« Und dann Ekua: »Ich auch nicht! Privatschulen haben es nicht mit Zucker! *Das müsstest du doch eigentlich wissen, Mom!*« Die letzte Bemerkung versetzt mir einen kleinen Stich, aber ich will mir das nicht so zu Herzen nehmen. Ich gestehe, diese Regeln sind mir neu. »Seit wann dürft ihr denn keine Süßigkeiten mehr in die Schule mitnehmen?«, frage ich. »Schon seit dem Kindergarten«, entgegnet Kofi trocken, »und ich bin jetzt im *dritten* Schuljahr!«

Ich gluckse leise in mich hinein, was sie nur noch wütender macht. Also schicken sie mich zum Packen ins Schlafzimmer und fangen an, die Namen ihrer Freunde auf die Karten zu schreiben. Während ich den Flur entlanggehe, höre ich Ekua zu ihrem Bruder sagen: »Wir warten einfach auf Dad, dem fällt bestimmt was ein.«

Und wie ihm etwas einfällt. Als ich ganz früh am nächsten Morgen aufstehe, um meinen Flug zu bekommen, liegen zweiunddreißig von den Kindern mit Liebe handbemalte Karten auf dem Tisch. Auf jeder steht: »Gute Freunde sind unbezahlbar.« Und daneben sind zwei Cent-Stücke auf das Papier geklebt. Es sind die süßesten (und preisgünstigsten) Valentinskarten, die ich je gesehen habe.

* * *

Bis sich die gesellschaftlichen und beruflichen Gegebenheiten an die veränderte Realität angepasst haben, ist eine gleichberechtigte Partnerschaft die praktischste Lösung, um die schwindelerregende, ermüdende Strampelei im Hamsterrad des Lebens anzuhalten. Wir können es uns nicht mehr leisten, die Hälfte unseres Talentpools durch die unrealistische Erwartungshaltung der Gesellschaft zu vergeuden. Frauen können eben nicht alles schaffen. Um berufliche Ziele und Ambitionen erfolgreich umsetzen zu können, braucht es Raum und Zeit, reichliche Überlegung, sorgfältige Planung, jede Menge Kreativität und ausreichend Schlaf. Und es ist wirklich nicht leicht, all diesen Dingen genügend Platz einzuräumen, wenn wir glauben, die ganze Nacht durchmachen zu müssen, nur um Valentinskarten zu basteln.

Frauen müssen wissen, dass es vollkommen in Ordnung

ist, nur die Hälfte dessen zu erledigen, was gegenwärtig auf ihren To-Do-Listen steht. Wir sollten nachsichtig mit uns selbst sein und weniger von uns erwarten und mehr von unseren Partnern, mit denen wir gemeinsam die Welt verändern wollten. Wir müssen dafür sorgen, dass Erfindungsreichtum, Weltsicht und Stimme der Frauen bis in die höchsten Führungsetagen unseres Landes Gehör finden. Ob es uns um Bildung, Gesundheitsversorgung, Wirtschaft, Versorgungswüsten, Immigration, Umweltschutz oder irgendein anderes Thema geht, das unser Leben und unsere Zukunft bestimmt, letztendlich sind es die Menschen in den höchsten Führungspositionen von Regierungen und Unternehmen, die an schweren Marmortischen sitzen und sich mit diesen Problemen befassen müssen. Ihre Entscheidungen tangieren jeden Einzelnen von uns. Aber es gibt einen eklatanten Frauenmangel auf den Stühlen um diese Tische.

Wie viele meiner Kolleginnen, die sich für die Förderung von Frauen in Führungspositionen engagieren, bin ich eine große Befürworterin allgemeingültiger Regelungen zu gleicher Bezahlung und bezahlbarer Ganztagsbetreuung, was bei Familien mit zwei berufstätigen Elternteilen die größten Probleme lösen würde. Ich habe Unternehmen zu Inklusionsprogrammen beraten, und ich habe an einigen der bahnbrechendsten Förderprogammen für Frauen in Führungspositionen mitgearbeitet. Womit ich nicht sagen will, dass wir diese Bemühungen einstellen sollten. Aber ich bin der festen Überzeugung, wenn wir etwas nie Dagewesenes erreichen wollen, dann müssen wir etwas nie Dagewesenes tun, um es zu erreichen. In *Unbending Gender* schreibt Joan Williams: »Frauen vor die ›Wahl‹ zu stellen, in Vollzeit zu arbeiten, ohne die Unterstützung zu bekommen, die Männer in derselben Situation erhalten, ist keine Gleichberechtigung.«[1] Das größte Privileg, das Männer am Arbeitsplatz genießen, sind nicht Unternehmensregelungen oder Gesetze. Es ist der Partner zuhause.

Kojo und ich sind nichts Außergewöhnliches. Die meisten erfolgreichen weiblichen Führungskräfte leben heutzutage in einer gleichberechtigten Partnerschaft, in der ihr Partner die Haushaltsführung übernimmt.[2] Fast die Hälfte aller Frauen, die Fortune-500-Unternehmen führen, hat einen Partner, der sich wesentlich an Haushaltsführung und Kinderbetreuung beteiligt.[3] Wobei das Augenmerk immer sehr auf den sozioökonomischen Privilegien dieser Frauen liegt, die es sich leisten können, Hausarbeit und Kinderbetreuung von bezahltem Personal übernehmen zu lassen. Ich selbst kann mich auch glücklich schätzen, einen Teilzeitbabysitter zu haben, der die Kinder von der Schule abholt oder auch mal über Nacht bleibt, wenn Kojo und ich beide verreist sind. Mir ist klar, dass das ein Luxus ist, den sich nicht viele Familien leisten können. Dabei übersehen wir allerdings oft den langen, beschwerlichen Weg dieser Frauen durch das untere und mittlere Management, um diese privilegierte Position überhaupt erreichen zu können. Das sind die Jahre, in denen diese Frauen kein dickes Gehalt mit nach Hause bringen und in denen die Unterstützung durch den Partner das alles entscheidende Kriterium für den beruflichen wie privaten Erfolg ist.

Seitdem ich dieses Buch geschrieben und veröffentlicht habe, haben viele Frauen, die ich dafür interviewt hatte, das mittlere Management erfolgreich hinter sich gelassen, und zwar mit Hilfe gleichberechtigter Partnerschaften. Zwei Jahre nach Karims Beschluss, mehr Zeit zuhause mit seinen Jungs zu verbringen und Lisa die Freiheit zu geben, sich mehr um ihren neuen Job zu kümmern, konnten sie auf ihre Beförderung zur Chefin der Marketingabteilung anstoßen. Susan, die Busfahrerin, deren Dienstplanänderung den gesamten Tagesablauf ihrer Familie durcheinandergebracht hatte, wendete sich notgedrungen an ihre Schwester, die daraufhin die Kinder morgens zur Schule fuhr, bis Susan günstigere Arbeitszeiten aushandeln konnte. Jun, die ehrgeizige Pharmavertreterin, die sich früher als Mutter wie eine Versagerin gefühlt hatte, hat es mit Unterstützung ihres Mannes doch noch geschafft, regelmäßig zu den Baseballspielen ihres ältesten Sohnes zu gehen. Sie hat sich Gedanken gemacht, was ihr das Wichtigste ist, und ist zu dem Schluss gekommen, dass sie ihre Söhne in allem unterstützen möchte, wofür sie sich begeistern, ganz gleich, was es auch sein mag. Wenn *sie* wollte, dass ihre Jungs Schachspielen lernten, dann konnte sie ohne schlechtes Gewissen auch mal einen Wettkampf verpassen. Aber wenn das Herzblut ihrer Söhne daran hing, so wie am Baseballspielen, dann setzte Jun Himmel und Hölle in Bewegung, um dabei zu sein. Sie und ihr Mann handelten den gemeinsamen Terminkalender für die Wochenenden neu aus, damit sie samstagnachmittags mehr Zeit hatte, die Dinge auf ihrer beruflichen To-Do-Liste abzuarbeiten, und früher aus dem Büro kam, um ihre Söhne wann immer nötig zu unterstützen.

* * *

Unbezahlte Vollzeitpapas (alias Hausmänner) mögen den Träumen berufstätiger Mütter entsprungene Superhelden sein, aber es ist ein Weg, den mehr und mehr Familien einzuschlagen scheinen: Der Anteil von Männern als primäre Bezugsperson ihrer Kinder ist seit 1989 von 10 auf 16 Prozent gestiegen.[4] Aber unbezahlte Vollzeitpapas sind nicht der Weisheit letzter Schluss. Erstens ist das für die überwiegende Mehrzahl der Familien keine gangbare Option, weil sie es sich schlicht und ergreifend nicht leisten können, dass ein Elternteil nicht arbeitet, ganz gleich welchen Geschlechts. Zweitens, wenn voll berufstätige Männer auch zuhause vollen Einsatz zeigen müssen, haben Arbeitgeber einen größeren Anreiz, Lösungsansätze zu entwickeln, von denen alle berufstätigen Eltern profitieren. Drittens, wenn wir wissen, dass Unternehmen von der Vielfalt ihrer Mitarbeiter profitieren, warum dann diesen Effekt nicht auch zuhause nutzen? Wir brauchen keinen Rollentausch, wir brauchen ein neues Teamwork-Modell, bei dem sich beide Elternteile sowohl beruflich als auch privat voll einbringen und gemeinsam Entscheidungen treffen, die widerspiegeln, was ihnen am wichtigsten ist. Wir brauchen gleichberechtigte Partnerschaften, und es ist an uns Frauen, mit gutem Beispiel voranzugehen.

Die Behauptung, der Schlüssel zur Befreiung der Frau liege darin, ihnen die Verantwortung zu übertragen, dass ihr Partner sich stärker einbringt, scheint auf den ersten Blick paradox und kontraproduktiv. Hat man Frauen nicht oft genug den Schwarzen Peter zugeschoben? Aber in den meisten US-amerikanischen Haushalten sind die inneren Machtverhältnisse eine Umkehrung der Machtverhältnisse draußen. Manche Forscher gehen sogar davon aus, dass Frauen im Berufsleben nicht so viel Macht haben übernehmen können, weil sie ihre Vormachtstellung innerhalb der Familie nicht aufgeben wollen.[5] Ganz gleich, welche Beweggründe sie auch haben, zuhause haben Frauen das Sagen, selbst wenn sie außer Haus arbeiten. In Haushalten mit zwei Einkommen treffen Frauen die allermeisten Entscheidungen, was die Kinderbetreuung und die Haushaltsführung angeht, ganz gleich, ob sie mehr oder weniger verdienen als der Partner. Nur bei 26 Prozent aller US-amerikanischen Paare übernimmt der Mann die Mehrzahl der Entscheidungen bezüglich der Haushaltsführung, von Anschaffungen bis hin zur Verwaltung der Finanzen[6], sodass die Frauen eigentlich großen Einfluss darauf haben, ob die Hausarbeit gerecht geteilt wird. Eine Studie kam zu dem Ergebnis, dass beinahe alle Männer, die einen Teil der Hausarbeit übernahmen, von ihren Frauen dazu gedrängt oder zumindest darum gebeten worden waren.[7]

Damit ein anderer den Ball spielen kann, müssen wir ihn erst einmal abgeben.

Als die Autorin von *Lean In*, Sheryl Sandberg, Frauen dazu aufrief, »den Partner zu einem echten Partner zu machen«, haben wir alle gedacht: Amen und Halleluja.[8] Und sind dann nach Hause gegangen und haben noch eine Maschine Wäsche gewaschen. Denn damit unsere Ehepartner und andere Menschen um uns herum uns zuhause wirklich unter die Arme greifen, braucht es mehr, als nur einzelne Aufgaben zu delegieren. Und das ist kein Kindergeburtstag – denn dafür müssen wir unsere Glaubenssätze und Erwartungen grundlegend überdenken. Und das geht nur mit zivilem Ungehorsam und Widerstand.

2011 hatte ich die große Ehre, der Filmemacherin und Philanthropin Abby Disney bei einem Wohltätigkeitsessen zugunsten von Amref Health Africa einen Preis überreichen zu dürfen. Ich bewundere Abby wirklich sehr, weil sie ihr Talent und ihre Fähigkeiten nutzt, um Dokumentationen zu machen, in denen sie die Geschichten der am meisten benachteiligten Frauen erzählt. In meiner kurzen Laudatio ratterte ich eine lange Liste all der Dinge herunter, die diese Superfrau schon erreicht hatte. Eine lange Liste, die zeigte, dass sie diesen Preis mehr als verdient hatte. Darunter auch die schöne Geschichte, dass sie ihren Kindern jeden Morgen Porridge zum Frühstück kocht. »Porridge?«, schnaubte Abby amüsiert, als sie ans Mikrofon trat. »Meine Kinder essen morgens Cap'n Crunch-Zuckerzeugs!« Das Publikum prustete vor Lachen. Und ich dachte nur: *Wow. Abby schlägt zurück.*

Im darauffolgenden Jahr nahm ich an der Womensphere Konferenz teil, wo ich eine unvergessliche Rede einer weiteren meiner Heldinnen hörte, Shelly Lazarus. Shelly begann 1971 bei der Werbeagentur Ogilvy & Mather, als einzige Frau in der gesamten kaufmännischen Abteilung, und stieg so weit auf, bis sie schließlich Vorstandsvorsitzende und Geschäftsführerin des Unternehmens wurde. Seit das *Fortune Magazine* 1998 erstmals eine Liste mit den 50 einflussreichsten Unternehmerinnen der USA veröffentlichte, war Shelly jedes Jahr dabei. Für mich ist sie der Inbegriff absoluter Perfektion. Weshalb ich während des Frage-und-Antwortteils vollkommen verdattert war, als eine der Zuhörerinnen Shelly fragte, wie sie es als Topmanagerin eigentlich schaffe, Beruf und Privatleben miteinander zu vereinbaren, und sie ganz trocken erwiderte: »Wenn Sie wüssten, wie es bei mir zuhause phasenweise ausgesehen hat, würden Sie mir diese Frage nicht stellen.« Und wieder gab es dafür donnernden Applaus. *Shelly schlägt zurück*, dachte ich.

Diese einflussreichen Frauen hatten begriffen, dass sie erst neu definieren mussten, was Erfolg eigentlich für sie bedeutete. Sie hatten längst verstanden, was ich inzwischen auch kapiert habe: Erfolg ist nicht gleich Perfektion.

Ich schlage tagtäglich auf viele verschiedene Arten zurück. Wenn ich eine Einladung zu einem Kindergeburtstag bekomme, die nicht auch an Kojo adressiert ist, antworte ich freundlich, aber bestimmt: »Danke, dass ihr an uns gedacht habt! Bitte schickt die Einladung an Kojo, der ist für den Kalender der Kids zuständig.« Wenn Kojo früher von einer Cocktailparty nach Hause geht und ich noch etwas länger bleibe und einer der Gäste eine Bemerkung darüber macht, wie ungewöhnlich das doch sei, lächele ich nur und sage: »Wir wechseln uns ab.« Wenn eine Kollegin sich erkundigt, wer sich um die Kinder kümmert, wenn ich verreist bin, sage ich: »Ihr Vater, und das nicht nur, wenn ich verreist bin.« Wenn andere Mütter mir erzählen, dass sie es sich beim besten Willen nicht vorstellen können, wie ich das alles schaffe, erwidere ich nur: »Das kommt daher, dass ich die Hälfte dessen, wovon Sie annehmen, ich würde es machen, gar nicht selbst tue.« Jeden Tag werde ich mit den idealisierenden Vorstellungen anderer Menschen bezüglich meines Lebens konfrontiert. Jeden Tag leiste ich höflich, aber mit Nachdruck Widerstand und wehre mich mit kleinen, bewussten Trotzreaktionen.

Was würde wohl passieren, wenn wir alle aufrichtig wären und freimütig über unsere Prioritäten und diesbezügliche Entscheidungen und unser Zeitmanagement reden würden? Wie beflügelnd könnte es für junge Frauen überall sein, wenn sie weibliche Führungskräfte sähen, die nicht vorgeben, alles allein zu machen, sondern offen und ehrlich darüber sprechen, wie sie den Ball weiterspielen mussten, um dorthin zu gelangen, wo sie heute sind. Wir Frauen sollten einander unterstützen, indem wir ohne Vorbehalte über die Kompromisse sprechen, die wir eingehen, und unverblümt sagen, welche Hilfe wir von unseren Partnern und anderen Unterstützern brauchen und bekommen.

Ich habe Hunderten von Frauen sehr genau zugehört. Oft sprechen sie darüber, wie viel Zeit bestimmte Dinge fressen, als seien wir alle dem Ganzen hilflos ausgeliefert und hätten keine andere Wahl. *Ich muss Lose für die Schultombola verkaufen. Ich muss meine Mails checken, bevor ich ins Bett gehe. Ich muss meinen Onkel anrufen, ehe er mir noch mal auf die Mailbox spricht.* Jeden Tag lassen wir andere darüber bestimmen, was wir tun und lassen. Auf subtile, kaum merkliche Weise legen wir unsere Zeit und unsere Macht in die Hände anderer Menschen, dabei ist unsere Zeit unser höchstes Gut, das wir hüten und schützen sollten wie unseren Augapfel. Die Ironie an der ganzen Geschichte ist: Um frei über unsere Zeit verfügen zu können, müssen wir zuerst die Verantwortung für die Hälfte dessen abgeben, womit wir sie sonst zubringen. Wir müssen loslassen. Mami-Märtyrerinnen sind *so* was von out.

* * *

Am 5. April 2012 fand die Verleihung der EPIC Awards des White House Project statt. Das Motto »The New Faces of Leadership« strahlte in sattem Lila und Rot durch die elegante Glasfassade des Frank Gehry IAC Building in Downtown Manhattan. Als neue Präsidentin der Organisation freute ich mich schon sehr darauf, herausragende Persönlichkeiten ehren zu dürfen, die sich dafür einsetzten, die Vorstellung in unserer Gesellschaft, was junge Frauen erreichen können, zu verändern. Emma Contiguglia hatte für ihre ehrenamtliche Arbeit den heißbegehrten Award der Girl Scouts in Bronze gewonnen, und Nikiya Harris war eine der jüngsten direkt gewählten Landrätinnen in Milwaukee, Wisconsin. Außerdem hatten wir auch diesmal wieder einen Star gewinnen können: Geena Davis würde durch den Abend führen.

In meiner früheren Funktion als Leiterin der Spendenabteilung hatte mein Hauptaugenmerk bei den EPIC Awards auf dem finanziellen Aspekt des Abends gelegen, und ich war immer besonders stolz darauf, welche beträchtlichen Summen ich für unsere Arbeit zur Unterstützung von Frauen in Führungspositionen hatte sammeln können. Als neue Präsidentin sah das ganz anders aus. Ja, ich war stolz auf den beachtlichen Spendenbetrag und die diesjährigen Preisträger, aber richtig kribbelig war ich wegen etwas vollkommen anderem. Einem Paar klitzekleiner Schuhe.

Seit 2000 setzt sich das White House Project alle vier Jahre mit dem Spielzeughersteller Mattel zusammen, um eine Präsidentinnen-Barbie zu entwerfen. Eine nicht unumstrittene Partnerschaft, wenn man bedenkt, mit welch unverhohlener Verachtung Feministinnen der kleinen Blondine mit den unrealistischen Körperproportionen und dem oberflächlichen Image begegnen. Aber wenn ich von der Gründerin des White House Project, Marie Wilson, eins gelernt habe, dann das: Will man etwas verändern, dann muss man die Leute da abholen, wo *sie* gerade stehen, nicht wo man selbst steht. Und Millionen kleiner Mädchen auf der ganzen Welt sitzen gerade auf dem Boden und spielen mit ihren Barbie-Puppen. Marie sah das so: Wenn diese Puppe kleine Mädchen davon träumen ließ, eine Kongresssitzung zu leiten, statt Ken im Traumhaus zu bekochen, dann war es das wert, ein paar Leute vor den Kopf zu stoßen. Und die Zusammenarbeit mit Mattel ermöglichte uns auch ein Mitspracherecht bei der Gestaltung der Puppe. Besonders stolz sind wir darauf, dass Barbie inzwischen viel diverser geworden ist – es gibt sie in weiß, schwarz, lateinamerikanisch und asiatisch. Aber es gab trotzdem noch einen strittigen Punkt, weswegen Marie bei Mattel immer wieder nachgehakt hatte: Barbies Füße. Auf jeder Schachtel stand: »Die Puppe kann nicht von alleine stehen.« Das war das Absurdeste an der ganzen Figur, und als sie mit den Verantwortlichen von Mattel sprach, nahm Marie kein Blatt vor den Mund: »Wie kann es sein, dass die Anführerin der freien Welt nicht auf eigenen Füßen stehen kann?«, fragte sie bei den Meetings.

Als Präsidentin übernahm ich Maries Anliegen und beharrte darauf, das zu ändern. Und schließlich sollte sich die jahrelange hartnäckige Lobbyarbeit doch noch auszahlen. Ich hopste in meinem Büro herum wie eine Drittklässlerin, nachdem Stephanie Cota, Leiterin der weltweiten Marketingabteilung von Mattel, mich angerufen hatte, um mir die gute Nachricht zu überbringen. Die Designer hatten der Präsidentinnen-Barbie ein paar ganz besondere Schuhe verpasst. Zum ersten Mal in der dreiundfünfzigjährigen Geschichte der Puppe werden Millionen Mädchen nun mit einer Barbie spielen, die von alleine stehen kann. Und die sollte bei den EPIC Awards vorgestellt werden.

Und wie ich da so auf dem roten Teppich stand und beim Empfang vor der Preisverleihung in das Blitzlichtgewitter der Kameras lächelte, dachte ich über die Bedeutung dieser kleinen Schuhe nach und ging im Kopf noch mal die ersten Zeilen meiner Eröffnungsrede durch. In den Tagen vor der Veranstaltung hatte ich so viel um die Ohren gehabt, dass ich mit Freude delegiert und eine Freundin engagiert hatte, die kleine Begrüßungsansprache für mich zu schreiben, mit der ich heute Abend die Gäste willkommen heißen wollte. Sie hatte ein mitreißendes Manifest verfasst über die Notwendigkeit zur Neudefinition von Führerschaft, und obwohl ich die Rede größtenteils auswendig gelernt hatte, lag sie nur zur Sicherheit auch noch mal ausgedruckt auf dem Pult, damit ich es nicht doch noch irgendwie vermasselte. Ironischerweise verunsicherte mich gerade dieser idiotensichere Kniff, weil ich daran denken musste, was mein Vater einmal zu mir gesagt hatte, als er mitbekam, wie ich bei einer Konferenz meine Rede vom Skript ablas. »Du bist eine Rednerin, keine Vorleserin. Was für eine Talentvergeudung.« Wie ich also dastand und in die Kameras der Fotografen lächelte, musste ich daran denken, wie enttäuscht mein Vater wäre, wenn er wüsste, dass ich mein Potential nicht voll ausschöpfe. Aber ich war auch der Ansicht, Vorbereitung ist alles.

Nach den grellen Lichtern und den Interviews mit der Presse wurde ich in den großen Saal geführt und sollte nun einige unserer Spender und VIPs persönlich begrüßen, während die ihre Plätze einnahmen. Als schließlich alle Platz genommen hatten und die Ansagerin mich auf die Bühne rief, begannen die Schmetterlinge in meinem Bauch, heftig mit den Flügeln zu schlagen. Langsam stieg ich auf die Bühne, und mein Blick ging zu Kojo, der an einem der Tische ganz dicht vor mir saß. Er sah mich an und schenkte mir das Lächeln, mit dem er mich damals in der Lobby unseres Studentenwohnheims um den Finger gewickelt hatte. Ich atmete tief durch.

Und dann stand ich am Rednerpult und begegnete Hunderten Augenpaaren, die mich erwartungsvoll anblickten. Eigentlich wusste ich ganz genau, welche Worte jetzt aus meinem Mund kommen sollten, aber sie blieben mir im Hals stecken. Plötzlich überlief es mich siedend heiß, und es schnürte mir die Kehle zu. Ich brauchte nur einen Blick auf meine Notizen zu werfen und die erste Zeile abzulesen, aber ich konnte den Blick nicht von den Menschen vor mir lösen. Ich bekam kein Wort heraus. Die Zeit muss viel langsamer vergangen sein, als es mir vorkam, denn alle saßen ganz ruhig da und warteten geduldig. Endlich hörte ich eine Stimme, die mir zuflüsterte: *Du stehst nicht hier auf der Bühne, um ihnen zu erzählen, was du sagen willst. Du kannst nur dann etwas bewegen, wenn du ihnen sagst, was sie hören müssen.*

Ich atmete ein. Ich schnaufte aus.

Und beschloss, die Notizen Notizen sein zu lassen. Das Herz schlug mir bis zum Hals. Wenn ich improvisierte, musste ich die ganze Rede aus dem Stegreif halten. Dann gab es kein Zurück mehr. *Wenn du etwas nie Dagewesenes erreichen willst, musst du etwas nie Dagewesenes tun, um es zu erreichen.*

In diesem Augenblick beschloss ich, nicht mehr zu überlegen, was ich eigentlich sagen sollte, sondern sprach mir selbst aus der Seele. Und entfaltete dabei mein ganzes Potential.

Mein Lebenswerk ist die Förderung von Frauen und Mädchen. Darum bin ich auf diesem Planeten. Sprich, mein Leben ist also im Grunde genommen recht unkompliziert. Ich weiß, was mal auf meinem Grabstein stehen wird, und handele einfach dementsprechend. Ich lebe sozusagen von da an rückwärts. Und ich schätze mich gerade heute Abend außerordentlich glücklich, meine Lebensaufgabe als Präsidentin des White House Project erfüllen zu dürfen. Aber lassen Sie sich von den Blitzlichtern nicht täuschen. Nicht ich bin hier der Star des Abends.

Eine der meistgestellten Fragen der Journalisten an mich als Präsidentin lautet immer: »Wie hat Marie Wilson Sie bloß gefunden?« Worauf ich dann lächelnd erkläre: »Marie Wilson geht mit offenen Augen durchs Leben.«

Im Laufe dieses Abends werden wir einige außergewöhnliche junge Frauen kennenlernen, deren Durchsetzungsvermögen und Talent Sie begeistern werden. Sie werden denken: *Wow. Die wird es noch weit bringen.* Was Sie heute Abend auf keinen Fall vergessen sollten, ist allerdings, dass diese jungen Frauen *Sie* brauchen, wenn sie es weit bringen wollen. Neue Gesichter in Führungspositionen sind nur mit Ihrer Unterstützung möglich. Halten Sie die Augen offen. Wagen Sie es nicht zu blinzeln. Je mehr Sie an diese Frauen glauben, desto höher werden sie fliegen …

Bei dieser stickigen Bahnfahrt nach meinem ersten Arbeitstag 2006 vom Büro zurück nach Harlem stand ich in meinem klammen Kostüm eingequetscht zwischen den anderen Passagieren, die Milchpumpe in der einen Tasche, Pumps und Managementhandbücher in der anderen. Nicht mal in meinen kühnsten Träumen hätte ich mir auszumalen gewagt, fast sechs Jahre später in einem glamourösen Abendkleid als Präsidentin des White House Project auf einer Bühne zu stehen. Ich hatte viel zu viel um die Ohren in meinem verzweifelten Bemühen, irgendwie den ganzen Laden zu schmeißen. Viel zu lange noch nach dieser Bahnfahrt habe ich mich bis zur Erschöpfung abgearbeitet, um der Erwartung gerecht zu werden, gleichzeitig beruflich erfolgreich und eine perfekte Hausfrau, Ehefrau und Mutter zu sein. Nie hätte ich mir vorstellen können, dass es die beste Lösung für das Problem wäre, diese überzogene Erwartung einfach über Bord zu werfen. Dieses Buch habe ich in der Hoffnung geschrieben, anderen Frauen ein wenig früher die Augen öffnen zu können.

Es gibt eine Parabel, in der schwimmt eine Frau durch einen See. Ungefähr in der Mitte des Sees angekommen wird sie müde und droht unterzugehen. Die Leute, die sie vom Ufer aus sehen, schreien ihr zu: »Wirf den Stein ab!«, aber zuerst versteht sie die Rufe gar nicht. Sie nimmt all ihre Kraft zusammen und schwimmt ein paar Züge, aber sie ist völlig erschöpft und kann sich kaum noch über Wasser halten. Endlich merkt sie, was die Augenzeugen längst gesehen haben: Sie hat einen Stein um den Rücken gebunden, der sie erbarmungslos nach unten zieht. Den Menschen am Ufer erscheint die Lösung ganz einfach: den Stein abwerfen! Doch während sie schon im See versinkt, hört man sie noch rufen: »Geht nicht. Ist meiner.«[9]

Im Laufe meiner Karriere und mehr noch während der Arbeit an diesem Buch, habe ich viele Frauen kennengelernt, die sich verzweifelt abmühen, mit einem dicken Stein auf dem Rücken nicht unterzugehen. Sie ertrinken in E-Mails, Fahrdiensten, Spielverabredungen, PowerPoint-Präsentationen, Pitches und Einkäufen. Sie ertrinken in den unrealistischen Erwartungen, alles schaffen zu müssen, wenn sie alles haben wollen. Sie ertrinken in Schuldgefühlen, wenn sie daran scheitern, obwohl es ein Ding der Unmöglichkeit ist: Wir können einfach nicht *alles* schaffen. Die Umwälzungen am Arbeitsmarkt, die in den 1950er Jahren begannen, sind ins Stocken geraten, weil eine ähnliche Revolution innerhalb der Familien bisher ausgeblieben ist. 1970 erklärte Gloria Steinem: »Die Herausforderung für uns alle ist, die Revolution zu leben, nicht für sie zu sterben.« Fast fünfzig Jahre später kämpfen wir immer noch ums Überleben.

Wir müssen uns selbst fragen, was uns am wichtigsten ist. Wie können wir uns am besten einbringen, um unsere Ziele zu verwirklichen? Was müssen wir loslassen, um das zu ermöglichen? Wer in unserem Umfeld hilft uns dabei, weil er oder sie möchte, dass wir uns ganz entfalten können? Um den Ball abzuspielen, müssen wir zuerst die Angst überwinden, dass er auf den Boden fällt. Wir können ihn einfach rollen lassen, befreit lachend, und das Leben in vollen Zügen leben.

DANKSAGUNG

Amy Poehler sagte es am treffendsten: Bücherschreiben ist ganz schön schwer. Aber Danksagungen zu schreiben ist noch schwerer. Da ich nur der gesammelte Einsatz sehr vieler anderer Menschen bin, müsste ich ein eigenes Buch schreiben, um allen zu danken, die sich mit ihrem gesellschaftlichen, ökonomischen und politischen Kapital und mit ihrem Herzblut für mich eingesetzt haben. Ich stehe für immer tief in eurer Schuld. Hier eine kleine Würdigung all derer, die während der Geburt dieses, meines dritten Kindes, eine besondere Rolle gespielt haben.

Ich danke …

* Bob Miller und dem mitreißenden Team von Flatiron Books, weil sie an mich und dieses Projekt geglaubt haben

* Debrena Jackson Gandy, weil sie mir bei unserem ersten Telefongespräch im Januar 1996 gesagt hat, der einzige Grund, weshalb Jungs keine Veranstaltungen planen könnten, sei ganz einfach, dass wir sie nicht lassen

* Reshma Saujani, weil sie mich immer wieder getriezt hat, endlich ein Buch zu schreiben

* Chloe Drew und Arva Rice, weil sie ins gleiche Horn gestoßen haben wie Reshma

* Shelley Burke, weil sie mich gedrängt hat, immer weiterzuschreiben

* Michelle Burford, weil sie mir ein Vorbild war an schriftstellerischem Durchhaltevermögen und so was wie meine große Schwester in unserem Literaturclub

* Erica Dhawan, weil sie mir die traurigste und zugleich genialste Strategie zum erfolgreichen Netzwerken beigebracht hat: »Geh einfach zu dem ältesten weißen Mann im Raum und stell dich ihm vor.«

* Chrissy Greer, Carmen Rita Wong, Keisha Smith-Jeremie und Aadora Udoji, für die Emoji-Nachrichten, die vielfarbigen Füllfederhalter und das gute Zureden

* der überaus produktiven Veronica Chambers für die wachen Augen und die gigantischen Post-its

* Ken Matos, weil er mich mit Google Scholar vertraut gemacht hat – wow!

* Anne-Marie Slaughter für die inspirierenden Erkenntnisse in Aspen, die meine Argumentation entscheidend mitgeformt haben

* den Levo-Mitbegründerinnen Caroline Ghosn und Amanda Pouchot, weil sie ein Unternehmen aufgezogen haben, in dem man gleichzeitig arbeiten, ein Buch schreiben und seine Träume verwirklichen kann

* Gina Bianchini, Fran Hauser und Sheryl Sandberg für ihre Investition in Levo und den heißen Tipp – dieser Einsatz hat mein Leben verändert

* Rachel Rosenblatt für die Jam-Sessions in deiner Wohnung, bei denen wir Playlists zusammengestellt haben (und John, der diese unglaublichen Cocktails gemixt hat)

* Courtney O'Malley, nach deren Einfall das Buch beinahe benannt worden wäre, wenn da nicht David Petraeus gewesen wäre

* Liz Neumark, weil du mir dein wunderbares ruhiges Haus außerhalb der Stadt zur Verfügung gestellt hast; jeder Schriftsteller sollte so eins haben

* Tante Gloria, Geena Davis, Gloria Feldt, Ilene Lang, Susan Taylor und Davia Temin: euer weiser Rat während dieses langen Prozesses war unschätzbar wertvoll

* meinem Buchclub Jennifer Allyn, Lois Braverman, Shifra Bronznick, Kym Ward Gaffney, Katie Orenstein, Naamah Paley und Marie, weil jeder Schriftsteller beim Schreiben lesen muss

* Gabi Tudin und dem Team von Heleo, weil ihr wie die Löwen für mich um mehr Views gekämpft habt

* meinen Harlem4Kids-Vorstandsmamis, die mich mehr als einmal mit voller Rückendeckung und ohne eine Miene zu verziehen entschuldigt haben: Satrina Boyce, Lisa Jones Brown, Remeise Chandler, Cynthia Eytina, Amanda Fuller, Wanjiiro Gethaiga und Sabrina Tann-Harris

* meinen Wonderwomen: Daisy Auger-Dominguez, Cindy Pace, Yrthya Donzey-Flores, Helene Yan und Diana Solash,

weil sie mich durch den größten aller Kämpfe gecoacht haben (ihr wisst, dass ihr zu strengster Geheimhaltung verpflichtet seid)

* meinen Sands: Rosalyn Anderson-Howell, Shana Beckwith, Jewel Dawn Hampton, Toyia Taylor und Tiffany Tull, deren schwesterliche Liebe und Treue mich durch etliche schwere Kapitel meines Lebens getragen hat

* Julia Gilfillan, Kathleen Harris und Amanda Schumacher: euer Marketing, eure digitale Redaktion und PR-Beratung waren Gold wert

* allen, die sich die Zeit genommen haben, die hässlichen, unbearbeiteten Rohversionen des Manuskripts zu lesen und mir Feedback zu geben oder sie sogar zu lektorieren: Joanne Gordon, Caroline Gray, Kathleen Harris, Elizabeth Hines, Vinca LaFleur, Rosemarie Robotham, Jovian Zayne, Lois, Marie, Michelle und Veronica – *dicker fetter* gelber Smiley-Sticker

* meinen Datenjägern Mackenzie Beer, Sava Berhane und Emily Scholnick, weil sie mich viel klüger aussehen lassen, als ich eigentlich bin

* meiner Lektorin Withney Frick, weil sie sich die Zeit genommen hat, mich kennenzulernen und meine Worte geradezu genial umzustellen (ein beeindruckendes Unterfangen in Anbetracht der Tatsache, dass ich trockene HKZ-lerin bin)

* meinem Agenten, dem unbezwingbaren Richard Pine, weil er der älteste weiße Mann im Raum war und ein waches Auge hatte

* Onkel Kenny, weil er mich trotzdem lieb hatte, obwohl ich ganz oft nicht zurückgerufen habe – unsere Telefongespräche fehlen mir

* Tante Margaret und Onkel Dan, weil sie meine Kinder betreut haben, während ich dieses Buch geschrieben habe

* Marie, weil sie meine politische Mutter war

* meinen kleinen Schwestern Trinity, Tamika und Desiree, weil sie wissen, dass ich nicht perfekt bin, und mich trotzdem ziemlich cool finden

* Mummy und Daddy, weil ihr einen wunderbaren Ehemann und Vater großgezogen habt

* Debbra, weil sie beschlossen hat, mich zu lieben

* Mom, weil sie mir beigebracht hat, mich selbst zu lieben

* Dad, weil er mir beigebracht hat, hart zu arbeiten und meine Mitmenschen gut zu behandeln

* meiner Inspiration, Abiam und Amala, für all die schwierigen Fragen, die ihr stellt und auf die ich oft keine Antwort weiß

* meinem Löwen Kojo, weil er nach der Lektüre der ersten Rohfassung die blaue Ikea-Couch durch eine wunderschöne graue Ethan-Allen-Couch ersetzt hat. Für dich würde ich jederzeit ein heißes Siebzigerjahre-Kleidchen tragen.

ANMERKUNGEN

EINFÜHRUNG

1   Kim Parker, »Despite Progress, Women Still Bear Heavier Load
    than Men in Balancing Work and Family«, *Pew Research Cen-
    ter* (Fact Tank), 10. März 2015, http://www.pewresearch.org/fact-
    tank/2015/03/10/women-still-bear-heavier-load-than-men-
    balancing-work-family/. Eine Studie aus dem Jahr 2016, vor-
    gestellt bei der American Sociological Association, zeigt auf,
    warum dem so ist: Noch immer trennen sich die Erwartungen
    bezüglich der Haushaltspflichten strikt nach Geschlechtern.
    Der Hauptautorin Natasha Quadline zufolge waren 75 Prozent
    der Befragten der Meinung, in heterosexuellen Partnerschaften
    sollten die Frauen Pflichten wie »Kochen, Waschen, Putzen und
    Einkaufen übernehmen«. 82 Prozent fanden, Frauen sollten sich
    um die Versorgung der Kinder kümmern. Siehe »Sex and Gen-
    der more important than income in determining views in divi-
    sion of chores«, EurekAlert, 21. August 2016, https://www.eure
    kalert.org/pub_releases/2016-08/asa-sag081616.php.

2   Das Durchschnittsalter bei der Geburt des ersten Kindes liegt
    bei Akademikerinnen in den USA bei dreißig Jahren. »In Brief«,
    Knot Yet (Blog), aufgerufen im September 2015, http://twenty
    somethingmarriage.org/in-brief/.

3 Anne-Marie Slaughter, *Was noch zu tun ist: Damit Frauen und Männer gleichberechtigt leben, arbeiten und Kinder erziehen können* (Kiepenheuer & Witsch: Köln, 2016)

4 Klaus Schwab et al., Hrsg., *The Europe 2020 Competitiveness Report: Building a More Competitive Europe*, Insight Report (Genf: World Economic Forum, 2012), http://www3.weforum.org/docs/WEF_Europe2020_CompetitivenessReport_2014.pdf.

5 D'vera Cohn, Gretchen Livingston und Wendy Wang, »After Decades of Decline, a Rise in Stay-at-Home Mothers«, *Pew Research Center* (Social & Demographic Trends), 8. April 2014, http://www.pewsocialtrends.org/2014/04/08/after-decades-of-decline-a-rise-in-stay-at-home-mothers/.

6 Wendy Wang, Kim Parker und Paul Taylor, »Breadwinner Moms«, *Pew Research Center* (Social & Demographic Trends), 29. Mai 2013, http://www.pewsocialtrends.org/2013/05/29/breadwinner-moms/.

7 *Women in the Workplace: 2015*, Report (Lean In and McKinsey & Company, September 2015), http://www.mckinsey.com/business-functions/organization/our-insights/women-in-the-workplace.

8 Felice N. Schwartz, »Management, Women and the New Facts of Life«, *Harvard Business Review* 67, Nr. 3 (Januar-Februar 1989): 65–76, https://hbr.org/1989/01/management-women-and-the-new-facts-of-life/ar.

9 Claire Miller, »More Than Their Mothers, Young Women Plan Career Pauses,« *The New York Times*, 22. Juli 2015, https://www.nytimes.com/2015/07/23/upshot/more-than-their-mothers-young-women-plan-career-pauses.html.

10 Robin Ely et al., *Life and Leadership after Harvard Business School*, Bericht (Boston: Harvard Business School, Mai 2015), http://www.hbs.edu/women50/docs/L_and_L_Survey_2Findings_12final.pdf.

11 Stewart Friedman, *Baby Bust: New Choices for Men and Women in Work and Family* (Philadelphia: Wharton Digital Press, 2014), 2.

12 Sylvia Ann Hewlett, »Executive Women and the Myth of Having It All,« *Harvard Business Review* 80, Nr. 4 (April 2002): 66–73, https://hbr.org/2002/04/executive-women-and-the-myth-of-having-it-all.

13 Centers for Disease Control and Prevention, »QuickStats: Percentage of Adults Who Often Felt Very Tired or Exhausted in the Past 3 Months, by Sex and Age Group – National Health Interview Survey, United States, 2010–2011,« 12. April 2013, aufgerufen im Januar 2016, http://www.cdc.gov/mmwr/preview/mmwrhtml/mm6214a5.htm?s_cid=mm6214a5_w.

14 U.S. Census Bureau, »QuickFacts: United States,« aufgerufen am 13. Januar 2016, https://www.census.gov/quickfacts/.

15 Mitra Toossi, »Labor Force Projections to 2020: A More Slowly Growing Workforce,« *Monthly Labor Review* 135, Nr. 1 (Januar 2012): 43–64, http://www.bls.gov/opub/mlr/2012/01/art3full.pdf.

16 Tiffani Lennon, *Benchmarking Women's Leadership in the United States,* Report (University of Denver – Colorado Women's College, 2013), http://www.womenscollege.du.edu/media/documents/BenchmarkingWomensLeadershipintheUS.pdf.

17 Lean In and McKinsey & Company, *Women in the Workplace: 2015,* 3.

1. KAPITEL. DER PLATZ DER FRAU

1 U.S. Department of Labor, Bureau of Labor Statistics, »American Time Use Survey Summary,« June 24, 2015, aufgerufen am 19. September 2015, http://www.bls.gov/news.release/atus.nro.htm.

2 Judith Shulevitz, »Mom: The Designated Worrier,« *The New York Times,* 8. Mai 2015, http://www.nytimes.com/2015/05/10/opinion/sunday/judith-shulevitz-mom-the-designated-worrier.html.

3 Arlie Hochschild und Anne Machung, *Der 48-Stunden-Tag – Wege aus dem Dilemma berufstätiger Eltern* (Zsolnay Verlag: Wien, 1990).

4   Robin Abrahams und Boris Groysberg, »Manage Your Work, Ma-
    nage Your Life,« *Harvard Business Review* 92, Nr. 3 (März 2014):
    58–66, http://hbr.org/2014/03/manage-your-work-manage-your-
    life.

5   Alyssa Croft et al., »The Second Shift Reflected in the Second Gene-
    ration: Do Parents' Gender Roles at Home Predict Children's Aspi-
    rations?« *Psychological Science* 25 (15. März 2014): 1418–1428, http://
    news.ubc.ca/wp-content/uploads/2014/05/FULL-submitted-
    version-PSCI-13-1163-R2.pdf.

6   John E. Williams und Deborah L. Best, *Measuring Sex Stereo-
    types: A Multination Study* (California: Sage Publishing, 1990).

7   Naomi Wolf, *Der Mythos Schönheit* (Rowohlt: Reinbek bei Ham-
    burg, 1993).

8   Teresa L. Thompson and Eugenia Zerbinos, »Television Car-
    toons: Do Children Notice It's a Boy's World«, *Sex Roles: A Jour-
    nal of Research* 37, Nr. 5 (September 1997): 415–432, http://link.
    springer.com/article/10.1023%2FA%3A1025657508010.

9   *Change It Up! What Girls Say about Redefining Leadership*, Re-
    port (New York: Girl Scout Research Institute, 2008), 20, http://
    www.girlscouts.org/content/dam/girlscouts-gsusa/forms-and-
    documents/about-girl-scouts/research/change_it_up_executive_
    summary_english.pdf.

10 2015 verkündeten 76 Prozent der Titel von *Us Weekly*'s und
    People's bis November das neue Baby, den neuen Freund, die
    Hochzeit oder die Scheidung einer prominenten Frau. Ich hab's
    selbst gezählt.

3. KAPITEL. BERUFSTÄTIGE MUTTER

1   Wendy Klein, Carolina Izquierdo und Thomas N. Bradbury,
    »The Difference between a Happy Marriage and a Miserable
    One: Chores«, *The Atlantic*, 1. März 2013, http://www.theatlantic.
    com/sexes/archive/2013/03/the-difference-between-a-happy-
    marriage-and-miserable-one-chores/273615/2/.

2   Nancy J. Briton und Judith A. Hall, »Beliefs about Female and
    Male Nonverbal Communication«, *Sex Roles: A Journal of Re-
    search* 32, Nr. 1 (Januar 1995): 79–90, http://link.springer.com/
    article/10.1007%2FBF01544758.

3   »Modern Marriage«, *Pew Research Center* (Social & Demogra-
    phic Trends), 18. Juli 2007, http://www.pewsocialtrends.org/
    2007/07/18/modern-marriage/.

4   Elinor Ochs und Tamar Kremer-Sadlik, Hrsg., *Fast-Forward Fa-
    mily: Home, Work, and Relationships in Middle-Class America*
    (Berkeley: University of California Press, 2013).

5   U.S. Department of Labor, Bureau of Labor Statistics, »Employ-
    ment Characteristics of Families—2013,« 25. April 2014, aufge-
    rufen am 16. Juni 2014, https://www.bls.gov/news.release/famee.
    toc.htm.

6   Catherine E. Ross, »The Division of Labor at Home«, *Social
    Forces* 65, Nr. 3 (März 1987): 816–33, http://www.jstor.org/stable/
    2578530.

7   U.S. Department of Labor, Bureau of Labor Statistics, »American
    Time Use Survey Summary.«

8   Elizabeth Chuck, »Juggling Act: Why Are Women Still Trying
    to Do It All?«, *NBC News, 14.* Januar 2014, http://www.nbcnews.
    com/feature/maria-shriver/juggling-act-why-are-women-still-
    trying-do-it-all-n16256.

9   Ellen Galinsky, *CCF Gender Revolution Symposium: Gender Evo-
    lution among Employed Men,* Brief Report (University of Miami –
    Council on Contemporary Families, 6. März, 2012), https://con-
    temporaryfamilies.org/gender-evolution-among-employed-men.

10 Tara Pringle Jefferson, »Resentment: #1 Enemy of Young Moms
    and Their Relationships«, *The Young Mommy Life: Our Journey
    Together* (blog), 28. März, 2011, http://www.theyoungmommylife.
    com/2011/03/28/how-know-youre-full-of-resentment.

11 Christy Lilley, »The Ballad of a Working Mom: Guilt, Anxiety, Ex-
    haustion and Guilt«, *NPR Special Series: The Baby Project* (blog),

31. August 2011, http://www.npr.org/blogs/babyproject/2011/08/30/140068781/the-ballad-of-a-workingmom-guilt-anxiety-exhaustion-and-guilt.

12 Conor Friedersdorf, »Why PepsiCo CEO Indra K. Nooyi Can't Have It All«, *The Atlantic*, 1. Juli 2014, https://www.theatlantic.com/business/archive/2014/07/why-pepsico-ceo-indra-k-nooyi-cant-have-it-all/373750/.

13 Anne-Marie Slaughter: *Was noch zu tun ist.*

4. KAPITEL. HÄUSLICHER KONTROLLZWANG

1 »High-Powered Women and Supportive Spouses: Who's in Charge, and of What?«, *Knowledge @ Wharton* (University of Pennsylvania), 7. November 2012, http://knowledge.wharton.upenn.edu/article/high-powered-women-and-supportive-spouses-whos-in-charge-and-of-what-2.

2 Kelly Sakai, »Work Is Not to Blame for Women's Lack of Free Time; Time-Pressure Is Often Self-Imposed, According to Real Simple/Families and Work Institute Survey«, *Families and Work Institute*, 11. Januar 2014, http://www.familiesandwork.org/the-results-of-a-new-groundbreaking-national-survey-women-and-time-setting-a-new-agenda-commissioned-by-real-simple-and-designed-by-families-and-work-institute-released/.

3 Elisa Birtwistle et al., *Women 2020: How Women's Actions and Expectations Are Changing the Future*, Report (The Futures Company, 2013), http://www.wpp.com/wpp/marketing/consumerinsights/women-2020.

4 Williams, Joan. *Unbending Gender: Why Family and Work Conflict and What to Do About It* (New York: Oxford University Press 2000). Print.

5 Carol Martin and Lisa Dinella, »Children's Gender Cognitions, the Social Environment, and Sex Differences in Cognitive Domains«, in *Biology, Society, and Behavior: The Development of Sex Differences in Cognition,* herausgegeben von Ann McGillicuddy-

DeLisi and Richard De Lisi (Westport, CT: Greenwood Publishing Group, 2002), 207–42.

6   Andrée Pomerleau et al., »Pink or Blue: Environmental Gender Stereotypes in the First Two Years of Life«, *Sex Roles: A Journal of Research* 22, Nr. 5 (März 1990): 359–367, http://link.springer.com/article/10.1007/BF00288339.

7   Elizabeth Sweet, »Toys Are More Divided by Gender Now Than They Were 50 Years Ago«, *The Atlantic*, 9. Dezember 2014, http://www.theatlantic.com/business/archive/2014/12/toys-are-more-divided-by-gender-now-than-they-were-50-years-ago/383556/.

8   Interview mit Elizabeth Sweet, 16. Oktober 2015.

9   Laura Meckler, »More Moms Staying Home, Reversing Decadeslong Decline«, *The Wall Street Journal*, 8. April 2014, http://blogs.wsj.com/economics/2014/04/08/more-moms-are-staying-at-home-reversing-decadeslong-decline.

10 Melissa J. Williams and Serena Chen, »When ›Mom‹s the Boss‹: Control over Domestic Decision Making Reduces Women's Interest in Workplace Power«, *Group Processes & Intergroup Relations* 17, Nr. 4 (Juli 2014): 436–452, http://gpi.sagepub.com/content/17/4/436.abstract.

11 »Creatures of Habit: Disorders of Compulsivity Share Common Pattern and Brain Structure«, *The University of Cambridge*, 29. Mai 2014, http://www.cam.ac.uk/research/news/creatures-of-habit-disorders-of-compulsivity-share-common-pattern-and-brain-structure.

12 Deborah L. Rotman, »Separate Spheres? Beyond the Dichotomies of Domesticity«, *Current Anthropology* 47, Nr. 4 (August 2006): 666–674, http://www.jstor.org/stable/10.1086/506286.

13 Cynthia Hanson, »I Hate Asking for Help«, *Good Housekeeping*, 1. Februar 2008, https://www.yumpu.com/en/document/view/30850761/good-advice-i-hate-asking-for-help-cynthia-hanson.

1   Allison Pearson, *Working Mum* (rororo: Reinbek bei Hamburg, 2004).

2   U.S. Department of Labor, Bureau of Labor Statistics, »Employment Characteristics of Families—2013«, 25. April 2014, aufgerufen am 16. Juni 2014, http://www.bls.gov/news.release/pdf/famee.pdf.

3   Jodi Mindell, *Sleeping through the Night: How Infants, Toddlers, and Their Parents Can Get a Good Night's Sleep* (New York: Harper Collins, 2005).

4   »Fewer Mothers Prefer Full-Time Work«, *Pew Research Center* (Social & Demographic Trends), 12. Juli 2007, http://www. pewsocialtrends.org/2007/07/12/fewer-mothers-prefer-full-time-work/.

5   Kelly Sakai, »Work Is Not to Blame for Women's Lack of Free Time.«

6   Sarah Damaske, *CCF Research Brief: Really? Work lowers people's stress levels, Council on Contemporary Families*, Brief Report (University of Miami—Council on Contemporary Families, 22. Mai 2014), https://contemporaryfamilies.org/work-lowers-stress-levels.

7   Brigid Schulte, »Are You More Stressed at Home Than at Work?«, *The Washington Post*, 22. Mai 2014, http://www.washingtonpost.com/blogs/she-the-people/wp/2014/05/22/are-you-more-stressed-at-home-than-at-work.

8   Betsey Stevenson und Justin Wolfers, »The Paradox of Declining Female Happiness«, National Bureau of Economic Research Working Paper Series Nr. 14969, Mai 2009, aufgerufen am 27. Dezember 2014, http://www.nber.org/papers/w14969.pdf.

9   Nathalie St-Amour et al., *The Difficulty of Balancing Work and Family Life: Impact on the Physical and Mental Health of Quebec Families*, Report (Quebec: Institut National de Santé Publique Du Quebec, March 2007), http://www.ncchpp.ca/docs/633-Diff-BalancingWorkFamilyLife.pdf.

10 Natalie Slopen et al., »Job Strain, Job Insecurity, and Incident
    Cardiovascular Disease in the Women's Health Study: Results
    from a 10-Year Prospective Study,« *PLoS ONE* 7, Nr. 7 (Juli 2012):
    e40512, http://journals.plos.org/plosone/article?id=10.1371/jour-
    nal.pone.0040512.

11 Arlie Hochschild und Anne Machung, *Der 24-Stunden-Tag.*

12 Barack Obama, *Hoffnung wagen: Gedanken zur Rückbesinnung
    auf den amerikanischen Traum* (München: Riemann, 2008),
    S. 434 f.

6. KAPITEL. AM WENDEPUNKT

1   Gary S. Becker, *A Treatise on the Family*, enl. ed (Cambridge:
    Harvard University Press, 1991).

2   Clare Lyonette und Rosemary Crompton, »Sharing the load?
    Partners' relative earnings and the division of domestic labour«,
    Work, Employment & Society 29, Nr. 1 (2014): 23–40, http://wes.
    sagepub.com/content/29/1/23.full.

3   Josh Katz, »How Nonemployed Americans Spend Their Week-
    days: Men vs. Women«, *The New York Times*, 6. Januar 2015, http://
    www.nytimes.com/interactive/2015/01/06/upshot/how-non-
    employed-americans-spend-their-weekdays-men-vs-women.
    html?_r=0.

7. KAPITEL. DAS WICHTIGSTE

1   Ayala Malach Pines, »Burnout: An Existential Perspective«, in
    Professional Burnout, herausgegeben von W. Schaufeli, C. Mas-
    lach und T. Marek (Washington, D.C.: Taylor & Francis, 1993):
    33–52.

2   Joanna Barsh and Susie Cranston, *How Remarkable Women
    Lead: The Breakthrough Model for Work and Life* (New York:
    Crown Business, 2009).

3   Joan C. Williams und Rachel W. Dempsey, »The Rise of Execu-

tive Feminism«, *Harvard Business Review* (Blog), 28. März 2014, http://blogs.hbr.org/2013/03/the-rise-of-executive-feminism.

4   Stephen Covey, *Die 7 Wege zur Effektivität: Prinzipien für persönlichen und beruflichen Erfolg* (Gabal: Offenbach, 2005).

5   Robert E. Quinn et al., *Reflected Best Self Exercise,* Report (University of Michigan – Center for Positive Organizational Scholarship, 2003).

6   Kwame Nkrumah, »Ghana Is Free Forever«, Ansprache zur Unabhängigkeitserklärung, Ghana, 6. März 1957, https://panafrican quotes.wordpress.com/speeches/independence-speech-kwame-nkrumah-march-6-1957-accra-ghana/

7   David LaPiana, *The Nonprofit Strategy Revolution: Real-Time Strategic Planning in a Rapid-Response World* (Nashville: Fieldstone Alliance, 2008).

8. KAPITEL. DAS GESETZ DES KOMPARATIVEN NUTZENS

1   Komparativer Nutzen wird definiert als »die Befähigung eines Unternehmens oder einer Einzelperson, Güter oder Dienstleistungen unter geringeren Opportunitätskosten bereitzustellen als andere Unternehmen oder Einzelpersonen. Komparativer Nutzen verleiht Unternehmen die Befähigung, Güter oder Dienstleistungen günstiger anzubieten als Mitbewerber und größere Gewinnspannen zu erwirtschaften.«

»Comparative Advantage«, Investopedia, aufgerufen im September 2015 (http://www.investopedia.com/terms/c/comparative advantage.asp). »Komparativer Nutzen ist nicht dasselbe wie der Beste auf einem bestimmten Gebiet zu sein. Tatsächlich kann jemand vollkommen unerfahren sein und dabei trotzdem einen komparativen Nutzen haben.«

»Comparative Advantage: An Economics by Topic Detail«, Library of Economics and Liberty, aufgerufen im September 2015, http://www.econlib.org/library/Topics/Details/comparative advantage.html.

2 Keith Robinson und Angel L. Harris, *The Broken Compass: Parental Involvement with Children's Education* (Cambridge: Harvard University Press, 2014).

3 Keith Robinson und Angel Harris, »Parental Involvement Is Overrated«, *Opinionator,* 12. April 2014, http://opinionator.blogs. nytimes.com/2014/04/12/parental-involvement-is-overrated/.

4 Daniel M. Cable et al., »How Best-Self Activation Influences Emotions, Physiology and Employment Relationships«, Harvard Business School Working Paper Nr. 16-029, September 2015.

5 Interview mit Jooa Julia Lee, 15. Oktober 2015.

9. KAPITEL. AM ABGRUND

1 Claude M. Steele, *Whistling Vivaldi: How Stereotypes Affect Us and What We Can Do* (New York: W. W. Norton, 2010).

10. KAPITEL. NA LOS, SPIEL AB!

1 Irene van Staveren, »The Lehman Sisters Hypothesis«, *Cambridge Journal of Economics* 38, Nr. 5 (2014): 995–1014.

2 »Men Deliberately Do Housework Badly to Avoid Doing It in Future«, *The Telegraph,* 7. November 2014, http://www.telegraph. co.uk/men/the-filter/11215506/Men-deliberately-do-housework-badly-to-avoid-doing-it-in-future.html.

3 Christopher Muther, »Instant Gratification Is Making Us Perpetually Impatient«, *The Boston Globe,* 2. Februar 2013, http://www. bostonglobe.com/lifestyle/style/2013/02/01/the-growing-culture-impatience-where-instant-gratification-makes-crave-more-instant-gratification/q8tWDNGeJB2mm45fQxtTQP/story.html.

4 Narayan Janakiraman, Robert J. Meyer und Stephen J. Hoch, »The Psychology of Decisions to Abandon Waits for Service«, *Journal of Marketing Research* 48, Nr. 6 (Dezember 2011): 970–984, http://prgmea.com/pdf/abandon/6.pdf.

5   Kenneth Tobin, »The Role of Wait Time in Higher Cognitive Le-
    vel Learning«, *Review of Educational Research* 57, Nr. 1 (Frühjahr
    1987): 69–95.

11. KAPITEL. KLARE VERHÄLTNISSE SCHAFFEN

1   Carolyn O'Hara, »What New Team Leaders Should Do First«,
    Harvard Business Review (Blog), 11. September 2014, https://hbr.
    org/2014/09/what-new-team-leaders-should-do-first.

2   Interview mit Jessica DeGroot, 9. Dezember 2014.

3   Kenneth Matos, *Modern Families: Same- and Different-Sex Coup-
    les Negotiating at Home,* Report (Families and Work Institute,
    2015),   http://www.familiesandwork.org/downloads/modern-
    families.pdf.

12. KAPITEL. TEAMGEIST

1   Marlia E. Banning, »The Politics of Resentment,« *JAC: Journal
    of Advanced Composition Theory* 26, Nr. 1/2 (2006): 67–102, 71,
    http://www.jstor.org/stable/20866722.

2   Robin J. Ely, Pamela Stone und Colleen Ammerman, »Rethink
    What You ›Know‹ About High-Achieving Women«, *Harvard
    Business Review* 92, Nr. 12 (Dezember 2014): 101–09, https://
    hbr.org/2014/12/rethink-what-you-know-about-high-achieving-
    women.

3   Max Schireson, »Why I am leaving the best job I ever had«,
    Max Schireson's Blog, 5. August 2014, http://maxschireson.com/
    2014/08/05/1137/.

4   Joan C. Williams, »Sticking Women with the Office Housework«,
    The Washington Post, 16. April 2014, https://www.washington
    post.com/news/on-leadership/wp/2014/04/16/sticking-women-
    with-the-office-housework/?utm_term=.31aaba1e57f9.

1 Laura Vanderkam, »Working Mothers Who Make It All Work«, *The Wall Street Journal*, 19. Juni 2015, http://www.wsj.com/articles/working-mothers-who-make-it-all-work-1434712370.

2 Quentin Fottrell, »Most Americans don't care about living near family«, *Market Watch*, 27. August 2013, http://www.marketwatch.com/story/most-americans-dont-want-to-live-near-relatives-2013-08-26.

1 *Global Diversity and Inclusion: Fostering Innovation through a Diverse Workforce*, Report (Forbes Insights, Juli 2011), http://images.forbes.com/forbesinsights/StudyPDFs/Innovation_Through_Diversity.pdf.

2 Thomas Barta, Markus Kleiner und Tilo Neumann, »Is There a Payoff from Top-Team Diversity?«, *McKinsey Quarterly*, April 2012, http://www.mckinsey.com/insights/organization/is_there_a_payoff_from_top-team_diversity.

3 Lu Hong und Scott E. Page, »Groups of Diverse Problem Solvers Can Outperform Groups of High-Ability Problem Solvers«, *PNAS* 101, Nr. 46 (16. November 2004): 16385–16389, http://www.pnas.org/content/101/46/16385.full.

4 Forbes Insights, »Global Diversity and Inclusion: Fostering Innovation through a Diverse Workforce«, 11.

5 Barbara Annis und Keith Merron, *Gender Intelligence: Breakthrough Strategies for Increasing Diversity and Improving Your Bottom Line* (New York: Harper Collins, 2014), 9–11.

6 Ebd.

7 Deborah Arthurs, »Women Spend THREE HOURS Every Week Redoing Chores Their Men Have Done Badly«, *Daily Mail*, March 20, 2012, http://www.dailymail.co.uk/femail/article-2117254/Women-spend-hours-week-redoing-chores-men-badly.html.

8 Sarah M. Allen und Alan J. Hawkins, »Maternal Gatekeeping: Mothers' Beliefs and Behaviors That Inhibit Greater Father Involvement in Family Work«, *Journal of Marriage and Family* 61, Nr. 1 (1999): 199–212.

9 Judy Wajcman, *Managing Like a Man: Women and Men in Corporate Management* (Philadelphia: Pennsylvania State University Press, 1998).

10 Monologgruppen, »A Tale of Two Brains«, YouTube, erschienen am 28. Februar 2011, aufgerufen am 1. Juli 2014, https://www.you tube.com/watch?v=3XjUFYxSxDk&feature=kp.

11 Marshall Gans, »Leading Change: Leadership, Organization, and Social Movements«, in *Handbook of Leadership and Practice: A Harvard Business School Centennial Colloquium*, herausgegeben von Nitin Nohria und Rakesh Khurana (Boston: Harvard Business School Press, 2010), 509–550.

12 *The New Dad: Take Your Leave,* Report (Boston: Boston College Center for Work & Family, 2014), 3, http://www.thenewdad.org/yahoo_site_admin/assets/docs/BCCWF_The_New_Dad_2014_FINAL.157170735.pdf.

13 Pamela Stone, *Opting Out?: Why Women Really Quit Careers and Head Home* (Berkeley: University of California Press, 2007), 78.

15. KAPITEL. IN DANKBARKEIT BESTÄRKEN

1 »Emotional Deprivation,« The Free Dictionary, aufgerufen am 3. Juli 2015, http://medical-dictionary.thefreedictionary.com/emotional+deprivation.

2 Valerie Purdie-Vaughns, »Why so few black women are senior managers in 2015«, *Fortune,* 22. April 2015, http://fortune.com/2015/04/22/black-women-leadership-study.

3 Jessica Bennett, *Feminist Fight Club: An Official Survival Manual for Sexist Work Place* (New York: Harper Wave, 2016).

4 *Feeling Different: Being the »Other« in US Workplaces,* Report

(New York: Catalyst, 16. Januar 2014), http://www.catalyst.org/knowledge/feeling-different-being-other-us-workplaces.

5   Victoria L. Brescoll, »Who Takes the Floor and Why: Gender, Power, and Volubility in Organizations«, *Administrative Science Quarterly* 56, Nr. 4 (Dezember 2011): 622–641.

6   Barbara L. Fredrickson, »The Role of Positive Emotions in Positive Psychology: The broaden-and-build theory of positive emotions«, *American Psychologist* 56, Nr. 3 (März 2001): 218–226.

7   Elizabeth Weil, »Married (Happily) with Issues«, *The New York Times*, 1. Dezember 2009, http://www.nytimes.com/2009/12/06/magazine/06marriage-t.html?pagewanted=all&_r=0.

8   Robert A. Emmons und Michael E. McCullough, »Counting Blessings Versus Burdens: An Experimental Investigation of Gratitude and Subjective Well-Being in Daily Life«, *Journal of Personality and Social Psychology* 84, Nr. 2 (2003): 377–389, 377, http://greatergood.berkeley.edu/pdfs/GratitudePDFs/6Emmons-BlessingsBurdens.pdf.

9   Adam Grant und Francesca Gino, »A Little Thanks Goes a Long Way: Explaining Why Gratitude Expressions Motivate Prosocial Behavior«, *Journal of Personality and Social Psychology* 98, Nr. 6 (2010): 946–955, https://www.researchgate.net/publication/44642300_A_Little_Thanks_Goes_a_Long_Way_Explaining_Why_Gratitude_Expressions_Motivate_Prosocial_Behavior.

16. KAPITEL. NICHT DEM STEREOTYP AUFSITZEN

1   Interview mit Roger Trombley, 15. Januar 2015.

2   Lowe's Home Improvement, »Lowe's Commercial Valspar Reserve«, YouTube, veröffentlicht am 10. Mai 2014, https://www.youtube.com/watch?v=kHwo-QaGYVs.

3   Ross D. Parke und Armin A. Brott, *Throwaway Dads: The Myths and Barriers That Keep Men from Being the Fathers They Want to Be* (New York: Houghton Mifflin Company, 1999), 91.

4   Shira Offer und Barbara Schneider, »Revisiting the Gender Gap in Time-Use Patterns: Multitasking and Well-Being among Mothers and Fathers in Dual-Earner Families«, *American Sociological Review* 76, Nr. 6 (2011): 809–833, 813, http://www.asanet.org/images/journals/docs/pdf/asr/Dec11ASRFeature.pdf.

5   American Psychological Association, »Multitasking: Switching Costs«, aufgerufen im Januar 2016, http://www.apa.org/research/action/multitask.aspx.

6   Dan Gilbert, »The Psychology of Your Future Self«, TED Video, gefilmt im März 2014, https://www.ted.com/talks/dan_gilbert_you_are_always_changing?language=en

7   Steve Connor, »The hardwired difference between male and female brains could explain why men are ›better at map reading‹«, *The Independent, 3.* Dezember 2013, www.independent.co.uk/life-style/the-hardwired-difference-between-male-and-female-brains-could-explain-why-men-are-better-at-map-reading-8978248.html.

8   Jennifer Senior, *Himmel und Hölle: Das Dilemma moderner Elternschaft* (Zürich: Kein & Aber, 2014).

9   Pamela Stone, *Opting Out?, 62.*

10 Sarah M. Allen und Alan J. Hawkins, »Maternal Gatekeeping: Mothers' Beliefs and Behaviors That Inhibit Greater Father Involvement in Family Work,« *Journal of Marriage and Family* 61, Nr. 1 (Februar 1999): 199–212.

11 Jay Fagan und Marina Barnett, »The Relationship Between Maternal Gatekeeping, Paternal Competence, Mothers' Attitudes About the Father Role, and Father Involvement,« *Journal of Family Issues* 24, Nr. 8 (November 2003): 1020–1043.

12 Michael E. Lamb, »The development of father-infant relationships« in *The Role of the Father in Child Development,*3rd ed., hrsg. von Michael E. Lamb (New York: Wiley, 1997), 104–20.

13 Meaghan O'Connell, »I Am the Slacker Parent«, *New York,* February 26, 2015, http://nymag.com/thecut/2015/02/i-am-the-slacker-parent.html.

14 Eyal Abraham et al., »Father's Brain Is Sensitive to Childcare Experiences«, *Proceedings of the National Academy of Sciences of the United States of America* 111, Nr. 27 (Juni 2014), http://www.pnas.org/content/111/27/9792.full.

15 Ebd.

16 R. Kirk Mauldin, »The Role of Humor in the Social Construction of Gendered and Ethnic Stereotypes«, *Race, Gender & Class* 9, Nr. 3, (2002): 76–95, http://www.jstor.org/stable/41675032.

17 Dovemencareus, »2015 Commercial- #RealStrength Ad | Dove Men+Care‹«, YouTube, veröffentlicht am 20. Januar 2015, https://www.youtube.com/watch?v=QoqWo3SJ73c.

18 Nissan, »Nissan 2015 Super Bowl Commercial ›With Dad‹«, YouTube, veröffentlicht am 21. Mai 2015, https://www.youtube.com/watch?v=ZepWAE7WYAw.

17. KAPITEL. GLÜCK MOTIVIERT UNS ALLE

1 Robin Lally, »A Wife's Happiness Is More Crucial than Her Husband's in Keeping Marriage on Track, Rutgers Study Finds,« *Rutgers Today,* 12. September 2014, http://news.rutgers.edu/research-news/wife%E2%80%99s-happiness-more-crucial-her-husband%E2%80%99s-keeping-marriage-track-rutgers-study-finds/20140911#.WRVkz8ZBo2w.

2 Interview mit Christine Carter, 10. September 2015.

3 Pantene, »Not Sorry | #ShineStrong Pantene«, YouTube, veröffentlicht am 25. Dezember 2014, https://www.youtube.com/watch?v=p73-30lE-XE.

4 Karina Schumann und Michael Ross, »Why Women Apologize More Than Men: Gender Differences in Thresholds for Perceiving Offensive Behavior«, *Psychological Science* 21, Nr. 11 (November 2010): 1649–1655, http://pss.sagepub.com/content/21/11/1649.abstract.

5 Jennifer Santoleri, Rede anlässlich des Allegis Mitarbeiter des Jahres-Programms, Baltimore, MD, 1. Mai 2015.

6   http://www.right.com/wps/wcm/connect/right-us-en/home/
    thoughtwire/categories/media-center/For+Many+Workers+the
    +Boss+Emails+Never+Stop.

7   Sonja Lyubomirsky, Kennon M. Sheldon und David Schkade,
    »Pursuing happiness: the architecture of sustainable change«,
    Review of General Psychology 9, Nr. 2 (2005): 111–131, http://sonja
    lyubomirsky.com/wp-content/themes/sonjalyubomirsky/papers/
    LSS2005.pdf.

18. KAPITEL. WARUM WIR MÄNNER BRAUCHEN

1   Scott Page, *The Difference: How the Power of Diversity Creates
    Better Groups, Firms, Schools and Societies* (Princeton: Princeton
    University Press, 2007).

2   Claudia Dreifus, »In Professor's Model, Diversity = Producti-
    vity« *The New York Times,* 8. Januar 2008, http://www.nytimes.
    com/2008/01/08/science/08conv.html.

3   *Statistical Overview of Women in the Workplace,* Report (New
    York: Catalyst, 3. März 2013).

4   Deborah L. Rhode, »Perspectives on Professional Women«, *Stan-
    ford Law Review* 40, Nr. 5 (1988): 1163–1208, 1187.

5   Scott L. Coltrane, *Family Man: Fatherhood, Housework, and Gen-
    der Equity* (New York: Oxford University Press, 1997).

6   James B. Stewart, »A C.E.O.'s Support System, AKA Husband«,
    The New York Times, 4. November 2011, http://www.nytimes.
    com/2011/11/05/business/a-ceos-support-system-a-k-a-husband.
    html.

7   Ebd.

8   Fortune Magazine, »Ursula Burns, ›Chill out a little bit‹«, You-
    Tube, veröffentlicht am 17. Oktober 2013, https://www.youtube.
    com/watch?v=j61upoCGQfc.

9   *The Global Gender Gap Report,* Insight Report (Genf: World Eco-
    nomic Forum, 2014), http://reports.weforum.org/global-gender-
    gap-report-2014.

10 *Women. Fast Forward: The Time for Gender Parity Is Now,* Report (EY, 2015), 5, http://www.ey.com/Publication/vwLUAssets/ey-women-fast-forward-thought-leadership/$FILE/ey-women-fast-forward-thought-leadership.pdf.

11 Ashton Kutcher, »Ashton Kutchers Facebook Seite«, veröffentlicht am 8. März 2015, aufgerufen am 17. Mai 2015, https://www.facebook.com/Ashton/posts/10152568462597820.

12 Ashton Kutcher, »Stop Gender Stereotyping: Provide Universally Accessible Changing Tables in All Your Stores«, *Change.org* (petition letter), aufgerufen am 17. Mai 2015, https://www.change.org/p/bethechange-provide-universally-accessible-changing-tables-in-all-your-stores.

13 Scott Behson, »The Rise of the Hands-On Dad«, *Harvard Business Review* (Blog), 13. Juni 2014, http://blogs.hbr.org/2014/06/the-rise-of-the-hands-on-dad.

14 Healthy Families Act of 2015, HR 932, 114th Cong., 1st sess., (2015).

15 »Paul Ryan's Full Statement on His Conditions for Serving as House Speaker«, *Time* (video), 20. Oktober 2015, http://time.com/4080753/paul-ryan-house-speaker-full-statement/.

16 Ross D. Parke and Armin Brott, *Throwaway Dads,* 129–130.

17 Boston College Center for Work & Family, *The New Dad: Take Your Leave,* 3.

18 Christopher Shea, »Male CEOs With Daughters Treat Women Better,« *The Wall Street Journal,* 3. März 2011, http://blogs.wsj.com/ideas-market/2011/03/03/male-ceos-with-daughters-treat-women-better/.

19 Scott Behson, »The Smartest Thing I Heard at the White House Summit on Working Fathers,« *Father, Work and Family* (Blog), 21. Juni 2014, http://fathersworkandfamily.com/2014/06/21/the-smartest-things-i-heard-at-the-white-house-summit-on-working-fathers.

20 Andy Hines, »Is 2014 ›Year of the Dad?‹«, *The Daily Beast,* 9. Juni 2014, http://www.thedailybeast.com/articles/2014/06/09/is-2014-year-of-the-dad.html.

21 Dan Mulhern, »Dan Mulhern Responds to NEWSWEEK's Cover on the ›Beached White Male‹«, 1. Mai 2011, http://www.newsweek.com/dan-mulhern-responds-newsweeks-cover-beached-white-male-67651.

22 Ebd.

23 *The Hartford's Millennial Parenthood Survey* (The Hartford, 2014), http://www.thehartford.com/sites/thehartford/files/millennial-parenthood.pdf.

24 Alyssa Croft et al., »The Second Shift Reflected in the Second Generation: Do Parents' Gender Roles at Home Predict Children's Aspirations?«, *Psychological Science* (Juni 2014): 5–6.

19. KAPITEL. DIE VIER GRUNDREGELN

1 Sharon Meers und Joanna Strober, *Getting to 50/50: How Working Couples Can Have It All by Sharing it All* (New York: Bantam Dell, 2009).

2 Katharine Zaleski, »Female Company President: ›I'm Sorry to All the Mothers I Worked With‹«, *Fortune,* 3. März 2015, http://fortune.com/2015/03/03/female-company-president-im-sorry-to-all-the-mothers-i-used-to-work-with.

3 Sandrine Devillard, Sandra Sancier-Sultan und Charlotte Werner, »Why Gender Diversity at the Top Remains a Challenge«, *McKinsey Quarterly,* April 2014, http://www.mckinsey.com/insights/organization/why_gender_diversity_at_the_top_remains_a_challenge.

4 Catalyst, *Statistical Overview of Women in the Workplace.*

5 Feminist Majority Foundation, »Empowering Women in Business«, aufgerufen am 22. August 2014, http://www.feminist.org/research/business/ewb_glass.html.

6 Sophia Breene, »13 Mental Health Benefits of Exercise«, *The Huffington Post,* 27. März 2013, http://www.huffingtonpost.com/2013/03/27/mental-health-benefits-exercise_n_2956099.html.

7 Ebd.

8 Ebd.

9 Souha R. Ezzedeen und Kristen G. Ritchey, »Career Advancement and Family Balance Strategies of Executive Women«, *Organizational Dynamics* 38, Nr. 4 (2009): 270–280, http://yorkspace.library.yorku.ca/xmlui/bitstream/handle/10315/6295/HRM0013.pdf?sequence.

10 Ebd.

11 Sylvia Ann Hewlett, »The Real Benefit of Finding a Sponsor«, *Harvard Business Review* (Blog), 26. Januar 2011, http://blogs.hbr.org/2011/01/the-real-benefit-of-finding-a/.

12 Selena Rezvani, »How to Negotiate«, *The Shriver Report,* 12. Januar 2014, vhttp://shriverreport.org/how-to-negotiate-selena-rezvani/.

13 Alex Crippen, »Warren Buffett's $100,000 Offer and $500,000 Advice for Columbia Business School Students«, *CNBC,* 12. November 2009, http://www.cnbc.com/id/33891448.

14 *The Global Social CEO Survey* (BRANDfog, 2014), 5, http://brandfog.com/CEOSocialMediaSurvey/BRANDfog_2014_CEO_Survey.pdf.

15 Jan Bruce, »The Truth about Sleep«, *Forbes,* 25. März 2014, http://www.forbes.com/sites/janbruce/2014/03/25/the-truth-about-sleep.

16 Lisa F. Berkman et al., »Managers' Practices Related to Work-Family Balance Predict Employee Cardiovascular Risk and Sleep Duration in Extended Care Settings«, *Journal of Occupational Health Psychology* 15, Nr. 3 (Juli 2010): 316–329, http://www.ncbi.nlm.nih.gov/pmc/articles/PMC3526833/.

17 »Lack of Sleep ›Damaging Mothers' Lives‹«, *Daily Mail,* aufgerufen im Januar 2016, http://www.dailymail.co.uk/news/article-107866/Lack-sleep-damaging-mothers-lives.html.

20. KAPITEL. DIE GRÖSSTE HERAUSFORDERUNG

1   Katy Steinmetz, »Help! My Parents Are Millennials: How this generation is changing the way we raise kids«, *Time,* 26. Oktober 2015, http://time.com/help-my-parents-are-millennials-cover-story/.

2   »Motherhood Today: Tougher Challenges, Less Success: Mom's Biggest Critics Are Middle-Aged Women«, *Pew Research Center* (Social & Demographic Trends), 2. Mai 2007, http://www.pew socialtrends.org/2007/05/02/motherhood-today-tougher-challenges-less-success/.

3   »More Research Says Helicopter Parenting Backfires«, *NY Daily News,* 2. Juni 2015, http://www.nydailynews.com/life-style/research-helicopter-parenting-backfires-article-1.2243512. U.S. Census Bureau, »Current Population Survey, Annual Social and Economic Supplements, 1994 to 2015«, aufgerufen im Januar 2016, https://www.census.gov/did/www/saipe/data/model/info/cpsasec.html.

4   U.S. Census Bureau, »Current Population Survey, Annual Social and Economic Supplements, 1994 to 2015«, aufgerufen im Januar 2016, https://www.census.gov/did/www/saipe/data/model/info/cpsasec.html.

5   Katherine Bowers, »A Mother's Work: Special Report«, *Working Mother,* 19. März 2014, http://www.workingmother.com/special-report/mothers-work-special-report. .

6   Judith Warner, *Perfect Madness: Motherhood in the Age of Anxiety* (New York: Penguin, 2005).

7   Ebd, 299.

8   Rachel G. Lucas-Thompson, Wendy A. Goldberg und JoAnn Prause, »Maternal work early in the lives of children and its distal associations with achievement and behavior problems: A meta-

analysis«, *Psychological Bulletin* 136, Nr. 6 (November 2010): 915–942, http://dx.doi.org/10.1037/a0020875.

21. KAPITEL. FREIHEIT

1 Joan Williams, *Unbending Gender: Why Family and Work Conflict and What to Do about It* (New York: Oxford University Press, 2000), 6.

2 Carol Hymowitz, »Behind Every Great Woman«, *Bloomberg Businessweek Magazine,* 5. Januar 2012, http://www.business week.com/magazine/behind-every-great-woman-01042012.html.

3 Ebd.

4 Gretchen Livingston, »Growing Number of Dads Home with the Kids: Biggest Increase among Those Caring for Family«, *Pew Research Center* (Social Demographic Trends), 5. Juni 2014, http://www.pewsocialtrends.org/2014/06/05/growing-number-of-dads-home-with-the-kids/.

5 Virginia Rutter und Pepper Schwartz, »Gender, marriage, and diverse possibilities for cross-sex and same-sex pairs«, in *Handbook of family diversity,* herausgegeben von D. H. Demo, K. R. Allen und M. A. Fine (New York: Oxford University Press, 2000), 59–81.

6 »Women Call the Shots at Home; Public Mixed on Gender Roles in Jobs«, *Pew Research Center* (Social & Demographic Trends), September 25, 2008, http://www.pewsocialtrends.org/2008/09/25/women-call-the-shots-at-home-public-mixed-on-gender-roles-in-jobs.

7 Arlie Hochschild und Anne Machung, *Der 24-Stunden-Tag.*

8 Sheryl Sandberg, »Warum wir zu wenige weibliche Führungskräfte haben« TED Video, gefilmt im Dezember 2010, 4:08–4:10, https://www.ted.com/talks/sheryl_sandberg_why_we_have_too_few_women_leaders?language=de.

9 Sandy Beach, »Drop the Rock Alcoholics Anonymous Talk«, Palm Desert Roundup (Juni 1976).

PERSONENREGISTER

SACHREGISTER